凭什么你可以不加班

Excel 行政、文秘与人力资源一招制胜

恒盛杰资讯 编著

U0296075

机械工业出版社

China Machine Press

图书在版编目（CIP）数据

凭什么你可以不加班：Excel 行政、文秘与人力资源一招制胜 / 恒盛杰资讯编著 .
— 北京：机械工业出版社，2015.10

ISBN 978-7-111-51667-5

Ⅰ. 凭…　Ⅱ. 恒…　Ⅲ. 表处理软件　Ⅳ. TP391.13

中国版本图书馆 CIP 数据核字（2015）第 233051 号

　　本书以 Excel 2013 为载体，以实际应用为导向，是站在企业的角度为广大行政与人力资源工作者专门设计的【理论＋思维＋操作】的综合性书籍，适合具有一定 Excel 操作基础的读者阅读，是一本提高行业技术知识的宝典。

　　本书分为两个部分，共 10 章，第一部分为行政管理模块，包括前 5 章内容。其中，第 1 章日常办公事务处理，主要介绍了几种行政日常工作的处理秘诀；第 2 章行政人事管理，主要介绍员工信息的管理；第 3 章客户数据管理，主要介绍有关客户所有数据的保管；第 4 章日常费用管理，重点介绍日常开支的统计与分析；第 5 章文件打印输出管理，是行政管理模块中的最后一部分内容，主要讲解行政打印工作中的一些技巧性操作。第二部分为人力资源管理模块，包括后 5 章内容。其中，第 6 章人员规划与管理，主要介绍如何对企业人力资源进行规划和管理，包括人事动态管理、考勤管理等；第 7 章人员招聘与培训，主要介绍招聘流程和培训课程的设计，以及培训期间学员成绩分析；第 8 章员工值班与休假，重点介绍如何安排员工值班和核算员工的各种休假；第 9 章员工业绩分析，主要介绍图表分析法和各种指标的核算；第 10 章是本书的最后一章，也是人力资源管理模块中的最后一部分内容，主要是对员工的薪资进行各种计算和管理，以及最后的成本分析。

凭什么你可以不加班——
Excel 行政、文秘与人力资源一招制胜

出版发行：机械工业出版社（北京市西城区百万庄大街 22 号　邮政编码：100037）

责任编辑：杨　倩

印　　刷：北京天颖印刷有限公司　　　　　　　版　　次：2015 年 11 月第 1 版第 1 次印刷

开　　本：170mm×242mm　1/16　　　　　　印　　张：14

书　　号：ISBN 978-7-111-51667-5　　　　　　定　　价：59.80 元

凡购本书，如有缺页、倒页、脱页，由本社发行部调换

客服热线：(010) 88379426　88361066　　　　投稿热线：(010) 88379604

购书热线：(010) 68326294　88379649　68995259　　读者信箱：hzit@hzbook.com

前　言
PREFACE

　　企业的正常运转离不开行政和人力资源工作的协调分配，随着现代企业的多元化发展，行政与人力资源工作所涵盖的工作范围也越来越广，其产生的直接影响也是不可估量的。因此，无论是小型的民营企业还是大型的国有企业，都会日渐重视行政和人力资源工作。它们既是其他部门的连接纽带，也是企业运营的有利保障。对于从事行政与人力资源工作的员工来说，要想在各自领域占有一席之地，就必须学会解决工作中的各种难题。本书就是专为行政和人力资源工作的职业者设计的一本专业指导性书籍，重在帮助各位职场人士轻松解决日常工作中遇到的难题。

　　本书分为两部分，共10章，第一部分是行政管理模块，包括第1～5章，主要介绍行政工作、客户工作、日常费用、文件管理这几个模块的内容，旨在为行政人员提供一个快速解决问题的方法和建议；第二部分是人力资源管理模块，包括第6～10章，主要介绍人力资源在人员规划、人员招聘、人员休假、员工业绩和员工薪资方面的管理工作。由于行政与人力资源工作密切相关，因此在内容安排上也有相互渗透的部分。

本书特色

　　内容布局清晰明了：本书按用户的应用划分章节，这样方便用户在遇到实际问题时在对应的章节中查看详细内容，而且根据书中的二级标题能快速分辨出该部分所能解决的实际问题。

　　情景导入式案例：每一个二级标题就是一个大的案例，而案例的引入是通过人物对话产生的，很好地模拟了实际工作中的场景，使阅读变得更加轻松。

场景描述与应用分析：在每个大案例中以场景描述的方式介绍小节内容，并以具体实例为依据进行演示。每一个实例在演示前都对此进行了很透彻的分析，包括应用和操作上的分析，以免在实际操作中不知道为什么要那么做，本书重在给出思维方式和解决方案。

详细的步骤解析：由于本书以案例的形式贯穿每一个知识点，因此在引入案例后还有一个针对情景中所涉及的案例分析，书中以详细步骤解析了实例中所需解答的问题。

相关的知识延伸：在每个小节后有一个知识延伸部分，这部分内容主要是从实例中进行延伸和扩展的，既包括操作技法上的扩展，也包括应用上的延伸，具有很强的启发作用。知识延伸部分内容的重要性不亚于实例中介绍的内容。

一招制胜：上述五大特色综合起来就是本书的最大亮点——"一招制胜"，"一招"即章节后的二级标题，"制胜"即它不但解决了对应模块中的难题，运用思维拓展，还能用同样的模式解决工作中的其他问题。

本书以实际应用为导向，是站在企业的角度为广大行政与人力资源工作者专门设计的【理论＋思维＋操作】的综合性书籍，适合具有一定 Excel 操作基础的读者阅读。

由于编者水平有限，在编写本书的过程中难免有不足之处，恳请广大读者指正批评。除了扫描二维码添加订阅号获取资讯以外，您也可加入 QQ 群 227463225 与我们交流。

作者

2015 年 6 月

如何获取云空间资料

一、加入微信公众平台

打开微信，在"通讯录"界面点击右上角的十字添加图标，如左下图所示。然后在展开的列表中选择"添加朋友"选项，再在打开的界面中点击"公众号"进入搜索界面，如右下图所示。

在搜索栏中输入我们的微信公众号"epubhome恒盛杰资讯"，并点击"搜索"按钮，如左下图所示，然后查看该公众号并进行关注，如右下图所示。

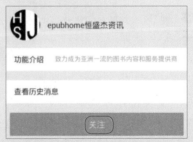

二、获取资料地址

关注微信号后，回复本书书号的后 6 位数字（516675），如左下图所示，输入书号后我们的公众账号就会自动将该书的链接发送给你，在链接中可看到该书的实例文件与教学视频的下载地址和相应的密码，如右下图所示。

ISBN 978-7-111-51667-5

9 787111 516675 >

三、下载资料

将获取的地址输入到网址栏中进行搜索，搜索后跳转至左下图所示的界面中，在图中的文本框中输入获取的下载地址中附带的密码（注意区分字母大小写），并单击"提取文件"按钮即可进入资源下载界面，如右下图所示，可将云端资料下载到你的计算机中。

提示：下载的资料大部分是压缩包，读者可以通过解压软件（类似 WinRAR）进行解压。

四、查看下载的资源

在百度云中下载资源时，一般需设置好所保存的路径，这样在下载完成后可快速找到所下载的内容，此处默认在 F 盘下的"BaiduYunDownload"文件夹中。一般从网上获取的文件都是压缩后的文件，为了使运作更方便，可以先将压缩文件解压，只需右击压缩包，然后选择"解压到当前文件夹"选项即可，如左下图所示。解压后，点击"云端资料"文件夹，然后可看到下载下来的实例文件和视频文件，如右下图所示。

在"实例文件"文件夹下，读者可看到不同章节的实例文件，打开需要查看的章节文件夹即可看到该章内容下的原始文件和最终文件，如左下图所示是第 2 章"最终文件"文件夹下的案例表格。同样地，读者在"视频"文件夹下也可查看不同章节中录制的视频内容，而右下图所示的视频就是第 2 章内容相关的视频内容。

目 录 CONTENTS

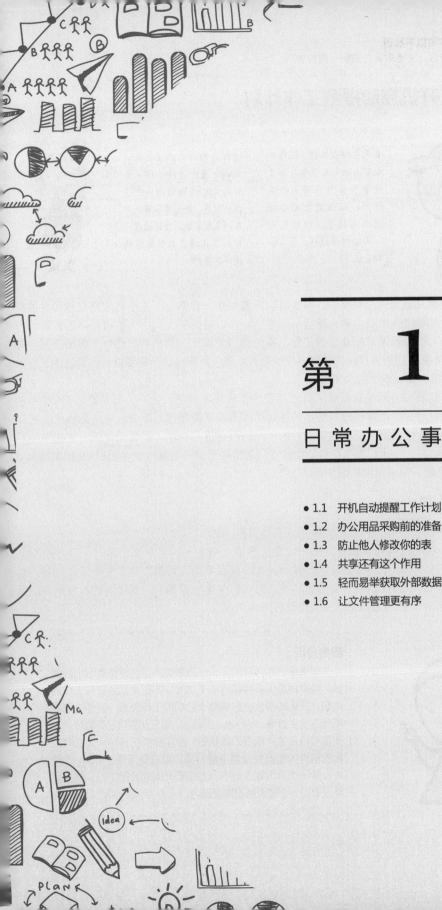

第 1 章

日 常 办 公 事 务 处 理

1.1 开机自动提醒工作计划

身为总经理助理，工作中失职的地方有很多，除了经常忘记自己每天的工作外，就连领导的安排也时有疏忽。往往在头一天安排得很好，第二天却忘记了！

这样的你对你的工作有计划吗？像你这种记性不太好的人应该每周做一个工作计划表，然后每天看一下有什么事要做。这样操作，你的工作将会井然有序地进行下去。

　　行政工作不像其他岗位那样单一，每天可以只着眼于一件事上。由于行政部门是公司的综合办事部门，主要职能体现在沟通、管理和服务上，所以各部门大大小小的事都可能会牵涉行政工作。而行政人员每天面对如此多的工作，难免会手忙脚乱，到最后可能什么都做不好。因此，行政人员有必要每周对自己的工作做一个计划，主要包括一些较为重要或时间紧迫的工作，如领导的日程安排、重大事项的决策等。

　　制作工作计划表一方面是让行政人员对自己的工作周密规划，另一方面是通过 Excel 中的条件格式每日进行提醒，这样行政人员不但能让工作有条不紊地进行下去，在一定程度上还能提高工作效率。条件格式虽然能根据日期显示不同的颜色进行提示，但要借助于计算机中的启动功能，将制作好的工作计划表放在启动功能下，这样每天打开电脑时会自动启动相应的 Excel 表，不用 VBA 也能实现全自动提醒作用。

举例说明

　　原始文件：实例文件 >01> 原始文件 >1.1 工作计划 .xlsx
　　最终文件：实例文件 >01> 最终文件 >1.1 最终表格 .xlsx
　　实例描述： 制作一份工作计划表，先按照发生日期罗列出二月第 2 周的重要工作计划，然后根据"开始 > 样式 > 条件格式 > 突出显示单元格规则 > 发生日期"设置不同的颜色来提醒第二天有什么工作要做，并设置成每天开机自动打开该工作表。

应用分析：
　　即便是记性再好的人，一旦事情多了也难免有忘记的时候。如果将重大事件忘得一干二净，不仅关系到自身工作的失职，严重的话还会影响整个公司的工作进展，这是公司决不允许发生的事。对行政人员而言，每天知道自己要做什么，便是对自己工作最清晰的认识。在实际的工作中，大家可以根据事件的紧迫性设置提醒日期，可以是当天、本周、7 天内以及一个月内等。对于一些需要时间准备的工作，就有必要设置在一个较大的日期范围内。

步骤解析

步骤 01 打开"实例文件 >01> 原始文件 >1.1 工作计划 .xlsx"工作簿，如图 1-1 所示，表中记录了二月第 2 周工作计划，制表日期为 2 月 11 日。

步骤 02 选取单元格区域 A3:A7，然后在"开始"选项卡下的"样式"组中单击"条件格式"下三角按钮，在展开的列表中指向"突出显示单元格规则"选项，然后选择"发生日期"命令，如图 1-2 所示。

	A	B	C	D
1			二月第2周工作计划	
2	日期	工作日	事件	备注
3	2月9日	周一	通知上午9点主任以上职位开会	
4	2月10日	周二	下午3点提醒总经理与B公司王总见面	
5	2月11日	周三	下午2点半通知所有同事开会	
6	2月12日	周四	下午3点接见客户	
7	2月13日	周五	上午10点提醒总经理下午2点飞机到上海	
8				
9				
10				
11				
12				
13				

图 1-1 原始表格

图 1-2 突出显示单元格规则

步骤 03 在弹出的对话框中单击第一个文本框下拉按钮，在列表中选择"明天"选项，如图 1-3 所示。单击第二个文本框下拉按钮，在列表中选择"自定义格式"选项，如图 1-4 所示。

图 1-3 设置日期

图 1-4 设置单元格格式

步骤 04 弹出"设置单元格格式"对话框后，切换至"填充"选项卡下，选择红色，如图 1-5 所示，再依次单击"确定"按钮返回工作表中。此时工作表中"2 月 12 日"所在单元格就突出显示出来，如图 1-6 所示。

图 1-5 设置填充颜色

	A	B	C
1			二月第2周日程安排表
2	日期	工作日	事件
3	2月9日	周一	通知上午9点主任以上职位开会
4	2月10日	周二	下午3点提醒总经理与B公司王总见面
5	2月11日	周三	下午2点半通知所有同事开会
6	2月12日	周四	下午3点接见客户
7	2月13日	周五	上午10点提醒总经理下午2点飞机到上海
8			
9			
10			
11			
12			

图 1-6 突出显示效果

步骤05 设置完条件格式后保存并退出，然后通过计算机的"开始"菜单找到"启动"项，再右击"启动"文件夹，在弹出的快捷菜单中选择"打开"命令，如图 1-7 所示。接下来将上一步设置的工作计划表放在启动文件夹下，如图 1-8 所示。这样，当每天上班启动电脑时，该工作表就会自动打开，用户每天就能第一眼看到第二天的工作计划了。

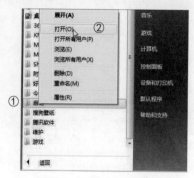

图 1-7 打开"启动"项

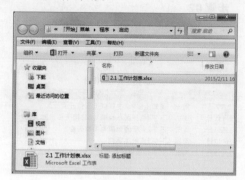

图 1-8 将工作表放在"启动"文件夹中

知识延伸

在前面介绍的"条件格式 > 突出显示单元格规则"选项下有多种规则可供选择，如图 1-9 所示。其中的大于、小于、介于、等于这 4 种比较关系规则主要用在突出显示某个区间范围的数字，如员工业绩大于多少的有哪些、员工工资小于多少的有哪些等。

除了上述的比较关系规则外，"文本包含"规则和"重复值"规则使用得也较为广泛。大家可以根据"文本包含"规则突出显示表格中指定的数据，如果指定的数据是数值，那么"文本包含"规则的功能就与"等于"规则一样。它们的区别在于，"等于"规则仅针对数值数据，而"文本包含"规则除了针对数值数据外，还针对纯文本数据，如要在表格中突出显示带"经理"字样的单元格，其结果如图 1-10 所示。

而"重复值"规则就更容易理解了，无论是数值型数据还是文本型数据，只要有重复的值，使用该规则就能突出显示出来。这个功能可以用来检验输入数据时是否输入了相同的数据。如图 1-11 所示，在输入员工编码时，可

图 1-9 规则列表

以先设置这样的规则，一旦有重复的编码输入时，单元格立即突显出来，可以有效地减少后续的检查工作。

	A	B
1	姓名	职位
2	李菈	总经理
3	朱凯	业务员
4	李洁菊	人事专员
5	张得	销售部经理
6	张珂	行政
7	王海军	市场部经理
8	唐嫣	出纳

图 1-10 "文本包含"规则

	A	B
1	员工编码	姓名
2	10010	李菈
3	10011	朱凯
4	10012	李洁菊
5	10018	张得
6	10014	张珂
7	10015	王海军
8	10011	唐嫣

图 1-11 "重复值"规则

1.2 办公用品采购前的准备

行政工作虽然简单，但我总是做不好。这不，为了统计办公用品的使用情况，我还要重新查看当初做的表，真是费时又费力啊！

那你当初是怎么制作表格的，只是简单记录下有哪些部门领用了什么商品吗？对使用较快的办公用品没有特殊注明要提前采购吗？

　　企业的日常工作中有一项管理工作归属于行政人员，即对办公用品的采购和领用的管理。每个公司都有其固定的表格形式来记录办公用品的使用情况，但是行政人员不能只是简单地做记录，还需要对商品使用情况做出分析和判断，如什么商品耗得最快、哪个部门领用的次数最多、商品剩余数量能不能满足下一个部门领用一次等，这些问题都是行政人员在管理办公用品时应该考虑的。那么要如何在 Excel 表格中管理办公用品呢？

　　在记录办公用品的使用情况时，一定要填制好领用部门和领用时间，这两列数据反映了部门对办公用品的需求量，如果表中记录了同一个部门多次领用商品，就需要行政人员到该部门进行查访，了解部门员工是否存在浪费办公材料的行为，若有，就要限制该部门领用商品的数量，从而有效地对办公日常工作进行管理。

📖 举例说明

原始文件：实例文件 >01> 原始文件 >1.2 办公用品领用明细 .xlsx

最终文件：实例文件 >01> 最终文件 >1.2 最终表格 .xlsx

实例描述：制作一份办公用品领用明细表，包含用品名称、领用部门、领用日期、领用数量、剩余数量和领用人等列标题，根据剩余数量提醒工作人员是否需要采购商品。这里需要应用到条件格式突出显示单元格中的值，还需要使用 IF 函数来判断单元格中的值是否满足给定的条件，然后决定是否显示提示信息。

应用分析：
　　使用条件格式突出显示办公用品的剩余数量是为了提醒行政人员该商品是否处于紧缺状态，再结合 IF 函数判断商品剩余数量是否在 5 以下，如果是，可提示行政人员做好采购准备工作，以免后期急用时因为没有办公用品而耽误了工作。看似简单的办公用品管理工作，却需要行政人员处处留心。如果不这样做好事前的提醒准备，在遇到紧急情况时难免因为时间紧迫而耽误工作！

步骤解析

步骤 01　打开"实例文件 >01> 原始文件 >1.2 办公用品领用明细 .xlsx"工作簿，如图 1-12 所示。选中"剩余数量"列下的 E3:E12 单元格区域，在"样式"组中选择"条件格式"下的"新建规则"选项，如图 1-13 所示。

图 1-12　原始表格

图 1-13　"新建规则"选项

步骤 02　在弹出的对话框中选择"只为包含以下内容的单元格设置格式"选项，并在下方设置"单元格值"介于 0 到 5，然后单击"格式"按钮，如图 1-14 所示。

步骤 03　在"设置单元格格式"对话框中切换至"字体"选项卡下，设置单元格字形为加粗，并设置字体颜色为红色，如图 1-15 所示，可看到预览效果，然后依次单击"确定"按钮。

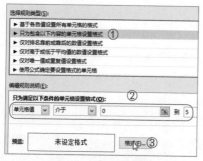

图 1-14　新建格式规则

图 1-15　设置规则格式

步骤 04　在 G3 单元格中输入公式"=IF(AND(E3>0,E3<5)," 库存不足，请尽快采购 ","")"，该公式是判断办公用品剩余数量是否达到下限要求，如果剩余数量在 5 以下则提醒采购，如图 1-16 所示，最后将该公式填充到下方单元格中。

步骤 05　将本月各部门领用的办公用品情况记录在表中。当"剩余数量"列中的单元格值小于 5 时，该单元格中的字体就以红色加粗的形式显示，并且在"备注"列显示"库存不足，请尽快采购"信息，如图 1-17 所示。这样制作表格不但能详细记录各部门领用办公用品的情况，还能随时掌握有哪些用品需要立即采购。

图 1-16　输入公式

办公用品领用明细表						
用品名称	领用部门	领用日期	领用数量	剩余数量	领用人	备注
笔记本	销售部	2月11日	8	12	张媛	
签字笔	财务部	2月25日	15	4	吴海军	库存不足，请尽快采购
纸杯	人事部	2月28日	2	8	李艳	
笔记本	销售部	2月28日	10	2	赵卓	库存不足，请尽快采购

注：本表适用于2015年度，此处省略了办公用品的常规单位，特将有奇异的单位罗列如下：
签字笔/支，纸杯/袋，A4纸/盒

图 1-17　显示结果

知识延伸

在上例的步骤 04 中提到了 AND 函数，该函数是逻辑函数，下面详细介绍该函数的用法和与其相关的 OR 函数的用法。

AND 函数的语法格式为：AND(logical1,logical2,…)，其中参数 logical1, logical2,…表示待检测的 1～30 个条件值，各条件值可为 TRUE 或 FALSE。当所有参数的逻辑值为真时，返回 TRUE；只要有一个参数的逻辑值为假，就返回 FALSE。

AND 函数常与 IF 函数嵌套使用，来判断某个值的真假。如上例中的公式"=IF(AND(E3>0, E3<5),"库存不足，请尽快采购"," ")"，其中 AND(E3>0,E3<5) 表示 E3 单元格中的值既要满足 E3>0 又要满足 E3<5，只有当这两个条件同时满足时才返回 IF 函数中的逻辑真值。

根据 AND 函数的思想，大家可以理解 OR 函数的用法，它们属于同一类函数，只是 AND 函数表示"且"关系，而 OR 函数表示"或"关系，下面举例说明这两个函数的相似点与不同点。

（1）如图 1-18 所示，E2 单元格中的公式是"=IF(AND(B2>=85,C2>=90,D2>=80)," 录取"," ")"，填充 E3:E4 单元格区域后显示的结果只有"李东"被录取。这说明只有同时满足面试成绩 >=85、笔试成绩 >=90、综合素质 >=80 时才被录取，只满足一个不被录取。

	A	B	C	D	E
1	姓名	面试成绩	笔试成绩	综合素质	是否录取
2	张建	80	90	85	
3	李东	85	95	80	录取
4	吴英霞	85	88	85	

图 1-18　"且"关系

（2）如图 1-19 所示，E7 单元格中的公式是"=IF(OR(B7>=85,C7>=90,D7>=80)," 录取"," ")"，填充后的结果为大家都被录取。这说明只要这 3 个成绩中有一个满足条件就被录取。

	A	B	C	D	E
5					
6	姓名	面试成绩	笔试成绩	综合素质	是否录取
7	张建	80	90	85	录取
8	李东	85	95	80	录取
9	吴英霞	85	88	85	录取

图 1-19　"或"关系

⇨ 1.3 防止他人修改你的表

我在群里共享了一份员工业绩表，让大家看后对统计有误的地方做批注并反馈给我。而当我收到返回的表格时，却发现那些不能修改的项也被他们整得乱七八糟了！

那你在共享文件时就应该特别说明下，哪些内容是不能修改的，不然他们真不知道！或者你对工作表中的单元格进行一些保护，他们就不能随便改动了！

行政工作中我们常常会遇到这样的情况，发给同事的表格让他们填写，由于公司中有很多非行政人员对 Excel 的操作不是很熟练，导致在填写数据的时候不小心更改了其他单元格的数据，当行政人员收到这些返回的表格时，还要重新处理一次数据。如果公司中有大多数员工都不太熟悉 Excel 操作，那带给行政人员的工作量就很大。为了杜绝这种情况的发生，行政人员应该提前对单元格进行保护，避免在后期的操作过程中因其他同事的误操作带来不必要的更改。

保护单元格是对工作表中的部分单元格进行保护，非保护的单元格是可以操作的。这样，当其他同事需要填写信息时，就可以在规定的单元格内进行编辑。如果要对保护后的单元格进行编辑，那就需要密码，这样能有效地避免上述情况的发生。

📖 举例说明

原始文件：实例文件 >01> 原始文件 >1.3 员工业绩统计 .xlsx
最终文件：实例文件 >01> 最终文件 >1.3 最终表格 .xlsx

实例描述：有一份员工业绩统计表，表中记录了销售部每个员工的销售业绩及相应的排名情况。销售人员查看后若对所记录的数据有异议，可在备注栏注明，不能擅自修改其他单元格中的数据。

应用分析：

对于某些 Excel 工作表中的数据，如果仅仅是希望别人查看而不希望其随意更改的话，为该工作簿添加一个密码无疑是最简单的方法。但是在实际应用中，在对 Excel 工作簿中某些指定单元格中的数据加以保护的同时，还要允许别人修改其他单元格中的数据，这就要运用"审阅"选项卡下的"允许用户编辑区域"功能按钮。此功能可以帮助大家对指定单元格的数据进行保护，而不影响其他数据的输入。

步骤解析

步骤 01 打开"实例文件 >01> 原始文件 >1.3 员工业绩统计 .xlsx"工作簿，单击表格左上角选中工作表中的所有单元格，如图 1-20 所示。

步骤 02 按 Ctrl+1 组合键打开"设置单元格格式"对话框，在"保护"选项卡下取消勾选"锁定"复选框，如图 1-21 所示。此步骤是将所有单元格取消锁定。

图 1-20 选中整个工作表

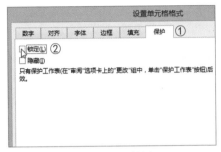

图 1-21 取消锁定

步骤 03 返回工作表中，选定数据区域 A1:E16，如图 1-22 所示。再打开"设置单元格格式"对话框，同样在"保护"选项卡下，勾选 "锁定"和"隐藏"复选框，如图 1-23 所示。这一步是对指定单元格进行锁定和隐藏。

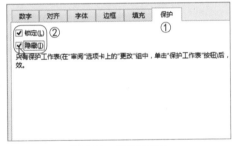

图 1-22 选取数据区域

图 1-23 锁定和隐藏

步骤 04 在"审阅"选项卡下的"更改"组中单击"允许用户编辑区域"按钮，如图 1-24 所示。在弹出的对话框中单击"新建"按钮，如图 1-25 所示。

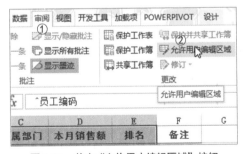

图 1-24 单击"允许用户编辑区域"按钮

图 1-25 单击"新建"按钮

步骤 05 在弹出的"新区域"对话框中设置密码为 123321，单击"确定"按钮；根据操作提示再重新输入密码 123321，并单击"确定"按钮，如图 1-26 和图 1-27 所示。

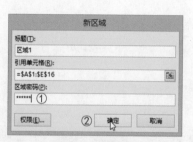

图 1-26　设置密码

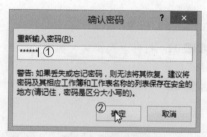

图 1-27　确认密码

步骤 06　在工作表中单击"审阅"选项卡下"更改"组中的"保护工作表"按钮，在打开的对话框中设置"取消工作表保护时使用的密码"，这个密码可以与步骤 05 设置的保护密码一样，这里同样设置为 123321，然后重新确认，如图 1-28 和图 1-29 所示。

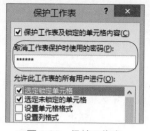

图 1-28　保护工作表

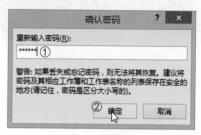

图 1-29　再次确认密码

步骤 07　经过前面的设置后，可以返回工作表中进行验证。如修改 D4 单元格中的数字，正当编辑时弹出一个提示对话框，如图 1-30 所示。而除了 A1:E16 单元格区域之外的所有单元格可任意编辑，如在 F4 单元格中输入 33000，就能成功编辑，如图 1-31 所示。这样就达到了保护指定单元格的目的。

图 1-30　已保护单元格的编辑　　　　　　图 1-31　未保护单元格的编辑

知识延伸

在保护工作表的过程中，可以设置允许用户操作的选项，也就是上文中图 1-28 所示的内容，由于默认情况下只勾选了第 1、2 项复选框，其他操作都没有被勾选，因此在工作表中不能进行其他任何操作。如果允许其他用户对单元格进行格式设置、删除列、插入列等操作，只需勾选相应的复选框即可，但此时在工作表中受保护的单元格仍不能被编辑，因为该设置只对未保护的单元格起作用。

➡ 1.4 共享还有这个作用

最近我发现有好多同事的电话号码都变了，但是公司没有做记录，这很影响工作。所以我又要重新统计同事的联系方式了！

你是打算重新一个一个登记？毕竟换电话号码的人占少数，你这样做肯定会浪费很多时间的，何不让他们自己修改呢？

　　当一张工作表需要大家共同来完成时，如常见的员工资料变更表，你是给所有人发同样的一份电子表格，让他们填写后，自己再在电子表格中做汇总？还是打印一份纸质文档，让每一个人填完自己的信息后自己再重新录入一遍？无论哪一种方式，在这里都不是最快、最有效的解决方法。要想减少自己的工作量，必须懂得共享你的工作簿，然后接受或拒绝其他用户对表格的修正。

　　工作簿的共享不是一两步就能完成的，可以从 3 个方面进行操作。首先要在 Excel 选项中的个人信息中心进行设置，然后将工作簿设置为共享状态，设置后的共享工作簿标题栏中有"共享"二字，最后将共享工作簿所在的文件夹共享到局域网内，这样就可以实现大家共用一个工作簿了。

📖 举例说明

　　原始文件：实例文件 >01> 原始文件 >1.4 员工联系方式更正表 .xslx

　　最终文件：实例文件 >01> 最终文件 >1.4 共享文件

　　实例描述：制作一张员工联系方式更正表，先将该工作簿设置为共享工作簿，然后共享在公司的局域网内，让公司的所有员工都可以打开此表，联系方式有变动的同事输入变动后的联系方式并保存。当所有同事都确认后，行政人员再确认是否接受他们的修改。

应用分析：

　　共享文件夹不仅可以减少行政人员的实际工作量，还能让大家工作起来更方便，如公司的规章制度等文件可以通过共享，让大家随时查看，若有需要调整的内容，也可直接在上面进行更改，大家也能在第一时间看到最新的文件。这比平时通过邮件方式让大家查看更快捷、更方便。除了共享文件资料外，还可以将常用的应用程序共享在计算机上，有需要的同事也可随时安装。

步骤解析

步骤 01 打开"实例文件 >01> 原始文件 >1.4 员工联系方式更正表 .xlsx"工作簿，然后打开"Excel 选项"对话框，在"信任中心"右侧单击"信任中心设置"按钮，如图 1-32 所示。在"信任中心"对话框中"个人信息选项"右侧取消勾选"保存时从文件属性中删除个人信息"复选框，如图 1-33 所示，再连续单击"确定"按钮返回工作表中。

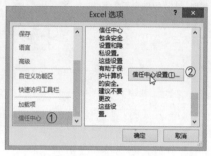

图 1-32 信任中心设置

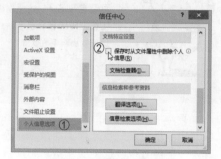

图 1-33 设置个人信息选项

步骤 02 在"审阅"选项卡下的"更改"组中单击"共享工作簿"按钮，如图 1-34 所示。然后在弹出的对话框中勾选"允许多用户同时编辑，同时允许工作簿合并"复选框，如图 1-35 所示。

图 1-34 共享工作簿

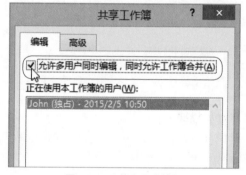

图 1-35 允许多用户编辑

步骤 03 切换至"高级"选项卡下，将"更新"组中的"自动更新间隔"设置为 5 分钟，如图 1-36 所示。确定设置后会弹出如图 1-37 所示的提示框，单击"确定"按钮确定此操作。此过程是设置共享工作簿。

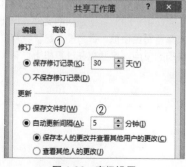

图 1-36 高级设置

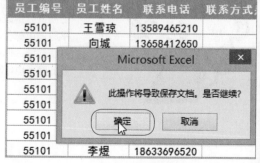

图 1-37 保存设置

步骤 04 在桌面上新建一个文件夹，命名为"共享文件"，并将上述共享的工作簿放在此文件夹中，右击文件夹选择"属性"命令，如图 1-38 所示。在打开的对话框中，在"常规"选项卡下的"属性"组中取消勾选"只读（仅应用于文件夹中的文件）"复选框，如图 1-39 所示。此时会弹出一个"确认属性更改"的对话框，确认即可。

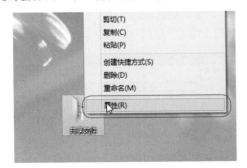

图 1-38 选择"属性"命令

图 1-39 设置属性

步骤 05 在"共享"选项卡下单击"共享"按钮，在弹出的对话框中单击文本框右侧的下拉按钮，选择"Everyone"对象，单击"共享"按钮，如图 1-40 所示。此时会弹出如图 1-41 所示的对话框，单击"完成"按钮确认设置即可。

图 1-40 共享对象设置

图 1-41 确认设置

步骤 06 上面的操作只是将文件夹共享，其他用户可以查看。如果允许在共享的文件中进行操作，还需要设置操作权限。同样，在共享文件的"属性"对话框中，在"安全"选项卡下单击"编辑"按钮，如图 1-42 所示。然后在下方的权限列表中的"允许"列勾选"完全控制"复选框，这样其他复选框也会被勾选，如图 1-43 所示。

图 1-42 编辑权限

图 1-43 可允许的权限操作

13

步骤 07 将工作簿和文件夹成功共享后，就可以让相关人员打开共享文件夹中的表格，让联系方式发生变动的同事输入新的联系方式，然后保存该工作表。

步骤 08 当所有的同事都确认完后，行政人员再打开该工作表，在表中可看到其他同事输入的新记录。这时在"审阅"选项卡下的"更改"组中单击"修订"下三角按钮，选择"接受/拒绝修订"选项，如图 1-44 所示。系统弹出如图 1-45 所示的对话框，显示了有哪些用户做了什么修改，单击"全部接受"按钮。这样，一项很复杂的工作就可以简单实现了。

图 1-44　接受/拒绝其他用户的修订

图 1-45　查看修订详情

☀ 知识延伸

本小节的知识延伸从两个方面进行介绍，一是工作表的共享，二是有关修订的显示。

（1）在共享的工作簿中不能含有 XML 映射。这句话大家可能不容易明白，比如你在工作表中应用系统提供的表格样式，那么这样的工作簿是不能被共享的，系统会提示此工作簿包含 Excel 表或 XML 映射，只有将 Excel 表转化为普通区域或删除 XML 映射才能共享。其实只要将套用表格样式的区域转化为普通区域，XML 映射也就自动取消了。转化为普通区域的操作可根据系统的提示去做。

图 1-46　突出显示修订

（2）共享工作簿后，还可以突出显示所有用户对工作簿的修订，如图 1-46 所示就是突出显示其他用户所做的修订。

这里假设权限所有者只接受第 2 条记录，而拒绝第 1 条和第 3 条记录。那么在打开的"接受或拒绝修订"对话框中，先后单击"拒绝""接受""拒绝"按钮，如图 1-47 所示。这样工作表中就只保留了所接受的第 2 条记录，效果如图 1-48 所示。

图 1-47　拒绝修订

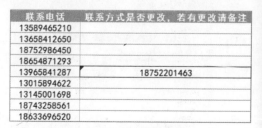

图 1-48　单个拒绝修订

1.5 轻而易举获取外部数据

领导让我从网上找一份 2014 年国内汽车销量排行榜，然后分析竞争对手。虽然找到了这样的数据，但我发现将这些数据重新录在 Excel 中很麻烦啊！

你是一个一个录入的？看来你是花了不少时间和精力吧，居然能战胜那么大的工作量。为什么不选用一些从外部获取数据的技巧呢？

在工作中我们常常会遇到将网站中的数据录入到 Excel 中的问题，如果只是简单的几个数据，手动输入倒也无妨，倘若获取的数据量很大，直接输入肯定是不可取的，即便是复制、粘贴怕也不是件轻松的事。还好在 Excel 中有一个比复制、粘贴更好的操作技能，即"数据"选项卡下的"获取外部数据"。它不但能从网站中导入表格数据，而且能将 SQL 表中的内容导入表格，还能将常见的 Access 数据和文本数据导入表格等。

在 Excel 中从外部获取数据并不困难，首先要知道你所要导入的数据源，这个过程就好比根据文件夹找到相关文件一样，然后确定导入后的单元格。对于不同的导入途径，其操作的重点是不一样的，如从网站中导入数据时，需要找到有黄色箭头符号标记的表格，因为只有这样的数据才能被导入，而有些看似像表格而无箭头符号做标记的是不能导入 Excel 中的；对文本数据的导入过程与 Excel 中分列的过程一样，需要经过多步后才能导入。在将数据导入 Excel 中后，其数据的排版和格式都有点乱，需要做进一步的优化。

📖 举例说明

原始文件：无

最终文件：实例文件 >01> 最终文件 >1.5 最终表格 .xlsx

实例描述： 某汽车销售部经理需要了解乘用车在 2014 年销售排名前十家的数据，想通过这些数据来了解该行业的竞争对手。而企业不能私自杜撰这些数据，需要从网站上获取，这时就需要使用 Excel 从外部获取数据。

应用分析：

Excel 是行政人员工作必备的工具，但是在实际工作中的很多数据并不都是用 Excel 记录的，而其他复杂的分析工具对于行政人员而言可能不太熟悉，这时就需要将这些数据导入到 Excel 中。因此行政人员必须学会用 Excel 从外部获取数据，掌握了这种获取数据的方法，不但能节约时间成本，还能确保数据的准确性。

步骤解析

步骤01 先通过网页搜索关于 2014 年乘用车前十家销量排行的网页，然后进入用表格记录排行数据的网页并复制该网址。打开一张空白工作簿，切换至"数据"选项卡下，在"获取外部数据"组中单击"自网站"按钮，如图 1-49 所示。

步骤02 此时弹出"新建 Web 查询"对话框，然后在"地址"栏中粘贴上一步复制的网址，单击右侧的"转到"按钮，如图 1-50 所示。

图 1-49　单击"自网站"按钮

图 1-50　输入网址

步骤03 当页面跳转后找到有黄色箭头符号的标志，然后单击该箭头符号，如图 1-51 所示，单击后原来的黄色箭头标志变为被选中的绿色打勾标志，再单击右下角的"导入"按钮，如图 1-52 所示。

图 1-51　网站中的表格

图 1-52　导入网站表格

步骤04 此时弹出如图 1-53 所示的"导入数据"对话框，设置数据的放置位置，然后单击"确定"按钮。在导入网站数据的过程中，会出现如图 1-54 所示的获取数据的过程，稍等几秒便可导入。

图 1-53　选择导入的位置

图 1-54　获取外部数据

步骤 05　如图 1-55 所示就是从网站中导入的相关数据，由于导入的数据在排版上很混乱，需要手动调整单元格的格式，再做一些简单的工作表美化工作，便可得到如图 1-56 所示的效果。

	A	B	C
1	2014年乘用车前十家生产企业销量排名		
2	排名	车企	销量
3	1	一汽大众	178.09万辆
4	2	上海大众	172.50万辆
5	3	上海通用	172.39万辆
6	4	上汽通用五菱	158.64万辆
7	5	北京现代	112.00万辆
8	6	重庆长安	97.33万辆
9	7	东风日产	95.42万辆
10	8	长安福特	80.60万辆
11	9	神龙	70.40万辆
12	10	东风悦达	64.60万辆
13	合计		1201.97万辆
14	所占乘用车全年全销售量比重		61.01%
15	爱卡汽车网制表 www.xcar.com.cn		

图 1-55　获取后的效果

	A	B	C
1	**2014年乘用车前十家生产企业销量排名**		
2	排名	车企	销量
3	1	一汽大众	178.09万辆
4	2	上海大众	172.50万辆
5	3	上海通用	172.39万辆
6	4	上汽通用五菱	158.64万辆
7	5	北京现代	112.00万辆
8	6	重庆长安	97.33万辆
9	7	东风日产	95.42万辆
10	8	长安福特	80.60万辆
11	9	神龙	70.40万辆
12	10	东风悦达	64.60万辆
13	合计		1201.97万辆
14	所占乘用车全年全销售量比重		61.01%

图 1-56　优化工作表

知识延伸

在日常办公中除了从网站获取数据外，还经常会将 Access 中的数据导入 Excel 中。Access 也是 Microsoft Office 的系统程序，它是一种桌面型关系数据库，主要用于进行轻量级的数据管理，与 Excel 相比，有其不可替代的作用。

然而 Access 的操作比 Excel 复杂得多，对一般的行政人员来说要学会它的操作技法并不是一件容易的事。当遇到别人用 Access 来记录数据时，行政人员就需要将 Access 中的数据导入 Excel 中，以便自己处理。

如图 1-57 所示是在 Access 工具中创建的数据，而图 1-58 是将 Access 中的数据导入 Excel 后的结果。它保留了原 Access 数据库中的表格样式，这比直接从网站中导入的表格数据更具可读性，可减少工作人员对工作表的美化工作。

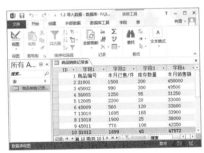

图 1-57　Access 数据

	A	B	C	D	E
1	ID	字段1	字段2	字段3	字段4
2	1	商品编号	本月已售/件	库存数量	本月销售额
3	2	31001	1500	200	450000
4	3	45002	990	300	49500
5	4	36003	1250	95	31250
6	5	12005	2200	20	33000
7	6	45009	560	120	33600
8	7	13010	1695	165	33900
9	8	13018	1900	25	38000
10	9	45011	770	100	42350
11	10	31012	1699	45	47572

图 1-58　导入 Excel 的 Access 数据

有关将 Access 数据导入 Excel 的操作也很简单。在 Excel 中的"数据"选项卡下单击"获取外部数据"组中的"自 Access"按钮，然后在弹出的对话框中选择需要导入的 Access 文件，再根据提示信息选择需要导入到哪个单元格即可。

1.6 让文件管理更有序

刚做行政工作不久，转正后就遇到很多难题。例如，每次领导向我要有关表格文件时，我总会花费很多时间去查找！不但浪费了我很多时间，还耽误了大家的工作。

别急，你毕竟刚接触这个行业。针对你提出的问题，我建议你将所有的文档创建一个超链接表，这样会轻松很多。你可以按部门、重要性、等级等性质划分。

对于行政与文秘人员来说，日常工作需要处理大量的文档和资料，其中一些资料还需要经常使用，如岗位申请表、领导日程安排表、员工考勤表等。除了我们在日常工作中要分好类、建好文件夹等常规手段以外，最好做一个能直接搜索的模块。这个模块能够像工资查询系统一样，单击分类后的按钮就出现相关内容，然后选择自己需要的内容，再一单击就能出来。但是绝大多数行政与文秘并不会使用数据库这样比较有难度的方法，所以最简单的方法就是通过 Excel 中的 SmartArt 图形建立超链接的形式。

超链接的技术并不复杂，复杂的是需要在做之前考虑好架构。因为很多资料既有独立性也有相关性，在设计架构的时候就要充分考虑资料的相关性。而 SmartArt 图形中的层次结构图能帮助大家解决文档相关性的问题。

举例说明

原始文件：无

最终文件：实例文件 >01> 最终文件 >1.6 最终表格 .xlsx

实例描述： 建立一个层次结构的 SmartArt 图形，将领导的重要文件归类到最高级，其他各部门所用的文件资料用超链接的形式链接到相应的文件夹中，如果有一些不好划分部门的资料，可新增一个 "常用相关文件" 作为链接点进行查询。

应用分析：

在文件管理中，可能常常会因为文档过多而不能快速查找到需要的文件。作为行政人员，必须要学习正确、快速地管理文件。如果文件夹的文档太多，其排列无次序，就有必要在前期做一个文件链接表，其目的就是根据文件的重要程度或部门不同自定义文档的排序，并通过 "超链接" 功能链接到相应的文档中。这比在大量文档当中查找来得更快。

步骤解析

步骤 01　在插入 SmartArt 图形前先将表格中的网格线取消，然后在"插入"选项卡下的"插图"组中单击 SmartArt 按钮，如图 1-59 所示。

步骤 02　在弹出的对话框中单击"层次结构"选项，然后在右侧列表中选择"组织结构图"，如图 1-60 所示，单击"确定"按钮后即可插入。

图 1-59　单击 SmartArt 按钮

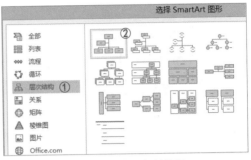

图 1-60　选择组织结构图

步骤 03　在插入的 SmartArt 图形中输入经过分类后的名称，如图 1-61 所示。然后选中图形，在"SMARTART 工具 > 设计"选项卡下的"SmartArt 样式"组中单击"更改颜色"下三角按钮，在展开的列表中选择一种样式，如"深色 2 轮廓"，如图 1-62 所示。

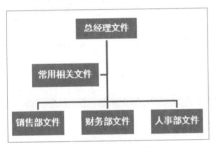

图 1-61　输入文本

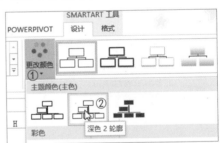

图 1-62　更改颜色

步骤 04　如图 1-63 所示便是更改样式后的效果。此时选中"总经理文件"文本框并右击，在弹出的快捷菜单中选择"超链接"选项，如图 1-64 所示。

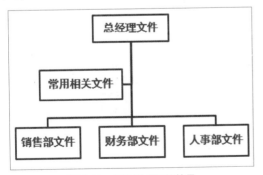

图 1-63　更改样式后的效果

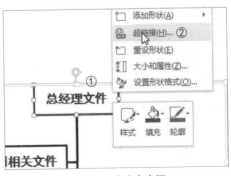

图 1-64　右击文本框

步骤 05　经过上一步操作后，弹出"插入超链接"对话框，在"查找范围"文本框中选择指定盘符下的文件夹，在"文件管理"中选择"总经理文件"，如图 1-65 所示，然后单击"确定"按钮即可创建超链接。

步骤 06　使用同样的方法将其他文本框链接到相应的文件或文件夹中，然后将鼠标指向插入超链接后的文本框，可以看到鼠标光标变为手型，单击即可打开相应的文件夹，如图 1-66 所示。

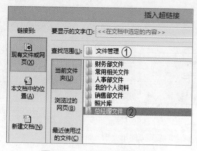

图 1-65　选择超链接对象

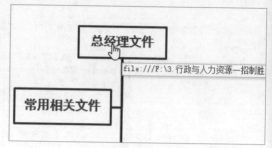

图 1-66　超链接结果

步骤 07　在打开的文件夹中可看到与总经理有关的文件资料，然后选择一个需要查看的文件，如"领导 1 月日程安排表 .xlsx"，如图 1-67 所示，双击打开可看到如图 1-68 所示的表格内容。

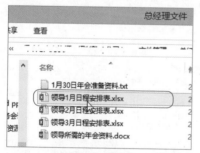

图 1-67　查看超链接

图 1-68　表格内容

知识延伸

在 SmartArt 图形中输入文本内容时，可以在"设计"选项卡下的"创建图形"组中单击"文本窗格"按钮，如图 1-69 所示。然后在弹出的窗格中可以方便地输入不同文本框中的内容，如图 1-70 所示。在输入完文本框内容后，如果要跳到下一个文本框中，需要使用鼠标或向下的箭头键，按 Enter 键表示新增一个文本框。

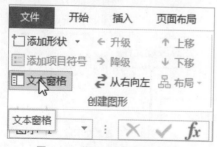

图 1-69　单击"文本窗格"按钮

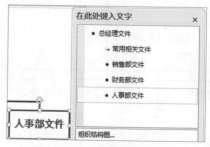

图 1-70　在文本窗格中输入文字

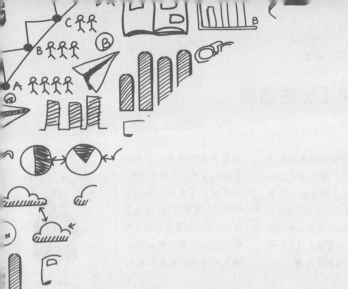

第 2 章

行 政 人 事 管 理

- 2.1 自动获取员工出生信息
- 2.2 快速输入人事资料
- 2.3 员工合同期限提示
- 2.4 员工生日按天提醒
- 2.5 员工加班数据轻松统计

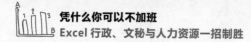
2.1 自动获取员工出生信息

在人事信息统计过程中，一般会比较详细地记录与员工有关的信息，如员工出生日期、年龄、性别、身份证号码等，这是属于员工的个人信息，也是公司必须保留的基本数据。但是人事管理人员在统计这些数据时，如果一个一个输入这些数据必定会花费很多时间，这在人员数据较多时，是一项耗时耗力的工作。大家都知道身份证号码中记录了每个人的出生时间、所属省市和性别等信息，根据出生日期还可以计算出每个人的当前年龄。这些间接信息的获得需要使用某些日期函数和文本函数，如 DATE、MID、IF、MOD、DATEDIF、TODAY 等。

在运用这些函数前，需要大家真正了解身份证号码中的数字代表什么意思，这样才能正确使用函数并设置参数。现在的身份证号码一般都是 18 位数字，其中第 1、2 位表示所在省，第 3、4 位代表市，第 5、6 位代表区或县，第 7 ~ 14 位代表出生日期，第 15 位代表派出所，第 16、17 位是顺序号，同时奇数表示男，偶数表示女，而最后一位是计算机防伪用的随机号，是 0 ~ 10 的数字，其中 10 是用字母 X 表示的。了解了这些常识后，就可以直接从身份证号码中读取出生日期、性别等信息，经过简单的计算还能显示年龄数据。

举例说明

原始文件：实例文件 >02> 原始文件 >2.1 身份证信息 .xlsx
最终文件：实例文件 >02> 最终文件 >2.1 最终表格 .xlsx

实例描述：现提供员工的编码、姓名和身份证号码，如图 2-1 所示，考虑到个人隐私问题，特意将员工身份证号码的前 6 位数字用星号表示。这里需要做的是根据身份证号码的后 12 位数字自动显示员工的出生日期、性别和年龄数据。

员工编码	员工姓名	身份证号码	出生年月	性别	年龄
1001	张凯	******198804134533			
1002	李飞	******197008219510			
1003	朱琼	******198408213321			
1004	陈灿				
1005	李逸林				
1006	王珂				

图 2-1 实例文件

应用分析：

　　分析身份证号码信息可知，要想在单元格中显示出生日期信息，需要从第 7 位数字开始提取 4 位数字来作为年份；再从第 11 位数字开始提取两位数字作为月份；最后从第 13 位数字开始提取两位数字作为日数。这时可以用 DATE 函数将这 3 组数据显示成日期格式。运用这种思路，可以判断身份证号码中表示性别的数字除以 2 后是否余 1，若余 1 则表示奇数，显示性别"男"。关于年龄的数据就更好计算了，直接将出生年月时间与当前系统时间做年份差计算，这样就能轻松快速地显示员工基本信息。

步骤解析

　　步骤 01　打开"实例文件 >02> 原始文件 >2.1 身份证信息 .xlsx"工作簿。在显示出生日期信息前，可以先对 D 列单元格设置需要的日期格式，即选中 D 列后，按 Ctrl+1 组合键，在弹出的"设置单元格格式"对话框中设置"数字"为"日期"格式下的"2013 年 3 月 14 日"类型，如图 2-2 所示。

　　步骤 02　根据前面的应用分析，在 D2 单元格中输入公式"=DATE(MID(C2,7,4),MID(C2,11,2),MID(C2,13,2))"，此公式就是分别从身份证号码中提取表示年、月、日的数字，再用 DATE(YEAR,MONTH,DAY) 函数显示成日期格式。其中的 MID(C2,7,4) 表示在 C2 单元格中从第 7 位数字开始提取 4 位数字作为年份值，其他 MID 函数类似，如图 2-3 所示。

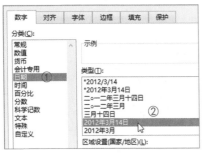

图 2-2　设置日期格式

图 2-3　输入公式 1

　　步骤 03　输入公式按 Enter 键即可显示该员工的出生信息，如图 2-4 所示。由于事先设置了单元格的日期格式，所以函数计算结果不是默认的 1988/4/13 这种类型。再选定 D2 单元格，将鼠标停留在该单元格右下角至出现十字形状，然后双击鼠标，就可填充其他身份证信息的相关数据，没有身份证号码信息的也会自动填充公式，如图 2-5 所示。

B	C	D
员工姓名	身份证号码	出生年月
张凯	******198804134533	1988年4月13日
李飞	******197008219510	
朱琼	******198408213321	
陈灿		
李遥林		
王珂		
向超		
谭燕		
张一泽		
李海玉		

图 2-4　显示结果

员工编码	员工姓名	身份证号码	出生年月
1001	张凯	******198804134533	1988年4月13日
1002	李飞	******197008219510	1970年8月21日
1003	朱琼	******198408213321	1984年8月21日
1004	陈灿		#VALUE!
1005	李遥林		#VALUE!
1006	王珂		#VALUE!
1007	向超		#VALUE!
1008	谭燕		#VALUE!
1009	张一泽		#VALUE!
1010	李海玉		#VALUE!
1011	王俊		#VALUE!
1012	赵丹		#VALUE!
1013	吴昊		#VALUE!
1014	魏小琴		#VALUE!
1015	程波		#VALUE!

图 2-5　填充公式

步骤 04　显示出生日期信息后，在 E2 单元格中输入公式 "=IF(MOD(IF(LEN(C2)=15,MID(C2,15,1),MID(C2,17,1)),2)=1," 男 "," 女 ")"，其中 "IF(LEN(C2)=15,MID(C2,15,1),MID(C2,17,1))" 嵌套函数表示 C2 单元格是否正好 15 个字符，如果是，就从第 15 个字符开始提取第 1 个字符，如果超过 15 个字符，就从第 17 个字符开始提取第 1 个字符（身份证号码一般是 15 位或 18 位）。其中 "MOD(MID(),2)=1" 公式表示提取的字符除以 2 后的余数等于 1。最后用 IF 函数来判断余数是否为 1，是就显示"男"，否则显示"女"。E2 单元格的判断结果是"男"，如图 2-6 所示。

步骤 05　在表示年龄的 F2 单元格中输入公式 "=DATEDIF(D2,TODAY(),"Y")"，该公式表示当前的系统日期 TODAY() 与 D2 中的出生年月日之间的年份差。计算后该员工的年龄为 26 岁，如图 2-7 所示。

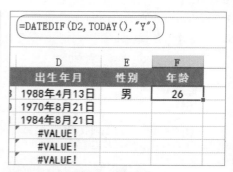

=IF(MOD(IF(LEN(C2)=15,MID(C2,15,1),MID(C2,17,1)),2)=1,"男","女")

B	C	D	E	F
员工姓名	身份证号码	出生年月	性别	年龄
张凯	******198804134533	1988年4月13日	男	
李飞	******197008219510	1970年8月21日		
朱琼	******198408213321	1984年8月21日		
陈灿		#VALUE!		
李遥林		#VALUE!		
王珂		#VALUE!		
向超		#VALUE!		
谭燕		#VALUE!		
张一泽		#VALUE!		
李海玉		#VALUE!		

图 2-6　输入公式 2

=DATEDIF(D2,TODAY(),"Y")

D	E	F
出生年月	性别	年龄
1988年4月13日	男	26
1970年8月21日		
1984年8月21日		
#VALUE!		
#VALUE!		
#VALUE!		

图 2-7　输入公式 3

步骤 06　经过上一步操作后，选中表中的 E2:F2 单元格区域，同样将鼠标放置在 F2 单元格右下角至出现十字形状后拖动鼠标至 F16 单元格处，这样即可快速地填充其他员工的相关信息，如图 2-8 所示。

步骤 07　由于部分员工还没有输入身份证信息，导致后面填充的公式显示出错误值类型 "#VALUE!"，这样在视觉上会有繁重的感觉。可以先选定单元格 D5，在"样式"组中单击"条件格式"下的"新建规则"命令。如图 2-9 所示。

******198804134533	1988年4月13日	男	26
******197008219510	1970年8月21日	男	44
******198408213321	1984年8月21日	女	30
	#VALUE!	#VALUE!	#VALUE!
	#VALUE!	#VALUE!	#VALUE!
	#VALUE!	#VALUE!	#VALUE!
	#VALUE!	#VALUE!	#VALUE!
	#VALUE!	#VALUE!	#VALUE!
	#VALUE!	#VALUE!	#VALUE!
	#VALUE!	#VALUE!	#VALUE!
	#VALUE!	#VALUE!	#VALUE!
	#VALUE!	#VALUE!	#VALUE!
	#VALUE!	#VALUE!	#VALUE!

图 2-8　复制公式后的结果

图 2-9　新建规则

步骤 08　在弹出的对话框中选择"使用公式确定要设置格式的单元格"类型，在文本框中输入公式"=ISERRPR(D5)"，然后单击"格式"按钮设置字体颜色，与工作表的背景色保持一致，一般为白色，如图 2-10 和图 2-11 所示。

图 2-10　输入公式

图 2-11　设置字体颜色

步骤 09　确定上面的操作后，返回工作表中可发现 D5 单元格中无显示，其实在编辑栏中可看到该单元格中的公式，只因为将其设置成工作表的背景色而未被发现，如图 2-12 所示。利用格式刷将其他含有"#VALUE!"类型的单元格刷成与 D5 单元格一致，如图 2-13 所示。如果在 C 列输入身份证信息，则含有公式的单元格会用黑色字体显示相应结果，所以这一步条件格式的设置并不影响有效信息的显示。

fx	=DATE(MID(C5,7,4),MID(C5,11,2),MID(C5,13,2))		
C	D	E	F
身份证号码	出生年月	性别	年龄
******198804134533	1988年4月13日	男	26
******197008219510	1970年8月21日	男	44
******198408213321	1984年8月21日	女	30
		#VALUE!	#VALUE!
	#VALUE!	#VALUE!	#VALUE!
	#VALUE!	#VALUE!	#VALUE!
	#VALUE!	#VALUE!	#VALUE!
	#VALUE!	#VALUE!	#VALUE!
	#VALUE!	#VALUE!	#VALUE!

图 2-12　设置后的效果

******198804134533	1988年4月13日	男	26
******197008219510	1970年8月21日	男	44
******198408213321	1984年8月21日	女	30

图 2-13　隐藏错误值后的效果

🔅 知识延伸

在上例中使用了多种函数，如日期和时间函数 DATE、DATEDIF、TODAY，文本函数 MID 以及数学和三角函数 MOD 等。这里重点介绍文本函数 MID 及数学和三角函数 MOD，至于日期函数会在后面的小节中陆续介绍。

1. 文本函数 MID

MID(text,start_num,num_chars) 函数是从一个字符串中提取出指定数量的字符，其中 text 参数是必需的，一般是字符串，也可以是引用含有字符串的单元格；参数 start_num 也是必需的参数，表示从左起第几位开始提取；参数 num_chars 在 Excel 中必选，在 VB 中可选，表示要提取几位字符。实例中已经说明得很清楚。

除了 MID 函数是办公中常用的提取字符的文本函数外，还有 RIGHT 和 LEFT 函数也可以用来提取字符串中指定位数的字符，它们的作用与 MID 函数类似。RIGHT(string,n) 函数的功能是从字符串右端提取指定个数的字符，而 LEFT(string,n) 函数的功能是从字符串左端提取指定个数的字符。它们的用法如表 2-1 所示。

表 2-1　LEFT 函数和 RIGHT 函数的用法

实例	操作	公式	结果
创锐设计工作室	从左起取 4 个字符	=LEFT(" 创锐设计工作室 ",4)	创锐设计
创锐设计工作室	从右起取 3 个字符	=RIGHT(" 创锐设计工作室 ",3)	工作室

上述是直接从字符串中提取的字符个数，下面通过单元格引用也可实现同一过程，如图 2-14 所示，其中 C2 单元格显示了 LEFT 函数中参数 string 对 A2 单元格的引用，同理 C3 单元格中的 RIGHT 函数引用 A3 单元格中的值。

图 2-14　LEFT 函数

2. 数学和三角函数 MOD

MOD(number,divisor) 函数返回两数相除后的余数，number 是被除数，divisor 为除数，如果除数为零，则 MOD 函数返回错误值 "#DIV/0!"。例如在单元格中输入公式 "=MOD(0,3)"，则返回结果为 0。

2.2 快速输入人事资料

在统计员工的基本信息时,通常都是逐行逐列地输入信息。如果工作的数据量很大,工作表的长度和宽度也非常庞大,这样在输入数据时就需要花费大量时间和精力在来回切换行、列的位置上,而且这样频繁的操作容易出现错误。为了避免这种情况的发生,在 Excel 中可以使用记录单来完成。

记录单是一个单独的小窗口,其操作过程非常简单,只要在窗口中输入一条记录后按下 Enter 键就可以继续输入下一条记录。所以用记录单来统计员工的基本信息是非常有用的。然而在默认的 Excel 工作中,记录单是没有显示出来的,需要重新在"文件 > 选项 > 自定义功能区"面板中进行设置。首先创建一个组,然后在"不在功能区中的命令"列表中查找记录单,添加后返回工作表界面后就可以使用。

举例说明

原始文件:实例文件 >02> 原始文件 >2.2 记录单 .xlsx

最终文件:实例文件 >02> 最终文件 >2.2 最终表格 .xlsx

实例描述: 以 2.1 节中的最终表格为例,在 F 列后增加"所在部门"和"职位"列,然后在表格中完善员工的其他信息。假设在输入员工的所在部门、职位等信息时,本来是要输入"朱琼"的有关数据,可是在对照信息时因为看错了行而将"朱琼"的数据输在"李飞"所在行上。如果走错这一步,下面极有可能继续错下去,这样所带来的修改量是很大的。因此,一开始就不能让自己有这种犯错的机会,而记录单就是将某个员工的所有列字段都汇集在一个窗口中,然后逐个输入,这样就不会因为眼花而出现失误了,如图 2-15 所示。

图 2-15 实例文件

应用分析：

　　在工作表中有多少列数据，在"记录单"对话框中就会显示多少条记录，它包含了列中的所有关键字。当列项目关键字太多时，可以滑动中间位置的滚动条来显示，这远比直接在工作表中拖动水平滚动条方便得多。记录单的应用范围很广，能够记录员工的基本信息，其他类似的操作也可以用它来实现，如员工工资的管理，利用它的查询功能可以逐项进行查看，阅读起来非常方便。

步骤解析

　　步骤01　打开"实例文件 >02> 原始文件 >2.2 记录单 .xlsx"工作簿。在使用记录单之前需要先将它添加到选项卡中，具体添加过程前文中已说明。如图 2-16 所示，先单击"数据"选项卡下"新建组"按钮，然后在"不在功能区中的命令"列表中找到"记录单"，选中后单击"添加"按钮，如图 2-17 所示。

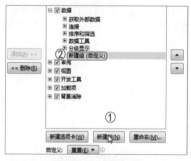

图 2-16　新建组

图 2-17　添加记录单

　　步骤02　如图 2-18 所示是添加在"数据"选项卡下的记录单，单击"确定"按钮确定设置后返回工作表中，在"数据"选项卡下就能看到右侧的"新建组"和其中的"记录单"，然后选中数据区域任一单元格再单击"记录单"按钮启用该功能，如图 2-19 所示。

图 2-18　添加记录单

图 2-19　添加后的记录单

步骤 03 在弹出的记录单中可看到员工所包含的所有列项目和已经输入的编码、身份证等信息，由于员工"张凯"的信息还未输入完，需要继续输入，此时按 **Tab** 键可跳到下一个列项目中，通过这种方式输入未完成的数据，如图 2-20 所示。

步骤 04 当输入完一个员工的完整记录后，按 Enter 键可自动跳到下一个员工"李飞"的记录中，通过上一步介绍的方法继续输入数据，此时在表格中"张凯"的部门、职位信息也成功输入，如图 2-21 所示。

图 2-20　在记录单中输入员工信息

图 2-21　输入后的结果

步骤 05 当输入员工"陈灿"的信息时，由于还没有输入身份证号码，所以出生年月、性别和年龄信息显示的是错误值类型"#VALUE!"，如图 2-22 所示，这是因为公式中引用的单元格无有效数据导致。在"身份证号码"文本框中输入正确的身份证号码等信息，如图 2-23 所示。

图 2-22　表中含有公式的记录单

图 2-23　在记录单中输入表内容

步骤 06 如图 2-24 所示就是工作表中自动显示的性别、年龄等数据。使用同样的方法在记录单中输入余下的 11 条记录，效果如图 2-25 所示。该过程有效地避免了行列互换而导致的错误。

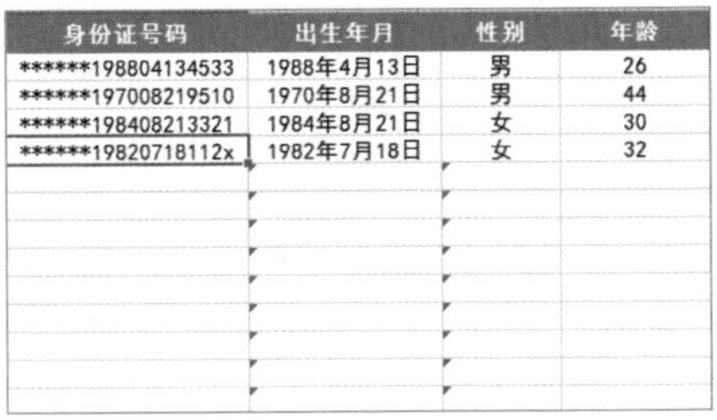

图 2-24　表中显示的结果

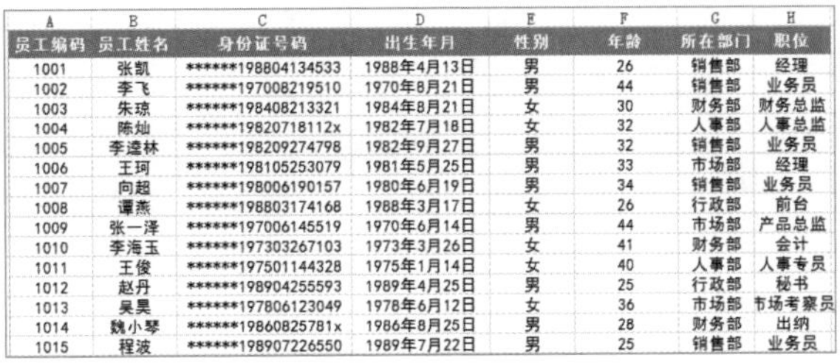

图 2-25　输入所有记录

知识延伸

记录单的功能除了上例中的直接输入数据外，还有浏览核对、新建记录、条件查询等功能。下面分别讲解浏览、新建、条件查询三大功能。

（1）浏览核对数据。信息输入完成后，可以打开记录单查看数据，如图 2-26 所示，单击"下一条"或"上一条"按钮实现信息的浏览核对，若发现有需要更改的信息，也可直接编辑更改，这比直接在表格中进行查看和编辑更方便。

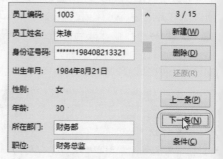

图 2-26　查看数据

（2）新建记录。新建记录与直接输入记录略有不同，关于它们之间的差别可以通过记录单中右上角的数字来辨别。如本节的实例中共有 15 条记录，如果要新建记录，则单击记录单中的"新建"按钮即可，如图 2-27 所示。新建完成后，工作表中就有 16 条记录，如图 2-28 所示。

图 2-27　单击"新建"按钮

1004	陈灿	******19820718112x	1982年7月18日
1005	李达林	******198209274798	1982年9月27日
1006	王珂	******198105253079	1981年5月25日
1007	向超	******198006190157	1980年6月19日
1008	谭燕	******198803174168	1988年3月17日
1009	张一泽	******197006145519	1970年6月14日
1010	李海玉	******197303267103	1973年3月26日
1011	王俊	******197501144328	1975年1月14日
1012	赵丹	******198904255593	1989年4月25日
1013	吴昊	******197806123049	1978年6月12日
1014	魏小琴	******198608255781x	1986年8月25日
1015	程波	******198907226550	1989年7月22日
1016	吴海军	******198706225413	1987年6月22日

图 2-28　通过记录单新建记录效果

（3）条件查询。条件查询就是根据你所输入的某个条件，显示相应结果。如图 2-29 所示，打开记录单后单击"条件"按钮，此时记录单中的数据被清空，在文本框中输入需要查询的信息，一般是唯一的关键词，如员工编码、身份证号码等。单击"下一条""上一条"按钮或按 Enter 键都会将符合条件的记录分别显示在该对话框中相应列的文本框中，如图 2-30 和图 2-31 所示。这种方法适合于具有多个查询条件的查询，只要在对话框的多个列文本框中同时输入相应的查询条件即可。

图 2-29　单击"条件"按钮　　　　图 2-30　输入需要查询的信息　　　　图 2-31　单击"下一条"按钮

2.3 员工合同期限提示

今年公司招聘了很多新员工，由于新老同事要一起管理，我会经常忘记有哪些新同事该转正、哪些老同事合同到期……常被领导批评，该怎么办哦！

看你工作不认真不动脑筋，是该好好批评下！管理人事资料需要做到对时间的把握，由于每天的事情又多又杂，你可以给自己设置一个提醒表。

做人事管理工作需要随时知道自己每天的工作任务，特别是与其他同事密切相关的事宜，如新员工的入职时间、试用期时间以及老员工的合同到期时间更不能拖延。只有准确掌握了员工的这些信息，才能在当天办理转正手续或续签合同等工作，如果将员工的这些时间搞错了，会直接影响他们的薪水。在实际的工作中，难免会因为事情繁多而疏忽了这些重要工作的处理，这时在员工入职信息表中建立一个提醒系统，可有效降低这种情况的发生。

关于员工入职信息的提醒设置也是通过函数来实现的，运用到的函数与 2.1 节中的一样，其工作原理也是根据单元格中的日期来显示提示信息。在运用这些函数前，需要清楚公司的试用期限是多久、劳动合同的签有几年等，这样才能根据时间差距计算新员工试用期到期时间和老员工合同到期时间等数据。

举例说明

原始文件：实例文件 >02> 原始文件 >2.3 员工入职信息 .xlsx

最终文件：实例文件 >02> 最终文件 >2.3 最终表格 .xlsx

实例描述： 如图 2-32 所示记录了一些新员工和老员工的入职信息，其中试用期的时间为 3 个月，劳动合同为 2 年一签，如果要续签合同，可延后一个月签订。分析表中的数据可知，试用期到达时间是在入职日期的月份数字上加 3；而合同到期时间是在入职日期的年份数字上加 2，这样根据 DATE 函数就能计算出 C 列和 E 列中的时间。根据 2.1 节中介绍的函数可知，要计算两个日期间的差距，需要使用 DATEDIF 函数来计算，然后根据所要提前的天数再使用 IF 函数来判断需要显示的提示信息。

员工入职信息							
员工姓名	入职时间	试用期到期时间	试用期提前2天提醒	劳动合同到期时间	提前7天提醒	续签合同到期时间	提前5天提醒
朱爱琼	2014/11/5						
张克权	2013/2/10						
李艳	2012/1/8						
王建	2015/1/7						
张默	2015/1/15						

图 2-32　实例文件

应用分析：

本例是通过 DATE 函数、DATEDIF 函数和 IF 函数的嵌套使用来显示提示信息的，当要查看有哪些员工需要办理什么手续时，每天上班前就应该先查看此表。大家可以根据这种设计思路，把自己的重要工作也做一个时间提醒，特别是时间差距较大的，如月初对月末的计划，可以以周为单位，也可以是具体的某一天。这样在打开工作表后就知道第二天要做什么、下一周要做什么……这样一个小小的时间提醒系统可以帮助大家合理地分配时间，高效地完成工作任务。

步骤解析

步骤 01 打开"实例文件 >02> 原始文件 >2.3 员工入职信息 .xlsx"工作簿，在 C3 单元格中输入公式"=DATE(YEAR(B3),MONTH(B3)+3,DAY(B3)-1)"，如图 2-33 所示，按 Enter 键后显示运算结果，即在 2014/11/5 入职的员工，到 2015/2/4 时试用期结束。使用拖动法填充其他员工的试用期到期时间。

步骤 02 计算出试用期到期时间后，在 D3 单元格中输入公式"=IF(DATEDIF(TODAY(),C3,"d")=2,"试用期快结束了"," ")"，该公式是将当前日期与试用期到期日期做天数差，再判断天数相差 2 天时提醒试用期快结束，如图 2-34 所示。

=DATE(YEAR(B3),MONTH(B3)+3,DAY(B3)-1)		
B	C	D
	员工入职信息	
入职时间	试用期到期时间	试用期提前2天提醒
2014/11/5	2015/2/4	
2013/2/10		
2013/1/8		
2015/1/7		

图 2-33　输入公式 1

=IF(DATEDIF(TODAY(),C3,"d")=2,"试用期快结束了","")			
B	C	D	E
	员工入职信息		
入职时间	试用期到期时间	试用期提前2天提醒	劳动合同到期时间
2014/11/5	2015/2/4	试用期快结束了	
2013/2/10	2013/5/9		
2013/1/8	2013/4/7		
2015/1/7	2015/4/6		
2015/1/15	2015/4/14		

图 2-34　输入公式 2

步骤 03 将 D3 单元格中的公式复制到下方单元格中，可发现有些单元格出现错误值类型，而有些单元格显示为空白。结合 C 列中的日期分析这种情况可知，出现错误值类型是因为所引用的日期已过时，而单元格显示为空白自然是相差天数不在指定的天数内。然后在 E3 单元格中输入公式"=DATE(YEAR(B3)+2,MONTH(B3),DAY(B3)-1)"，该公式是签订合同 2 年后的日期，如图 2-35 所示。

步骤 04 根据 D 列中的公式，在 F3 单元格中输入提醒劳动合同提前 7 天到期的公式"=IF(DATEDIF(TODAY(),E3,"d")=7,"该签合同了"," ")"，向下填充该公式，在 F4 单元格中可看到提示信息，如图 2-36 所示。

图 2-35 输入公式 3

图 2-36 输入公式 4

步骤 05 根据上面的操作过程,分别在 G3 和 H3 单元格中输入公式:"=DATE(YEAR(E3), MONTH(E3)+1,DAY(E3))" 和 "=IF(DATEDIF(TODAY(),G3,"d")=5,"该签合同了 "," ")",如图 2-37 和图 2-38 所示。其中的 "MONTH()+1" 表示下一个月的同一天,也就是续签合同的时间。表格中有关公式的错误值类型可以用 2.1 节中介绍的条件格式来隐藏。

图 2-37 输入公式 5

图 2-38 输入公式 6

知识延伸

在 2.1 节和本节中有两次因为输入公式而出现错误值,除了前面提到的两种错误值类型外,还有 #####、#DIV/0、#N/A、#NAME?、#REF! 和 #NULL! 等类型。这些错误值产生的常见原因和解决方法如表 2-2 所示。

表 2-2 各错误值类型用法

错误值类型	原　　　因	解决方法
#####	1. 单元格所含的数字、日期或时间比单元格宽 2. 单元格的日期时间公式产生负值	1. 增加列宽 2. 应用不同的数字格式 3. 保证日期和时间公式的正确
#DIV/0	1. 在公式中,除数使用了指向空单元格或包含零值单元格的单元格引用(在 Excel 中,如果运算对象是空白单元格,Excel 将此空值当作零值) 2. 输入的公式中包含明显的除数零	1. 修改单元格引用,或者在用作除数的单元格中输入不为零的值 2. 将零改为非零值

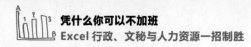
（续）

错误值类型	原　因	解决方法
#N/A	函数或公式中没有可用数值时，会产生"#N/A"错误值	如果工作表中某些单元格暂时没有数值，可在这些单元格中输入"#N/A"，公式在引用这些单元格时将不进行数值计算，而是返回#N/A
#NAME?	1. 删除了公式中使用的名称，或者使用了不存在的名称 2. 在公式中使用标志 3. 在公式中输入文本时没有使用双引号 4. 在区域的引用中缺少冒号	1. 确认使用的名称确实存在 2. 修改拼写错误的名称 3. 将公式中的文本括在双引号中 4. 确认公式中，使用的所有区域引用都使用冒号
#NUM!	1. 在需要数字参数的函数中使用了不能接受的参数 2. 使用了迭代计算的工作表函数 3. 由公式产生的数字太大或太小，Excel 不能表示	1. 确认函数中使用的参数类型正确无误 2. 为工作表函数使用不同的初始值 3. 修改公式，使其结果在有效数字范围之间
#VALUE!	1. 在需要数字或逻辑值时输入了文本，Excel 不能将文本转换为正确的数据类型 2. 将单元格引用、公式或函数作为数组常量输入 3. 赋予需要单一数值的运算符或函数一个数值区域	1. 确认公式或函数所需的运算符或参数正确，并且公式引用的单元格中包含有效的数值 2. 确认数组常量不是单元格引用、公式或函数 3. 将数值区域改为单一数值，或修改数值区域，使其包含公式所在的数据行或列
#REF!	删除了由其他公式引用的单元格，或将移动单元格粘贴到由其他公式引用的单元格中	更改公式或者在删除或粘贴单元格之后，立即单击"撤销"按钮，以恢复工作表中的单元格
#NULL!	使用了不正确的区域运算符或不正确的单元格引用	如果要引用两个不相交的区域，请使用联合运算符逗号（，）

2.4 员工生日按天提醒

我们公司有一项福利，就是在员工生日临近时赠送一张蛋糕店的消费卡，每张卡100元，让他们自己刷卡消费，就减轻了我亲自买礼物的负担。不过，我常常在事后才想起他们的生日！

你可以像设置工作计划那样根据员工的出生信息设置一个员工生日提醒。不过用条件格式来提醒员工生日的效果没有用函数那么直观，函数可以逐天提醒。

为了增进企业凝聚力，增强员工归属感，越来越多的企业老板都将生日祝贺纳为对员工的福利，让所有员工感受公司给予大家的温暖。因此行政工作中又多了一项为员工庆生这份工作，但是大多数公司没有直接为员工举行生日派对，而是以一种物质的方式补偿给大家，如发现金、购物卡等。对行政人员来说，记住公司人员的生日是一件长期的工作，而公司那么多的同事要靠脑力去记住他们的生日，基本上不太现实，尤其是工作上不允许行政人员花长时间做这种小事。此时办公人员就需要通过 Excel 来帮忙记住，在规定时间内提醒有哪些同事即将过生日，然后为他们发放礼品。

除了使用前面介绍的条件格式来实现提醒功能外，这里主要介绍使用 DATEDIF 函数和 TEXT 函数来实现，它们嵌套使用可以根据当前日期提示哪些同事还有几天过生日，这样行政人员能清楚地掌握每个即将过生日的同事，对于那些相差只有一两天的，还可以同时备选礼品，从而节约时间成本。

📖 举例说明

原始文件：实例文件 >02> 原始文件 >2.4 员工生日 .xlsx
最终文件：实例文件 >02> 最终文件 >2.4 最终表格 .xlsx
实例描述：根据员工出生信息制作一个员工生日提醒表，规定在一周内的才显示提醒信息，将提醒信息按时间先后顺序排列。

应用分析：
使用 DATEDIF 函数显示提醒信息不仅可以应用在员工的生日提醒上，所有与时间有关的注意事项都可以设置。DATEDIF 函数是行政工作中常用的函数，但是 Excel 的公式和帮助中并没有录入此函数，它是系统隐藏的一个函数。由于该函数的作用突出，所以常被嵌套使用，返回两个时间差。根据此思想，可以快速计算员工的当前年龄。

步骤解析

步骤 01 打开"实例文件 >02> 原始文件 >2.4 员工生日 .xlsx"工作簿，如图 2-39 所示。在 D 列后新增"月份"和"一周内生日提醒"列，然后在首行再插入一行，合并 A1:E1 单元格区域后输入"当前日期"，如图 2-40 所示。

	A	B	C	D
1	姓名	性别	出生年月	所在部门
2	陈海	男	1983/9/10	市场部
3	王海耀	女	1988/2/18	人事部
4	吴耀麟	女	1988/5/24	财务部
5	向克林	男	1990/10/11	销售部
6	张军	男	1986/12/23	市场部
7	周菊	女	1992/2/15	财务部
8	朱建达	男	1986/4/29	销售部
9				
10				
11				

图 2-39　原始表格

C	D	E	F
		当前日期	
出生年月	所在部门	月份	一周内生日提醒
1983/9/10	市场部		
1988/2/18	人事部		
1988/5/24	财务部		
1990/10/11	销售部		
1986/12/23	市场部		
1992/2/15	财务部		
1986/4/29	销售部		

图 2-40　新增内容

步骤 02 在 F1 单元格中输入公式"=TODAY()"，该公式用来显示当前系统日期，如图 2-41 所示。

步骤 03 在 E3 单元格中输入公式"=TEXT(C3,"mm/dd")"，显示结果后向下填充公式，如图 2-42 所示。该步骤是提取出生年月中的月份值，因为在统计生日时只需要月、日信息。

=TODAY()

D	E	F
	当前日期	2015/2/12
所在部门	月份	一周内生日提醒
市场部		
人事部		
财务部		
销售部		
市场部		
财务部		

图 2-41　输入当前日期

=TEXT(C3,"mm/dd")

C	D	E	F
		当前日期	2015/2/12
出生年月	所在部门	月份	一周内生日提醒
1983/9/10	市场部	09/10	
1988/2/18	人事部	02/18	
1988/5/24	财务部	05/24	
1990/10/11	销售部	10/11	
1986/12/23	市场部	12/23	
1992/2/15	财务部	02/15	
1986/4/29	销售部	04/29	

图 2-42　显示月份

步骤 04 将 E 列中的月份按升序排列，此步骤是为了后续显示生日提醒时按时间的先后显示，然后调整一下格式并突出显示 F1 单元格，效果如图 2-43 所示。

步骤 05 在 F3 单元格中输入公式"=TEXT(7-DATEDIF(E3,NOW()+7,"YD"),"0 天后生日 ;;今天生日 ")"，显示结果后向下填充公式，如图 2-44 所示。

D	E	F
	当前日期	2015/2/12
所在部门	月份	一周内生日提醒
财务部	02/15	
人事部	02/18	
销售部	04/29	
财务部	05/24	
市场部	09/10	
销售部	10/11	
市场部	12/23	

图 2-43　将月份排序并突出显示当前日期

=TEXT(7-DATEDIF(E3,NOW()+7,"YD"),"0天后生日;;今天生日")

D	E	F	G
	当前日期	2015/2/12	
所在部门	月份	一周内生日提醒	
财务部	02/15	3天后生日	
人事部	02/18	6天后生日	
销售部	04/29	#NUM!	
财务部	05/24	#NUM!	
市场部	09/10	#NUM!	
销售部	10/11	#NUM!	
市场部	12/23	#NUM!	

图 2-44　输入公式

步骤 06 在步骤 05 的公式中，先求出当前日期 7 天后的日期与出生日期相差的天数，然后用 7 减去这个数，即可得出还有几天过生日，最后使用 TEXT 函数设置生日提醒的显示内容。由于在填充后的公式中，后面单元格显示了错误值，主要是因为这些日期超出了被减数 7 的范围。为了说明这个问题，这里将 C9 单元格中的月份值改为与当前月份一样的值，如图 2-45 所示，修改后错误值 "#NUM!" 立即变为 "今天生日" 内容。

	A	B	C	D	E	F
1					当前日期	2015/2/12
2	姓名	性别	出生年月	所在部门	月份	一周内生日提醒
3	周菊	女	1992/2/15	财务部	02/15	3天后生日
4	王海耀	女	1988/2/18	人事部	02/18	6天后生日
5	朱建达	男	1986/4/29	销售部	04/29	#NUM!
6	吴耀麟	男	1988/5/24	财务部	05/24	#NUM!
7	陈海	男	1983/9/10	市场部	09/10	#NUM!
8	向克林	男	1990/10/11	销售部	10/11	#NUM!
9	张军	男	1986/2/12	市场部	02/12	今天生日

图 2-45　生日提醒结果

知识延伸

在 2.1 节和本节中都提到了 TODAY 函数和 DATEDIF 函数，其中 TODAY 函数是显示当前日期，除了使用该函数来显示当前日期外，直接在 Excel 中使用快捷键 Ctrl+；也能显示当前日期。同理，可以通过函数 NOW 来显示当前时间，而与此函数有相同作用的快捷键就是 Ctrl+Shift+；。记住这些日常工作中常用到的函数和快捷键组合，这会让繁琐的行政工作高效地完成。

这里重点介绍一下 DATEDIF 函数的用法。

DATEDIF(start_date,end_date,unit) 函数用于返回两个日期之间年 / 月 / 日的间隔数，第一个参数表示开始日期，第二个参数表示结束日期，第三个参数表示返回的类型。

而 unit 参数返回的类型有如下几种。

（1）"Y" 时间段中的整年数。

（2）"M" 时间段中的整月数。

（3）"D" 时间段中的天数。

（4）"MD"start_date 与 end_date 日期中天数的差，忽略日期中的月和年。

（5）"YM"start_date 与 end_date 日期中月数的差，忽略日期中的年。

（6）"YD"start_date 与 end_date 日期中天数的差，忽略日期中的年。

如计算出生日期为 1988-6-24 的人的年龄，在单元格中输入公式 "=DATEDIF ("1988-6-24",TODAY(),"Y")"，结果显示为 26。

➡ 2.5 员工加班数据轻松统计

请原谅我数学学得不好，在每次计算员工的加班时间时我都不知道怎么将两个时间差显示成可以直接计算的小数形式。

那你每次计算员工的加班工资时是怎么做的？难道还是用分钟数除以60，然后加上小时数，最后乘以加班工资的单价？

无论是国有企业还是民营企业，工作中难免会因为时间紧迫而出现加班现象，而员工加班属于工作时间之外的工作，公司是需要支付加班费的，一般按多少元一小时计算，如 15 元 / 小时。除了大型的生产制造商经常加班外，一般的企业只会在某项工作很赶时才加班。这就需要行政人员随时统计出员工加班的情况，必须记录好员工姓名、加班开始、结束时间以及加班日期等标志，然后根据加班的开始与结束时间核算员工的加班时长，即两个时间之差。然而在实际工作中，我们不仅要查看员工的加班时长，更主要的是根据加班时长统计出员工的加班工资，让员工感觉到所付出的努力都有回报。

如果我们用笔去验算两个时间差的值，只能换算成几小时几分钟的形式，很显然这样的结果不能直接用来计算员工的加班工资，还需要将小时后的分钟数换算成小数形式，以便于直接计算。然而在 Excel 中只需要一步就能轻松解决。

📖 举例说明

原始文件：实例文件 >02> 原始文件 >2.5 加班小时统计 .xlsx

最终文件：实例文件 >02> 最终文件 >2.5 最终表格 .xlsx

实例描述： 在"实例文件 >02> 原始文件 >2.5 加班小时统计 .xlsx"工作簿中记录了员工 3 月份的加班情况，这里需要先统计出员工的加班时长，然后根据员工姓名分类汇总加班时长，便于直接核算加班工资。

应用分析：

将两个时间进行差值运算默认的是"hh:mm"格式，在前面的章节中也有介绍用 DATEDIF 函数来显示两个日期的时间差，并以指定的格式返回，但是在众多的返回类型中，没有一种方式可以以小数的形式返回，因此需要运用数学思想来解决。这个看似复杂的问题，只需要将"hh:mm"格式的时间乘以 24 即可返回小数。同理，如果要将小数形式的时间返回"hh:mm"格式，需要乘以 24 和 60。这种计算在核算员工工作时长时是最常用的，行政人员需灵活应用。

步骤解析

步骤 01　打开"实例文件 >02> 原始文件 >2.5 加班小时统计 .xlsx"工作簿，如图 2-46 所示。在 E2 单元格中输入自定义公式"=(D2-C2)*24"，如图 2-47 所示，按 Enter 键后即显示结果。

	A	B	C	D	E
1	姓名	加班日期	加班开始时间	加班结束时间	加班小时数
2	张凯	3月1日	18:00	20:20	
3	李海林	3月1日	18:00	21:50	
4	张凯	3月4日	18:00	19:30	
5	朱琼	3月4日	19:10	22:00	
6	杜涛	3月7日	10:15	16:40	
7	赵亮	3月8日	9:28	17:30	
8	张凯	3月12日	18:00	20:25	
9	杜涛	3月12日	18:00	20:40	
10	朱琼	3月12日	19:00	21:30	
11					

图 2-46　原始表格

$$f_x = (D2-C2)*24$$

B	C	D	E
加班日期	加班开始时间	加班结束时间	加班小时数
3月1日	18:00	20:20	2.333333
3月1日	18:00	21:50	
3月4日	18:00	19:30	
3月4日	19:10	22:00	
3月7日	10:15	16:40	
3月8日	9:28	17:30	

图 2-47　计算加班小时数

步骤 02　将 E2 单元格中的公式填充至 E10 单元格，如图 2-48 所示。然后选择 E2:E10 单元格区域，并在"开始"选项卡下"数字"组中连续单击"减少小数位数"按钮，直到小数位数调整至 2 位小数，如图 2-49 所示。

姓名	加班日期	加班开始时间	加班结束时间	加班小时数
张凯	3月1日	18:00	20:20	2.333333
李海林	3月1日	18:00	21:50	3.833333
张凯	3月4日	18:00	19:30	1.5
朱琼	3月4日	19:10	22:00	2.833333
杜涛	3月7日	10:15	16:40	6.416667
赵亮	3月8日	9:28	17:30	8.033333
张凯	3月12日	18:00	20:25	2.416667
杜涛	3月12日	18:00	20:40	2.666667
朱琼	3月12日	19:00	21:30	2.5

图 2-48　填充结果

图 2-49　设置小数位数

步骤 03　再选定 A2 单元格，在"数据"选项卡下"排序和筛选"组中单击"升序"按钮，如图 2-50 所示。此时表中"姓名"列中的名字按字母的升序排序，如图 2-51 所示。这里之所以要排序姓名，是因为在统计员工的加班时长时最好将同一员工的加班信息统计在一起，方便后期核算加班费用。

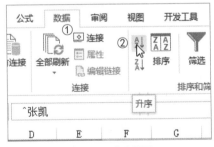

图 2-50　升序排列

姓名	加班日期	加班开始时间	加班结束时间	加班小时数
杜涛	3月7日	10:15	16:40	6.42
杜涛	3月12日	18:00	20:40	2.67
李海林	3月1日	18:00	21:50	3.83
张凯	3月1日	18:00	20:20	2.33
张凯	3月4日	18:00	19:30	1.50
张凯	3月12日	18:00	20:25	2.42
赵亮	3月8日	9:28	17:30	8.03
朱琼	3月4日	19:10	22:00	2.83
朱琼	3月12日	19:00	21:30	2.50

图 2-51　排序结果

步骤 04 排完序后选取工作表数据区域 A1:E10，然后在"数据"选项卡下"分级显示"组中单击"分类汇总"按钮，然后在打开的对话框中选择分类字段为"姓名"，汇总方式为"求和"，选定汇总项为"加班小时数"，如图 2-52 所示。

步骤 05 单击"确定"按钮确定上一步的操作后，工作表就按姓名汇总小时数，然后单击工作表左上角的数字按钮 2，工作表会立即显示按姓名字段汇总的信息，然后隐藏中间的空白列 B、C、D，如图 2-53 所示。

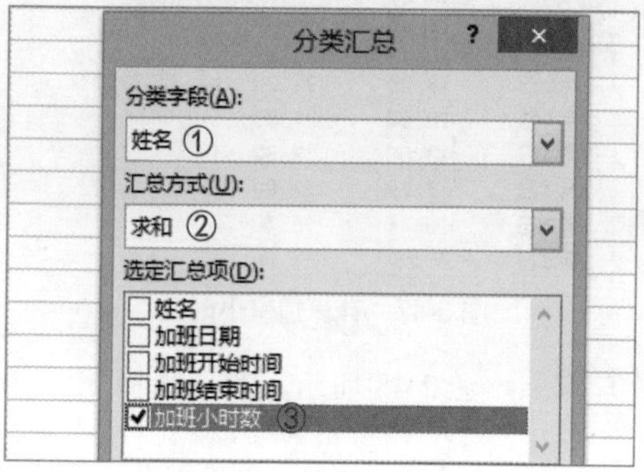

图 2-52　分类汇总

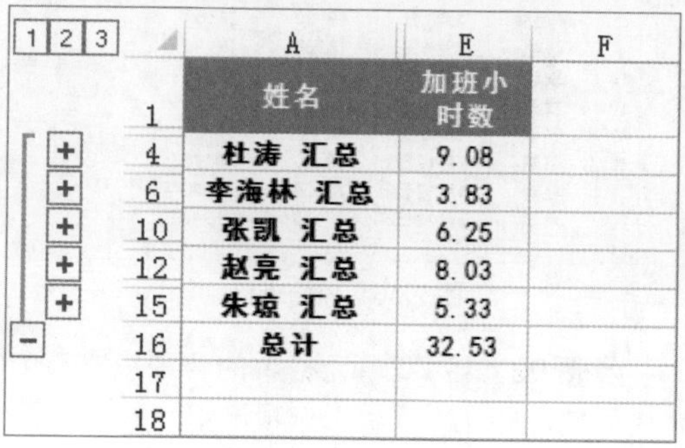

图 2-53　汇总结果

知识延伸

在 Excel 中输入时间格式的技巧有很多种，而上述实例中提到的是最简单最常用的方法，除此之外还可用 HOUR 函数和 MINUTE 函数得到相同的结果。如图 2-54 所示，E 列单元格是直接进行差值运算的结果，在 F2 单元格中输入公式"=HOUR(E2)+MINUTE(E2)/60)"，按 Enter 键后也会显示上例中的结果。这里需要特别注意的是，无论是上例中用差值乘以 24，还是此处的计算结果，都要保证单元格的格式为常规，如果是自定义的格式，则计算的结果会有很大差异，这也是很多行政人员通过百度搜寻答案仍不知道为什么的原因。

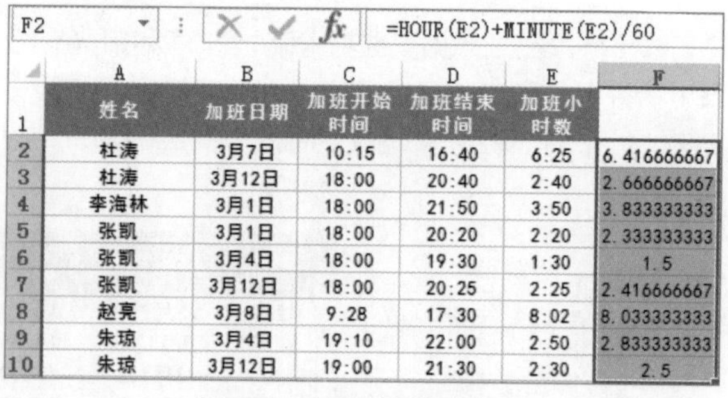

图 2-54　计算结果存在差异

有时为了表述第二天的时间与第一天的时间差，而直接将这两个时间进行差值运算，由于结果是负数，所以在单元格中以"#####"显示。这时需要输入带具体日期的时间，再设置成 hh:mm 时间格式，如图 2-55 所示。

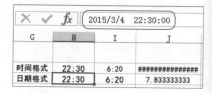

图 2-55　输入时间并设置格式

第 3 章

客户数据管理

3.1 增减客户记录让序号自动变

我每天的工作之一就是记录和管理客户信息。这期间遇到一些麻烦，每当有客户终止合作时，我就要把有关客户的信息删除，而删除后序号也要重新填充一次，关键是我很多时候都会忘记有这回事！

对呀！当工作忙起来的时候，这些小事也难免会疏忽。那你想不想每次在增减你的客户信息时自动更新你的序号呢，不需要每次插入或删除客户记录后再去修改哦！让 SUBTOTAL 函数帮你实现吧！

"序号"列是行政办公中一个常用的方便查看数据的标签，虽然在 Excel 中有行号来统计记录的条数，但是打印出来的工作表并不能显示行号，所以"序号"这个标签就能起到至关重要的作用。在客户的管理工作中，常有老客户终止合作或新客户建立，如果直接删除某些记录，必然会导致序号不完整，这样根据序号统计客户数量就不准确了。虽然在电子表格中可以重新填充一次序号，但每天这样频繁的操作会给行政人员带来很多不便，而选择 SUBTOTAL 函数则可以让你的序号自动变换。

自动更新序号的原理就在于使用 SUBTOTAL 函数返回列表或数据库中的分类汇总，所以在使用这个公式前需要创建辅助列作为统计的列表，然后在辅助列中输入带公式的数字，如"=0"、"=1"、……在 SUBTOTAL 函数中有一个重要的参数 function_num，它是 1～11（包含隐藏值）或 101～111（忽略隐藏值）之间的数字，指定使用何种函数在列表中进行分类汇总计算。

📖 举例说明

原始文件：实例文件 >03> 原始文件 >3.1 序号自动填充 .xlsx
最终文件：实例文件 >03> 最终文件 >3.1 最终表格 .xlsx

实例描述： 假设在客户记录表中共有 10 条客户记录，首先在序号 7 后面新增两条记录，然后删除序号 4 和 5，最后通过筛选功能筛选出合作年限在 3 年以下的客户，用 SUBTOTAL 函数来动态管理客户信息。

应用分析：
无论是客户信息表还是其他表格，行政人员时常会进行删除、插入等操作，如果还按照常规填充序号的方式来显示更改后的序号数，不但重复操作的工作量很大，而且会因为一时疏忽而忘记更改。因此掌握利用 SUBTOTAL 函数来解决这个问题是行政工作人员必不可少的工作技能。大家还可以利用该函数的作用，方便地筛选、分析数据，让你的数据一目了然。

步骤解析

步骤 01 打开"实例文件 >03> 原始文件 >3.1 序号自动填充 .xlsx"工作簿,如图 3-1 所示。在 B 列前插入一辅助列,并在 B2 单元格中输入公式"=0",再将公式填充至 B11 单元格处,如图 3-2 所示。

	A	B	C	D	E	F
1	序号	客户姓名	联系电话	客户地址	合作年限	是否合作
2	1	张巍	13569845210	西城路23号	5	是
3	2	谭林军	18722319696	人南路58号	3	是
4	3	何一浩	18698120069	桃花西路9号	2	是
5	4	吴宁	13158796301	天府街2号	4	否
6	5	朱克义	13012589440	一下街39号	2	否
7	6	邢文红	18926583969	一环路四段87号	1	是
8	7	赵捷	13956832596	赛华北路10号	6	是
9	8	吴海	18769068523	桃溪路29号	5	是
10	9	牟益	18623564322	河西路7号	3	是
11	10	斯科拉	13522876102	人北路99号	2	是

图 3-1 原始表格

B2 | =0

	A	B	C	D	E
1	序号	辅助列	客户姓名	联系电话	客户地址
2	1	0	张巍	13569845210	西城路23号
3	2	0	谭林军	18722319696	人南路58号
4	3	0	何一浩	18698120069	桃花西路9号
5	4	0	吴宁	13158796301	天府街2号
6	5	0	朱克义	13012589440	一下街39号
7	6	0	邢文红	18926583969	一环路四段87号
8	7	0	赵捷	13956832596	赛华北路10号
9	8	0	吴海	18769068523	桃溪路29号
10	9	0	牟益	18623564322	河西路7号
11	10	0	斯科拉	13522876102	人北路99号

图 3-2 增加辅助列

步骤 02 在"序号"列的 A2 单元格中输入公式"=SUBTOTAL(2,B$1:B2)",然后拖动填充柄将该公式填充至 A11 单元格处,如图 3-3 所示,此时可隐藏辅助列。

步骤 03 选取单元格区域 A1:G11,然后在"插入"选项卡下的"表格"组中单击"表格"按钮,如图 3-4 所示。

A2 | =SUBTOTAL(2,B$1:B2)

	A	B	C	D	E	
1	序号	辅助列	客户姓名	联系电话	客户地址	合
2	1	0	张巍	13569845210	西城路23号	
3	2	0	谭林军	18722319696	人南路58号	
4	3	0	何一浩	18698120069	桃花西路9号	
5	4	0	吴宁	13158796301	天府街2号	
6	5	0	朱克义	13012589440	一下街39号	
7	6	0	邢文红	18926583969	一环路四段87号	
8	7	0	赵捷	13956832596	赛华北路10号	
9	8	0	吴海	18769068523	桃溪路29号	

图 3-3 输入公式

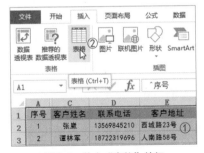

图 3-4 单击"表格"按钮

步骤 04 经过上一步操作后弹出"创建表"对话框,直接单击"确定"按钮即可,如图 3-5 所示。此时,原工作表样式变成如图 3-6 所示的样式,该表被应用样式后右下角有一个颜色较重的标志,用鼠标拖动可放大表格的范围。

图 3-5 创建表

序号	客户姓名	联系电话	客户地址	合作年限	是否合作
1	张巍	13569845210	西城路23号	5	是
2	谭林军	18722319696	人南路58号	3	是
3	何一浩	18698120069	桃花西路9号	2	是
4	吴宁	13158796301	天府街2号	4	否
5	朱克义	13012589440	一下街39号	2	否
6	邢文红	18926583969	一环路四段87号	1	是
7	赵捷	13956832596	赛华北路10号	6	是
8	吴海	18769068523	桃溪路29号	5	是
9	牟益	18623564322	河西路7号	3	是
10	斯科拉	13522876102	人北路99号	2	是

图 3-6 创建后的结果

步骤 05 选取第 9、10 行单元格并右击，然后选择"插入"命令，如图 3-7 所示。插入行后可看到"序号"列的序号发生变化，如图 3-8 所示，即新增的行自动填充连续的序号值。

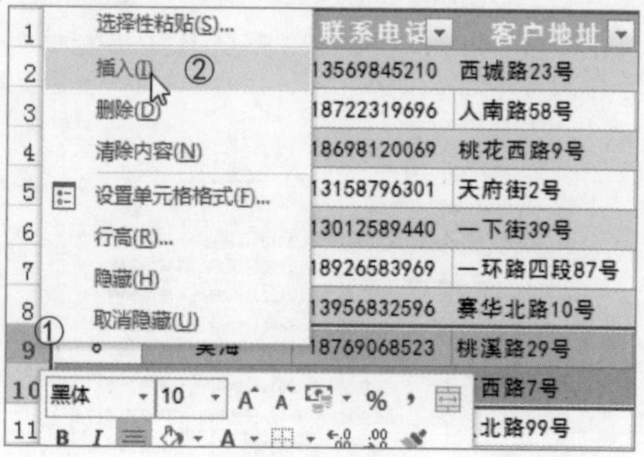

图 3-7 插入行

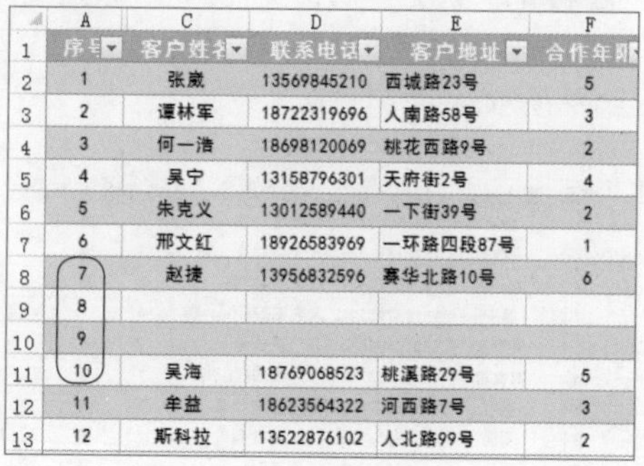

图 3-8 序号自动改变

步骤 06 在插入行的单元格中输入客户信息，然后选取第 5、6 行单元格并右击，进行删除操作，如图 3-9 所示。删除所选行后，可看到序号也相应发生变化，如图 3-10 所示。

图 3-9 删除行

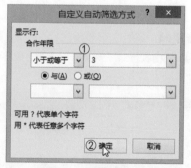

图 3-10 序号自动改变

步骤 07 增减客户信息后，再查看合作年限在 3 年以下的客户数，如图 3-11 所示，在筛选按钮下指向"数字筛选"选项，然后单击"小于或等于"命令，并在弹出的对话框中输入 3，单击"确定"按钮，如图 3-12 所示。

图 3-11 选择筛选条件

图 3-12 定义筛选方式

步骤 08 经过前面的筛选后，结果如图 3-13 所示，此时"序号"列的序号也是自动变化的。掌握了这一技能，无论行数怎么变化都可以轻松掌握客户数，此函数还可以运用到行政工作的其他方面。

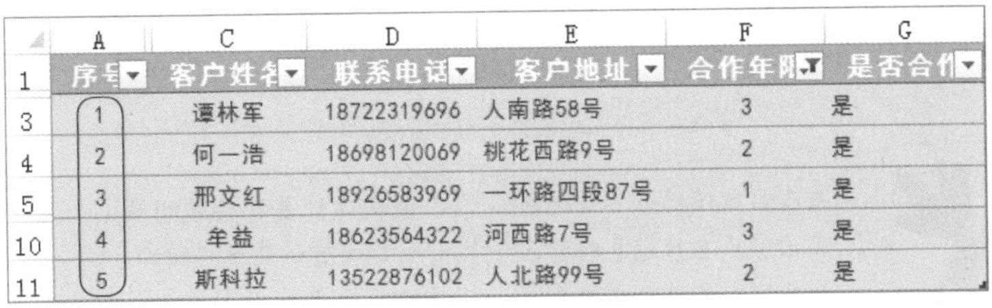

	A	C	D	E	F	G
1	序号	客户姓名	联系电话	客户地址	合作年限	是否合作
3	1	谭林军	18722319696	人南路58号	3	是
4	2	何一浩	18698120069	桃花西路9号	2	是
5	3	邢文红	18926583969	一环路四段87号	1	是
10	4	牟益	18623564322	河西路7号	3	是
11	5	斯科拉	13522876102	人北路99号	2	是

图 3-13　筛选结果

知识延伸

SUBTOTAL 函数的语法形式为：SUBTOTAL(function_num,ref1,ref2, …)，函数中 function_num 参数的其他几种功能如表 3-1 所示，其中的数字用来指定计算分类汇总时使用的函数。

表 3-1　function_num 参数的意义

包含隐藏值	不包含隐藏值	相当于函数
1	101	AVERAGE
2	102	COUNT
3	103	COUNTA
4	104	MAX
5	105	MIN
6	106	PRODUCT
7	107	STDEV
8	108	STDEVP
9	109	SUM
10	110	VAR
11	111	VARP

上面两类常数的区别可通过下面的例子来说明。它们都是通过 SUBTOTAL 函数来显示的序号，图 3-14 使用参数“2”，图 3-15 使用参数“102”。在这两个表中同时隐藏第 4、5、6 行单元格，可发现图 3-14 的序号未变动，而图 3-15 的序号自动变为连续的序号。这就是这两类参数的最大区别，图 3-14 的常数不能对“隐藏”进行计算，而图 3-15 的常数就可以。

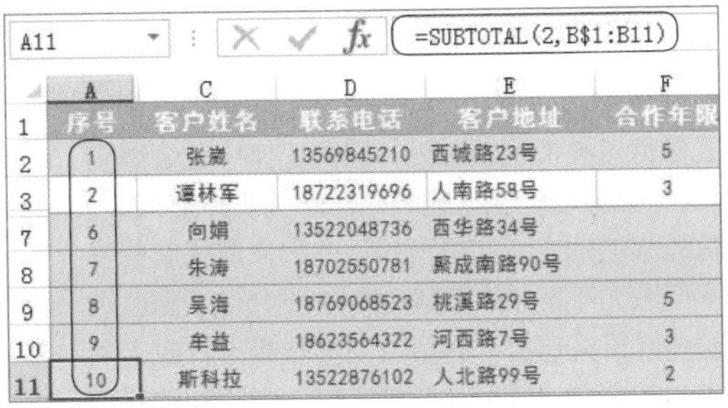

A11　=SUBTOTAL(2,B$1:B11)

	A	C	D	E	F
1	序号	客户姓名	联系电话	客户地址	合作年限
2	1	张崴	13569845210	西城路23号	5
3	2	谭林军	18722319696	人南路58号	3
7	6	向娟	13522048736	西华路34号	
8	7	朱涛	18702550781	聚成南路90号	
9	8	吴海	18769068523	桃溪路29号	5
10	9	牟益	18623564322	河西路7号	3
11	10	斯科拉	13522876102	人北路99号	2

图 3-14　使用参数“2”

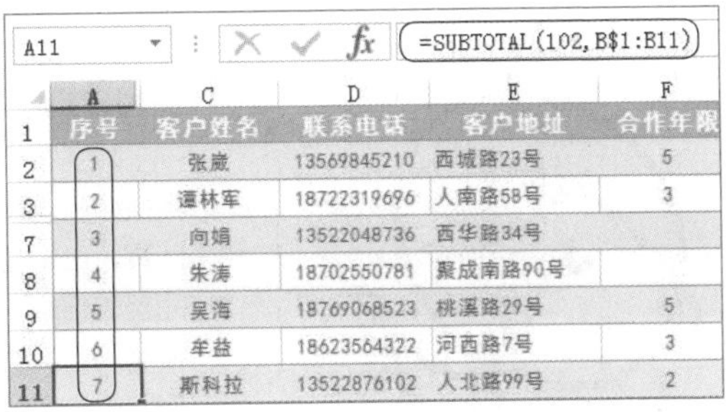

A11　=SUBTOTAL(102,B$1:B11)

	A	C	D	E	F
1	序号	客户姓名	联系电话	客户地址	合作年限
2	1	张崴	13569845210	西城路23号	5
3	2	谭林军	18722319696	人南路58号	3
7	3	向娟	13522048736	西华路34号	
8	4	朱涛	18702550781	聚成南路90号	
9	5	吴海	18769068523	桃溪路29号	5
10	6	牟益	18623564322	河西路7号	3
11	7	斯科拉	13522876102	人北路99号	2

图 3-15　使用参数“102”

3.2 客户信息漏填了怎么办

每当月底统计业务员跑回来的客户名片信息时都让我头痛，你也知道每个客户的名片样式不一样，所写内容也有所不同，就是这些原因导致我常常将一些必写的信息漏写了。

一般在统计客户信息时要标记出哪些项是必须填的，哪些内容是可有可无的，这样在你输入数据时就会特别关注必填项的内容。如果还有漏填，就使用 ISBLANK 函数。

在日常的行政办公中常常要完成一些表格的输入，在这些表格中，有些项是必须填写的，有些项的重要性就没那么强了，如客户的信息登记表，其中的姓名、联系电话、地址是必不可少的，而其他如 QQ、邮件等联系方式就没那么重要了。所以行政人员在制作这些表格时，一方面要注明哪些项是必填内容，一般加"*"表示；另一方面，为了确保信息的完整输入，再设置一列检验数据填写完整性的项，工作人员在输入完数据后再经过筛选就能一眼看出有哪些客户信息漏填了。

要在众多空白单元格中判断必填字段是否为空，初看是比较艰难的工作，但若一步一步分析，一步一步去实现，这个看似困难的问题也就迎刃而解了。首先要明白这个过程中需要运用到什么工具、函数，对于此疑问可以初步判定需要 ISBLANK 函数来判断空白单元格，然后使用 ISNUMBER 函数来判断字段中是否含有数字，即这里的"*"，最后用 AND 函数判断是否全部未填写。当问题思考到这一步时，难题基本解决，接下来就是各种函数嵌套使用了。

举例说明

原始文件：实例文件 >03> 原始文件 >3.2 漏填数据 .xlsx
最终文件：实例文件 >03> 最终文件 >3.2 最终表格 .xlsx
实例描述：有一份已经记录过的客户信息登记表，由于当初填写内容时漏写了某些项，而所记录的信息又太多，不能清楚地辨认哪些记录漏填了内容，这里用函数将本该填写而未填写的记录标记出来，方便统一修改。

应用分析：

除了客户信息有这种情况发生外，其他工作中也会遇到类似情况，特别是一些靠手动输入的表格数据，即便再仔细、认真，也难免有疏忽的地方。如果直接用肉眼来查找这些不完整的信息，不但眼力不够使，就连时间也不允许。因此，在遇到这些问题前能掌握这样一种解决方案是每个行政人员的职责。只有事前的避免，才能让后续工作更加顺利地开展下去。

步骤解析

步骤 01 打开"实例文件 >03> 原始文件 >3.2 漏填数据 .xlsx"工作簿，在原始表格中的 G 列后增加"填写是否完整"列，如图 3-16 所示，注意其中标有"*"的项。

	A	B	C	D	E	F	G	H
1				客户信息登记表				
2	序号	客户姓名*	客户地址*	联系电话*	QQ号	微信号	合作态度*	填写是否完整
3	1	张崴	西城路23号	13569845210	25486310	13569845210	一般	
4	2	谭林军	人南路58号	18722319696	1476532894		不感兴趣	
5	3	何一浩		18698120069	4236581201	18698120069	一般	
6	4	邢文红	一环路四段87号	18926583969	2957413658	2957413658	有意向	
7	5	赵捷	赛华北路10号			13589604512	不感兴趣	
8	6	向娟	西华路34号	13522048736	984512639		一般	
9	7	朱涛	聚成南路90号	18702550781	569843201	18702550781	有意向	
10	8	吴海	桃溪路29号		568942358	18702550698	一般	
11	9	牟益	河西路7号	18623564322	472510036	18623564322	一般	
12	10	斯科拉	人北路99号	13522876102	584101475	13522876102	不感兴趣	

图 3-16 增加列

步骤 02 在 H3 单元格中输入公式："=IF(AND(ISBLANK(A3:G3)),"",IF(SUM(ISBLANK (A3:G3)*ISNUMBER(FIND("*",$A$2:$G$2)))," 重要信息未填写 ",""))"，如图 3-17 所示。

步骤 03 按 Ctrl+Shift+Enter 组合键，目的是将所选单元格设置为数组形式，如图 3-18 所示。在编辑栏中可看到新增大括号的数组形式，然后在单元格 H3 右下角拖动鼠标至 H12 单元格处。

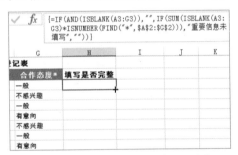

图 3-17 输入公式　　　　　　　图 3-18 将所选单元格设置为数组形式

步骤 04 填充单元格公式后，其中带 * 号的必填项没有输入数据时，本列就自动显示"重要信息未填写"提示，如图 3-19 所示。

客户信息登记表							
序号	客户姓名*	客户地址*	联系电话*	QQ号	微信号	合作态度*	填写是否完整
1	张崴	西城路23号	13569845210	25486310	13569845210	一般	
2	谭林军	人南路58号	18722319696	1476532894		不感兴趣	
3	何一浩		18698120069	4236581201	18698120069	一般	重要信息未填写
4	邢文红	一环路四段87号	18926583969	2957413658	2957413658	有意向	
5	赵捷	赛华北路10号			13589604512	不感兴趣	重要信息未填写
6	向娟	西华路34号	13522048736	984512639		一般	
7	朱涛	聚成南路90号	18702550781	569843201	18702550781	有意向	
8	吴海	桃溪路29号		568942358	18702550698	一般	重要信息未填写
9	牟益	河西路7号	18623564322	472510036	18623564322	一般	
10	斯科拉	人北路99号	13522876102	584101475	13522876102	不感兴趣	

图 3-19 填充公式结果

步骤 05 标记出未填写的重要信息所在行后进行筛选操作，筛选 H 列中的"重要信息未填写"项，如图 3-20 所示，这样就能将所有未填写的行筛选出来，再重新输入需要填写的内容。

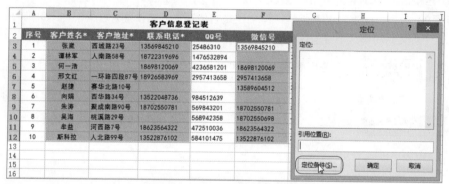

图 3-20　筛选重要信息未填写项

知识延伸

在本节的实例中，要找出表格区域的空白单元格，还可以通过定位空值来实现。这种方法可以在小范围内操作，如果数据区域较大，还是用本例的方法吧。仍以上面的例子为例，讲解如何定位空白单元格。

步骤 01　使用 Ctrl 键选取必填字段的数据区域，然后按 Ctrl+G 组合键，在弹出的对话框中单击"定位条件"按钮，如图 3-21 所示。

图 3-21　单击"定位条件"按钮

步骤 02　在"定位条件"对话框中单击"空值"按钮，然后单击"确定"按钮确定操作，如图 3-22 所示。返回工作表中，即可看到所选区域的空白单元格被同时选中，如图 3-23 所示。

图 3-22　设置定位条件

图 3-23　空白单元格被同时选中效果

3.3 客户数据增减一目了然

我们公司的产品就是好，越来越多的人愿意代理我们的产品。为了考核各代理商的销售情况，我们需要按月对比他们的拿货量，以此来判断他们的营销能力！

你说的应该是同一个客户在不同月份的对比吧！因为这种纵向比较更能看出单个客户的营销能力，然后依据对比结果来划分客户的等级。

对于生产型企业来说，它们一般不会把产品直接销售给终端客户，而是通过招募代理商来进行销售，代理商自然就成了这些企业的客户。而行政人员在管理客户的数据时，不仅要记录下客户的进货明细，还需要按月对客户进行数据化分析。

一般情况下，当上一月的进货出售快完时就需要备下一月的货。如果上一月的进货出售情况不良，就会挤压货物，留到下一月继续销售。而总公司就通过代理商每月的拿货情况来判断他们的营销能力，并以此来划分客户的不同等级。对于每月都在拿货的客户来说，可以降低他们的进货存本，刺激他们进更多的货；而陆陆续续拿货且拿货量逐渐减少的客户，可能是营销方法不对，公司可以组织专业讲师对这部分客户进行营销培训，通过方法论帮助他们打开市场，从而从公司拿更多的货；对几个月才拿一次货且数量很少的客户，公司可以在他们进货时做一些引导性工作，相对于第二类客户来说，可减少培训精力。

举例说明

原始文件：实例文件 >03> 原始文件 >3.3 客户拿货量 .xlsx
最终文件：实例文件 >03> 最终文件 >3.3 最终表格 .xlsx

实例描述：有一张客户 1、2 月的进货记录表，根据表中内容计算出客户 2 月份拿货的增减情况，包括增减量和增减百分比，为后期评定客户等级提供数据依据。

应用分析：

计算客户 2 月进货的增减量只需将 2 月份的进货量减去 1 月份的进货量，而增减百分比是将增减量除以 1 月份的进货量。这么简单的计算在 Excel 中可直接引用单元格来完成。在查看这些数据时，由于客户数量较多，不便于了解这些数据间的关系。如果使用图标集来标记客户进货的增减就很直接，不仅因为图标集比数字更显眼，还因为图标集能表示出数据是"增"还是"减"，具有极强的分析价值。

步骤解析

步骤 01 打开"实例文件 >03> 原始文件 >3.3 客户拿货量 .xlsx"工作簿，表中记录了部分客户 1 月和 2 月的拿货数量，如图 3-24 所示。

步骤 02 通过表中数据很难一眼看出 2 月拿货量在 1 月的基础上是增还是减，所以需要添加"增减量"和"增减百分比"列来判断 1、2 月的拿货情况，如图 3-25 所示新增了 D、E 列。

	A	B	C	D
1	客户拿货增减表			
2	客户编码	1月拿货量/箱	2月拿货量/箱	
3	CD5111	120	100	
4	CD5112	250	180	
5	CD5113	90	180	
6	CD5114	80	110	
7	CD5115	180	0	
8	CD5116	230	260	
9	CD5117	390	360	
10	CD5118	260	250	
11	CD5119	140	180	
12	CD5120	100	160	

图 3-24 原始表格

	A	B	C	D	E
1	客户拿货增减表				
2	客户编码	1月拿货量/箱	2月拿货量/箱	增减量	增减百分比
3	CD5111	120	100		
4	CD5112	250	180		
5	CD5113	90	180		
6	CD5114	80	110		
7	CD5115	180	0		
8	CD5116	230	260		
9	CD5117	390	360		
10	CD5118	260	250		
11	CD5119	140	180		
12	CD5120	100	160		
13					

图 3-25 新增列标志

步骤 03 根据 1、2 月的拿货量计算出 D 列的增减量，即 2 月拿货量减去 1 月拿货量，所以在 D3 单元格中输入公式"=C3-B3"，并填充其下方单元格区域，结果如图 3-26 所示。

步骤 04 计算出"增减量"后再计算"增减百分比"就很容易了，直接用增减量的值除以 1 月份的拿货量，即在 F3 单元格中输入公式"=D3/B3"，然后拖动鼠标填充下方单元格，如图 3-27 所示。

	×	✓	f_x	=C3-B3	
	B	C		D	E
	客户拿货增减表				
	1月拿货量/箱	2月拿货量/箱		增减量	增减百分比
	120	100		-20	
	250	180		-70	
	90	180		90	
	80	110		30	
	180	0		-180	
	230	260		30	

图 3-26 计算增减量

	×	✓	f_x	=D3/B3	
	B	C		D	E
	客户拿货增减表				
	拿货量/箱	2月拿货量/箱		增减量	增减百分比
	120	100		-20	-0.1666667
	250	180		-70	-0.28
	90	180		90	1
	80	110		30	0.375
	180	0		-180	-1
	230	260		30	0.13043478

图 3-27 计算增减百分比

步骤 05 由于计算出的增减百分比的默认结果格式不统一，这时可以通过单元格样式一键调整，先选取单元格区域 E3:E12，然后在"样式"组中单击"其他"按钮，然后在弹出的下拉列表区域找到"数字格式"组，并选择其中的"百分比"选项，如图 3-28 所示。

步骤 06 此时所选单元格区域的格式统一修改为百分比样式，结果如图 3-29 所示，且统一取消小数位数的显示。如果需要精确到小数，可以单击"数字"组中的"增加小数位数"按钮，每单击一次就增加一位小数，也是快速设置小数位数的简便方法。

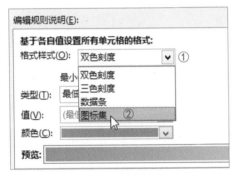

图 3-28　设置单元格样式

客户拿货增减表				
客户编码	1月拿货量/箱	2月拿货量/箱	增减量	增减百分比
CD5111	120	100	-20	-17%
CD5112	250	180	-70	-28%
CD5113	90	180	90	100%
CD5114	80	110	30	38%
CD5115	180	0	-180	-100%
CD5116	230	260	30	13%
CD5117	390	360	-30	-8%
CD5118	260	250	-10	-4%
CD5119	140	180	40	29%
CD5120	100	160	60	60%

图 3-29　百分比样式

步骤 07　设置好百分比数值后选取单元格区域 D3:E12，然后在"条件格式"下拉列表中选择"新建规则"命令，打开"新建格式规则"对话框，然后在"编辑规则说明"中选择格式样式为"图标集"，如图 3-30 所示。接着选择有 3 种箭头符号的图标样式，如图 3-31 所示。

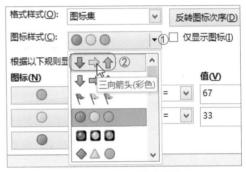

图 3-30　选择图标集

图 3-31　选择图标集样式

步骤 08　选择好格式和图标样式后需要设置图标的类型，先将第 1、2 个图标的类型设置为"数字"类型，然后将第 2 个图标样式修改成"无单元格图标"，如图 3-32 所示。

步骤 09　确定上一步操作后，返回工作表中，可看到 D、E 列中的数值用小图标表示出数据的增减情况，如图 3-33 所示。红色向下的箭头是拿货量下降的客户，绿色上升的箭头是拿货量增加的客户。这样一来就能一眼看出哪些客户的进货量在增加。

图 3-32　设置图标规则

客户拿货增减表				
客户编码	1月拿货量/箱	2月拿货量/箱	增减量	增减百分比
CD5111	120	100	⬇ -20	⬇ -17%
CD5112	250	180	⬇ -70	⬇ -28%
CD5113	90	180	⬆ 90	⬆ 100%
CD5114	80	110	⬆ 30	⬆ 38%
CD5115	180	0	⬇ -180	⬇ -100%
CD5116	230	260	⬆ 30	⬆ 13%
CD5117	390	360	⬇ -30	⬇ -8%
CD5118	260	250	⬇ -10	⬇ -4%
CD5119	140	180	⬆ 40	⬆ 29%
CD5120	100	160	⬆ 60	⬆ 60%

图 3-33　最终结果

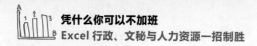
知识延伸

本书在 1.1 节中便介绍了"条件格式 > 突出显示单元格规则"的用法，这里又介绍了"条件格式 > 新建规则 > 图标集"的使用。通过实例步骤 07 可知，图标集中图标的种类有多种，如图 3-34 所示，这些图标集可分为方向、形状、标记和等级 4 个范围，下面分别举例说明每类图标集的用法。

图 3-34　所有图标集

1. 表示方向的图标集

表示方向的图标集主要用于数据的增减变化情况，除了实例中的客户数据外，还可以是员工的业绩变化、考核成绩变化等。

2. 表示形状的图标集

表示形状的图标集类似于交通红绿灯的作用，绿色表示安全通行，黄色表示预警，红色表示禁止。所以根据这个思路可以将这类图标集应用在对员工绩效的考核上，分数在 70 分以上的为佳，60 ～ 70 分的为良，60 分以下的为不及格，如图 3-35 和图 3-36 所示，结合图标集的颜色也能辨别员工的绩效成绩。

图标样式(C):　⬤⬤⬤ ▾　☐ 仅显示图标(I)

根据以下规则显示各个图标:

图标(N)			值(V)		类型(T)
⬤ ▾	当值是	>= ▾	70		数字
○ ▾	当 < 70 且	>= ▾	60		数字
⬤ ▾	当 < 60				

图 3-35　图标集规则设置

员工编码		考核分数
3311	⬤	52
3312	○	62
3313	⬤	78
3314	⬤	80
3315	⬤	55
3316	○	69
3317	⬤	73
3318	⬤	88

图 3-36　结果

3. 表示标记的图标集

表示标记的图标集与表示形状的图标集的规则设置是一样的，但它们的使用范围稍有区别，形状类图标集表示的数据只是一个相对的优劣之分，而标记类图标集有一个对正误的判断，使用范围更明确，如图 3-37 所示。

4. 表示等级的图标集

表示等级的图标集使用范围就更广泛了，在使用这类图标集时最好要明确数据有几个等级，一般为 3～5 个等级，然后选择相应等级的图标来表示，这样每个等级之间才有明确的图标差别，如图 3-38 所示。

图标(N)		值(V)		类型(T)	
●	▼	当值是 >= ▼	40	数字 ▼	
◕	▼	当 < 40 且 >= ▼	30	数字 ▼	
◑	▼	当 < 30 且 >= ▼	20	数字 ▼	
◔	▼	当 < 20 且 >= ▼	10	数字 ▼	
○	▼	当 < 0			

图 3-37　图标集规则设置

◕	10	▄▄	50
◑	20	▄▄	40
◕	30	▄▄	30
●	40	▄	20
●	50	▄	10

图 3-38　不同样式的等级图标集

3.4　自动筛选大客户数据

Excel 中的筛选器虽然能实现筛选功能，但是我觉得不够理想！因为每次筛选都要在条件列表中选择一次，如果列数据太多，即使筛选出来也不好辨认。要怎么才能筛选指定的列数据呢？

要筛选部分列的数据也很简单啊，只对要筛选的列启用筛选器，不过这些列数据必须是连续的，否则就用不上筛选器！还有一个办法就是对所有列启用筛选器后，隐藏部分不需要的列！

"数据"选项卡下的"筛选"功能是行政人员常用的办公技能，它能按颜色、文本、数字等多个条件进行筛选，还可以自定义某种关系实现高级筛选，对于一般的行政工作，此筛选功能都能轻易完成。但是在实际工作中，我们总是喜欢追求更新鲜的操作方法来解决更实际的问题。例如有 20 列数据，根据要求筛选出某个关键字后只需查看第 1、12、19 列的数据，如果使用普通的筛选器，虽然能筛选出需要的结果，但是要在 20 列数据中单独分析某些指定的不连续的列数据就有一定难度，这时需要求得一种新的筛选方法来实现上述的结果。

如果你学习过 SQL 查询语言，那么上述的问题就能轻易解决，若不懂什么是 SQL 也没关系，只要按照我们的操作步骤，你也能快速掌握这个技巧。使用 SQL 查询功能来筛选数据可以实现对某些指定列的筛选，这样就能在筛选结果中分析你所关心的数据，那些未被指定的列也不会干扰你的视线，要怎么筛选就怎么筛选。

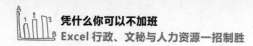
举例说明

原始文件：实例文件 >03> 原始文件 >3.4 动态筛选 .xlsx

最终文件：实例文件 >03> 最终文件 >3.4 最终表格 .xlsx

实例描述：在 "实例文件 >03> 原始文件 >3.4 动态筛选 .xlsx" 工作簿中有一张代理商年产值记录表，这里需要根据表中的记录筛选不同等级的代理商有哪些客户，并显示他们各自的年差值。下面根据数据验证添加的序列实现动态的筛选状态。

应用分析：

要想通过 SQL 查询语言完成指定列数据的筛选，一般情况下需要先通过 "验证条件" 设置需要进行筛选的序列，然后通过 Microsoft Query 选项找到需要的数据源工作簿，再根据实际需要添加指定的列。此过程中最重要的一步就是在 SQL 语句中修改可以实现序列筛选的参数，然后将查询到的列数据导入工作表中的某个位置，并通过单元格链接的方式实现动态的筛选。

步骤解析

步骤 01 打开 "实例文件 >03> 原始文件 >3.4 动态筛选 .xlsx" 工作簿，如图 3-39 所示，表中记录了重要代理商的年产值等信息。在 F1、G1 单元格中增加 "代理商等级" 和 "年产值" 标志。

步骤 02 选定 F2 单元格，然后打开 "数据验证" 对话框，如图 3-40 所示，设置序列来源为 "A级 ,B 级 ,C 级"，单击 "确定" 按钮。这里输入的逗号一定是英文状态下的，否则达不到筛选效果。

代理商编码	合作期限	代理商等级	年产值/万	代理商等级	年产值
NE5511	5	A级	100		
NE5512	4	B级	90		
NE5513	5	A级	118		
NE5514	6	A级	120		
NE5515	3	B级	85		
NE5516	3	B级	92		
NE5517	1	C级	18		
NE5518	2	C级	50		
NE5519	4	B级	89		
NE5520	5	A级	115		
NE5521	3	B级	80		
NE5522	2	C级	46		
NE5523	2	C级	32		
NE5524	3	B级	95		

图 3-39 添加列标志

图 3-40 设置序列

步骤 03 经过上一步操作后，单击 F2 单元格右侧的下三角按钮可看到添加的序列，如图 3-41 所示。如果上一步输入的序列是中文状态下的逗号，则此处显示的序列是横排而非竖排。

步骤 04 在 "数据" 选项卡下单击 "获取外部数据" 组中的 "自其他来源" 下三角按钮，然后在弹出的列表中选择 "来自 Microsoft Query" 选项，如图 3-42 所示。

代理商编码	合作期限	代理商等级	年产值/万	代理商等级	年产值
NE5511	5	A级	100		
NE5512	4	B级	90	A级	
NE5513	5	A级	118	B级	
NE5514	6	A级	120	C级	
NE5515	3	B级	85		
NE5516	3	B级	92		
NE5517	1	C级	18		
NE5518	2	C级	50		
NE5519	4	B级	89		
NE5520	5	A级	115		
NE5521	3	B级	80		
NE5522	2	C级	46		
NE5523	2	C级	32		
NE5524	3	B级	95		

图 3-41　添加的序列

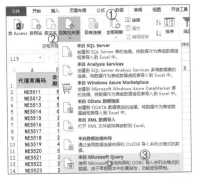

图 3-42　选择"来自 Microsoft Query"选项

步骤 05　在弹出的"选择数据源"对话框中选择"Excel Files*"选项，然后单击"确定"按钮，如图 3-43 所示。

步骤 06　在弹出的"选择工作簿"对话框中，先在"驱动器"列表中找到工作簿所在盘符，此处为 F 盘，确定盘符后上方的两个列表中会自动显示相关文件及其路径。接着在"数据库名"列表中选择 "3.4 动态筛选 .xlsx" 工作簿，并单击"确定"按钮，如图 3-44 所示。

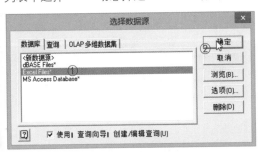

图 3-43　选择数据源

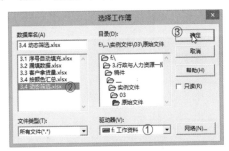

图 3-44　选择工作簿

步骤 07　经过上一步操作后，会弹出"查询向导 - 选择列"对话框和一个"正在连接数据源"提示框。在"可用的表和列"列表中单击"实例 $"按钮，然后在展开的子列表中可看到工作表中的列标志。选中"代理商编码"并将它添加到右侧的"查询结果中的列"列表中去，如图 3-45 所示。

步骤 08　依次将"代理商等级"、"年产值_/万"标志添加到右侧列表中，并单击"下一步"按钮，如图 3-46 所示。

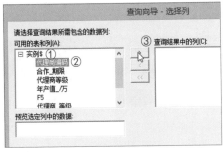

图 3-45　添加列数据

图 3-46　查询结果中的列

步骤09 如果在弹出的"查询向导－选择列"对话框中没有找到"可用的表和列"数据，可以单击该对话框下方的"选项"按钮，然后弹出"表选项"对话框，如图 3-47 所示，勾选"系统表"复选框再单击"确定"按钮确定操作。

步骤10 经过对"查询向导-选择列"对话框的设置后，弹出"查询向导-筛选数据"对话框，然后设置"代理商等级""等于""A级"，如图 3-48 所示，再单击"下一步"按钮。

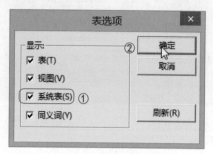

图 3-47 显示系统表

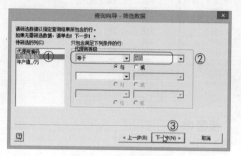

图 3-48 筛选数据设置

步骤11 当弹出"查询向导-排序顺序"对话框后，直接单击"下一步"按钮，如图 3-49 所示。

步骤12 在弹出的"查询向导-完成"对话框中，先选中"在 Microsoft Query 中查看数据或编辑查询"单选按钮，然后单击"完成"按钮，如图 3-50 所示。

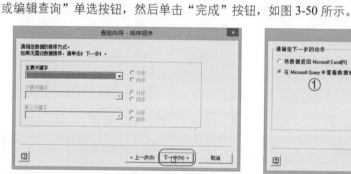

图 3-49 排序顺序

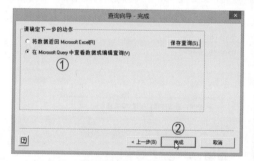

图 3-50 进一步设置

步骤13 进入 Microsoft Query 窗口中，单击功能区中的 SQL 按钮，即显示 SQL 查询代码，如图 3-51 所示。

步骤14 在弹出的 SQL 对话框中将最后一句"WHERE('实例$',代理商等级='A级')"中的"'A级'"改为英文状态下的问号"?"，单击"确定"按钮后还会弹出一个"输入参数值"对话框，对话框中不输入任何值直接单击"确定"按钮进入下一步操作，如图 3-52 所示。

图 3-51 查看查询代码

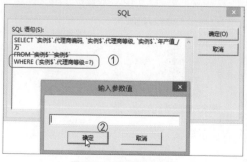

图 3-52 编辑代码参数

步骤 15 再在 Microsoft Query 窗口中单击 SQL 按钮前的"将数据返回到 Excel"按钮，如图 3-53 所示。

步骤 16 返回工作表后，会弹出"导入数据"对话框，在现有工作表中设置 F5 单元格为数据的放置位置，单击"确定"按钮，如图 3-54 所示。

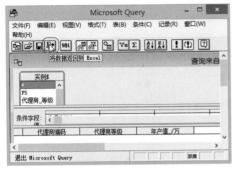

图 3-53 返回工作表

图 3-54 设置导入后的数据位置

步骤 17 经过上一步操作后，会弹出"输入参数值"对话框，在"参数 1"文本框中引用 F2 单元格，然后勾选下方的两个复选框，单击"确定"按钮，如图 3-55 所示。这时便可看到 F5 单元格后显示的筛选数据，如图 3-56 所示。

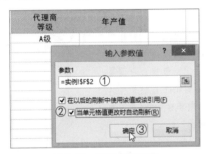

图 3-55 引用参数位置

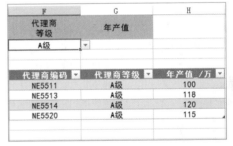

图 3-56 操作完成后的结果

步骤 18 在 E2 单元格中选择不同的代理商等级，F5 单元格后就会筛选出相应的结果，如图 3-57 所示，这样就实现了动态筛选功能。

代理商编码	合作期限	代理商等级	年产值/万		代理商等级		年产值	
NE5511	5	A级	100		B级 ①			
NE5512	4	B级	90		A级			
NE5513	5	A级	118		B级 ②			
NE5514	6	A级	120		C级			
NE5515	3	B级	85			代理商等级	年产值/万	
NE5516	3	B级	92		NE5512	B级	90	
NE5517	1	C级	18		NE5515	B级	85	
NE5518	2	C级	50		NE5516	B级	92	
NE5519	2	B级	89		NE5519	B级	89	
NE5520	5	A级	115		NE5521	B级	80	
NE5521	3	B级	80		NE5524	B级	95	
NE5522	2	C级	46					
NE5523	2	C级	32					
NE5524	3	B级	95					

图 3-57 动态筛选数据

知识延伸

本书 1.5 节中介绍过从外部获取数据的方法，在后面的"知识延伸"部分还特意说明了 Access 数据的导入。除了 1.5 节中介绍的方法可以导入 Access 数据外，还可以通过本例中的方法导入 Access 数据，关键步骤在于选择数据源时要选择"MS Access Database*"选项，如图 3-58 所示。其他步骤与 Excel 数据的操作类似，按照提示步骤即可完成 Access 数据的导入。

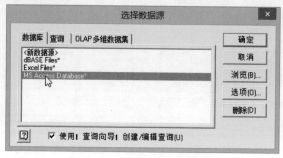

图 3-58　Access 数据的选择

3.5　自定义关键词排列客户数据

在 Excel 的排序功能中是不是只能按照系统规定的顺序排序啊？有时候系统的排序并不能很好地帮我解决问题，我能自己设置一种排列顺序吗？

难道系统提供的几种排序方法还不能解决你办公中的问题吗？要想自己设置一个排列顺序当然是可以的，这需要在 Excel 中自定义序列哦！

所谓排序就是将一组"无序"的记录调整为"有序"的记录，这个"有序"在 Excel 中一般被理解为"升序"或"降序"。无论是纯数字还是纯文本，都可以进行有规律的升序或降序操作。但是在实际工作中，系统内置的有规律的排序并不能很好地解决实际问题，如产品质量的优劣，如果按照极优、优、良、差、极差这几个等级来排序，则一般的排序方法是不能实现上述这个顺序的。这时还需要自定义序列来实现，就是用户按照自己想要的一种顺序编辑在系统中，然后再调用就可以了。

编辑自定义序列有两种方法：一种是通过"Excel 选项 > 高级"设置中的"编辑自定义序列"来完成的；另一种是通过"排序"对话框中"次序"列表中的"自定义序列"选项来添加的。其操作过程很简单，也方便记忆。

举例说明

原始文件：实例文件 >03> 原始文件 >3.5 自定义排序 .xlsx
最终文件：实例文件 >03> 最终文件 >3.5 最终表格 .xlsx

实例描述：某企业是生产经营矿泉水的，产品主要流向一些小卖部或杂货店。在"实例文件 >03> 原始文件 >3.5 自定义排序 .xlsx"工作簿中就记录了客户的一些信息，原表是按客户编码进行的升序排列，根据实际需要按客户所属区域进行排序，而区域以锦江区、武侯区、青羊区、金牛区、成华区这样的顺序重新排列，方便客户维护员进行分区维护。

应用分析：

通过自定义序列进行排序是为了工作能方便、快速地进行下去，由于不同的工作人员对工作的需求不同，所以对记录的顺序也不一样，而自定义序列能满足不同的人对排序的要求。这比常规的排序方式更人性化，如某个表格记录的顺序能方便 A 员工工作但不方便 B 员工工作，此时只要针对 B 员工重新编辑一个利于 B 员工工作的顺序就能让两人更快地完成工作。

步骤解析

步骤 01 打开"实例文件 >03> 原始文件 >3.5 自定义排序 .xlsx"工作簿，如图 3-59 所示。表中记录了客户的基本信息，并以客户编号的升序进行排序。

步骤 02 单击"文件"菜单进入 Backstage 视图中，然后选择"选项"命令，并在打开的"Excel 选项"对话框中单击左侧列表中的"高级"选项，然后在右侧列表下方单击"编辑自定义列表"按钮，如图 3-60 所示。

客户编码	客户名称	所属区域	客户地址	电话号码	客户维护员
11001	美佳日化	金牛区	十堰路1号	028-45613320	张可曼
11002	快乐小屋	锦江区	北湖路23号	028-47553654	李海英
11003	食谱外滩	金牛区	桃园路67号	028-52147201	朱代佳
11004	阁阁雅居	青羊区	科南路39号	13987201458	何源
11005	冯佳小店	武侯区	异同路89号	028-59764211	赵慧华
11006	轻轻步入店	武侯区	江北西路145号	028-53695478	郑松柏
11007	四海一家店	青羊区	社科路90号	18702463980	向洁春
11008	绝食美味	金牛区	宁夏一路10号	028-43298630	魏淑仪
11009	丰富多彩店	锦江区	东街道13号	028-69801963	何琳
11010	阿林日用	成华区	艾旭路57号	028-52103639	张海初
11011	小妹杂货店	青羊区	邢台路102号	13549862589	吴平
11012	千良店	成华区	金台路20号	028-487632693	李悦
11013	林样有杂货店	武侯区	太平路178号	028-47821100	吴昊
11014	好加多杂货店	金牛区	虎坊路99号	028-54338852	李靖
11015	多元化杂货店	青羊区	友好路130号	028-46392546	张翔
11016	未来来杂货店	青羊区	三元路28号	18659411023	李浩
11017	大家都喜欢这	武侯区	四城路2号	028-56398985	张冬柏
11018	渊渊千货店	锦江区	多多路9号	028-55443917	陈桂兰
11019	蓝天百元店	锦江区	二阶南路78号	028-546983259	程阳
11020	哆啦C梦店	青羊区	开心路38号	13562499780	戴磊

图 3-59 原始表格

图 3-60 设置高级选项

步骤 03 在打开的"自定义序列"对话框中，在"输入序列"文本框中输入"锦江区，武侯区，青羊区，金牛区，成华区"，它们之间用 Enter 键进行分隔，如图 3-61 所示，单击右侧的"添加"按钮。添加后可在左侧的"自定义序列"列表底端看到输入的序列，如图 3-62 所示，然后依次单击"确定"按钮返回工作表中。

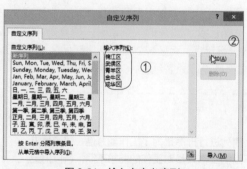

图 3-61　输入自定义序列

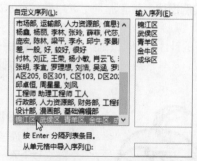

图 3-62　添加后的序列

步骤 04　在工作表中的"数据"选项卡下单击"排序和筛选"组中的"排序"按钮，然后在打开的"排序"对话框中设置"主要关键字"为"所属区域"，并在"次序"列表中选择"自定义序列"选项，如图 3-63 所示。

步骤 05　上一步操作完成后，再次弹出"自定义序列"对话框，然后在列表中选择前面所添加的序列"锦江区，武侯区，青羊区，金牛区，成华区"，并单击"确定"按钮返回上一步的对话框中，如图 3-64 所示。

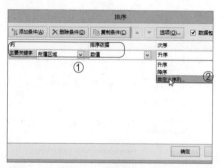

图 3-63　设置排序选项

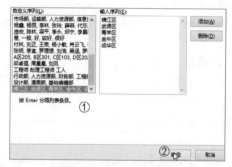

图 3-64　使用自定义序列

步骤 06　返回"排序"对话框后，可看到"次序"列表中显示了所添加的自定义序列，如图 3-65 所示，单击"确定"按钮确定操作返回工作表中，此时"所属区域"列中的排序正如定义的顺序一样，如图 3-66 所示。

图 3-65　设置的自定义结果

图 3-66　排序结果

知识延伸

在实例中设置主要关键字时，还可以添加更多条件进行筛选，如图3-67所示，设置"所属区域"为主要关键字，并按降序排序，然后单击"添加条件"按钮增加一个次要关键字，设置为"客户编码"，并按升序排序。

图 3-67　添加条件

为了说明上述两个条件同时对排序起作用，将次要关键字的客户编码改为降序排列。如图3-68所示是两次排序后的对比情况，它们都是以"所属区域"为主要关键字、"客户编码"为次要关键字，不同的是左边的结果是按次要关键字的升序排列的，而右边的结果是按次要关键字的降序排序的。

11005	冯佳小店	武侯区	11017	大家都喜欢这	武侯区
11006	轻轻步入店	武侯区	11006	轻轻步入店	武侯区
11017	大家都喜欢这	武侯区	11005	冯佳小店	武侯区
11004	阁阁雅屋	青羊区	11020	哆啦C梦店	青羊区
11007	四海一家店	青羊区	11016	来来来杂货店	青羊区
11011	小妹杂货店	青羊区	11011	小妹杂货店	青羊区
11016	来来来杂货店	青羊区	11007	四海一家店	青羊区
11020	哆啦C梦店	青羊区	11004	阁阁雅屋	青羊区
11002	快乐小屋	锦江区	11018	渊渊干货店	锦江区
11009	丰富多彩店	锦江区	11015	多元化杂货店	锦江区
11015	多元化杂货店	锦江区	11009	丰富多彩店	锦江区
11018	渊渊干货店	锦江区	11002	快乐小屋	锦江区

图 3-68　对比结果

第 **4** 章

日 常 费 用 管 理

4.1 按月汇总多个工作表费用

我想请教一下，怎么实现对同一个工作簿中的多个工作表进行汇总计算呢？因为我在统计每月的水电费时很需要这个方法，但一直苦于不知道怎么做！

其实在 Excel 中还是可以满足这一小小要求的，但前提是工作表的格式是一样的，通过"数据"选项卡下"数据工具"组中的"合并计算"功能就能解决这一难题！

在月底，行政人员一般会对工作中的开支做一个简单的记录，主要包括一些办公日常开支，如购买的办公用品、水电气费等。然后根据季度汇总一次，到年底时再汇总计算一次，这样可以对比每月开支情况，对那些开支过高的记录找出原因，以便在后期的工作中进行控制。然而在汇总计算各项目的支出总额时，大多数行政人员是先将所有月份汇总，然后使用 SUM 函数进行计算，此方法虽然能准确计算出各项目的支出金额，但是在办事效率上还需要改进。而 Excel 中的"合并计算"功能就可以轻松实现各项目的数据汇总。

使用"合并计算"功能来汇总各项目数据，首先要选择好需要使用的函数类型，然后将指定工作表中的单元格区域添加到"引用位置"列表中。只需要这两步简单的操作，无论多少数据都可以快速计算。

举例说明

原始文件：实例文件 >04> 原始文件 >4.1 水电气费汇总 .xlsx

最终文件：实例文件 >04> 最终文件 >4.1 最终表格 .xlsx

实例描述：某企业有四间办公室，行政人员记录了每月每个办公室的水电气费的支出情况，为了更好地控制各项费用的支出，需要以季度为单位进行费用对比，所以在分析这些费用前需要统计出第 1 季度每个办公室的水电气费支出情况。

应用分析：

无论是每月、每季度还是每年，在工作中总是会遇到对各类数据的统计，而统计的这些数据常常又含有相同的格式，如果通过函数来计算月、季度、年份的汇总结果，难免会因为不同工作表之间的切换而导致不必要的错误，因此为了更有效地完成这些数据的计算，使用"合并计算"功能是办公人员统计数据的必备技能。它不但能应用于按日期分类的数据汇总，所有可以统计的字段数据都能一键解决。

步骤解析

步骤 01 打开"实例文件 >04> 原始文件 >4.1 水电气费汇总 .xlsx"工作簿,在该工作簿下有 3 张工作表,分别记录了 1 ~ 3 月份的水电气费支出情况,而且这 3 张工作表的格式是一样的。右击"3月"工作表标签,在弹出的快捷菜单中单击"移动或复制"命令,如图 4-1 所示。

步骤 02 在弹出的对话框中先单击第 2 个列表中的"移至最后"选项,然后勾选"建立副本"复选框,再单击"确定"按钮,如图 4-2 所示。此步骤是复制原有工作表中的格式。

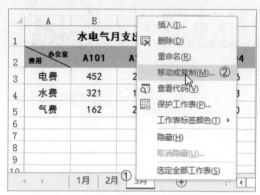

图 4-1 复制工作表

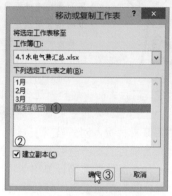

图 4-2 建立副本

步骤 03 在复制的工作表中删除表中的数据,保留行列标签,然后双击该工作表标签重新输入标签名,如图 4-3 所示。

步骤 04 在新工作表中选中 B3 单元格,然后在"数据"选项卡下的"数据工具"组中单击"合并计算"按钮,如图 4-4 所示。

图 4-3 修改工作表标签

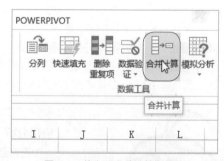

图 4-4 单击"合并计算"按钮

步骤 05 在弹出的对话框中先选择"函数"列表中的计算方式,这里主要是计算第 1 季度的总支出,所以选择"求和"方式,如图 4-5 所示。

步骤 06 将光标定位在"引用位置"文本框中,单击"1月"工作表标签,然后选择工作表区域 B3:E5,此时"引用位置"文本框中自动获取所选单元格。再单击右侧的"添加"按钮,将所引用的位置添加到左侧的列表中,如图 4-6 所示。

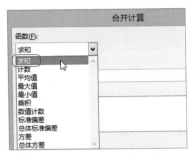

图 4-5 选择合并计算的函数　　　　　　图 4-6 添加引用位置

步骤 07　使用上面的方法将"2月"和"3月"工作表中的相同单元格添加到列表中。其实，此过程只需要单击每张工作表标签，引用位置的单元格引用就相应变动，不需要重复选取单元格区域，如图 4-7 所示。单击"确定"按钮后，工作表中自动显示汇总结果，如图 4-8 所示。

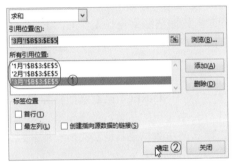

图 4-7 添加所有引用

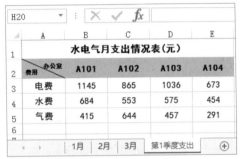

图 4-8 合并计算结果

知识延伸

在上述实例的步骤 05 中讲到可以选择不同的计算方式进行合并计算，对于这种水电气费的计算一般选择求和，如果是其他有关业绩的数据，可以使用平均值、最大值、最小值等计算方式，其操作方法和原理与求和计算一样。

由于合并计算是对多个相似工作表进行操作，所以在处理这些工作表时也可以同时进行，如同时对这些工作表插入一行，同时修改工作表的单元格格式，同时更改标题内容等。这里以同时修改 3 张工作表的标题为例，如图 4-9 所示，先选中第 1 张工作表，然后按住 Shift 键不放，再选中第 3 张工作表。此时，这 3 张工作表被同时选中，然后修改标题。修改后需要单击没有选中的另一工作表才可取消上一步的同时选中操作，可以看到前 3 个工作表的标题都同时被更改了，如图 4-10 所示。

	A	B	C	D	E
1		水电气月支出情况表(元)			
2	费用／办公室	A101	A102	A103	A104
	电费	395	265	324	196
	水费	208	188	168	106
	气费	155	206	143	89

图 4-9 同时选中 3 张工作表

	A	B	C	D
1		水电气费用表(元)		
2	费用／办公室	A101	A102	A103
	电费	298	305	355
	水费	155	169	203
	气费	98	195	145

图 4-10 3 个工作表的标题同时被更改

4.2 多张工作簿中的费用类别汇总

既然可以对多个工作表进行合并计算，那我能将多个工作簿进行汇总吗？因为公司有很多项目的开支是季度统计一次，然后年底才汇总计算。

你的想法越来越多了，不过提议很好！在工作中就应该多想想这些工作有没有捷径，找到了就能为你节约很多时间，这里用函数来解决！

作为行政人员，是不是常常会对不同工作簿中的数据进行分析，如不同部门的月度报告、同一部门不同人员的绩效情况以及来自不同分公司的年度数据等。面对这么多工作簿时，你是一个一个打开单独处理还是自己新建工作簿手动将这些数据粘贴到一张工作簿同时进行分析呢？很显然，第二种方法是每个行政人员都想掌握的，这种方法听起来就很方便和快捷，但是该如何去实现呢？

在行政办公中，只要你能想到的，Excel 都能最大限度地为你实现。就像上面说到的对多个工作簿也能同时操作，你只需要厘清这一过程的来龙去脉，INDIRECT 函数就能帮你完成。前面的章节中介绍了好几种函数的用法，它们都是行政办公中常用的函数，虽不全是用来计算某个数值的，但在某些信息的统计上能起很大的作用，而这些函数也是其他功能所不能替代的。下面将讲解如何用 INDIRECT 函数来汇总不同工作簿中的字段。

📖 举例说明

原始文件：实例文件 >04> 原始文件 >4.2 工作簿汇总
最终文件：实例文件 >04> 最终文件 >4.2 工作簿汇总

实例描述： 这里有 3 张工作簿，分别记录了 2014 年每月的管理费、营业费和财务费花销情况，此时需要将这 3 张工作簿中的项目汇总到一张工作簿中，作为年度费用汇总表，然后根据实际需要做不同的分析，这里只是做一个简单的工作簿汇总，不是数据的汇总。

应用分析：

文中虽然提到的是使用 INDIRECT 函数引用不同工作簿的名称来显示指定的内容，但它同样可以用来引用不同的工作表名称和单元格名称来实现同一效果。因此，掌握这一函数的用法，就能在工作中更快、更有效地汇总数据了，而不是一复制一粘贴的重复操作。而且结合 INDIRECT 函数和数据有效性可以设置二级下拉菜单，只要选择好一级菜单，就会显示相应的二级菜单，这些看起来复杂的操作，其实它们的操作原理是一样的。

步骤解析

步骤01 新建一张"4.费用汇总.xlsx"工作簿,在 A 列输入月份的相关信息,如图 4-11 所示。单击"文件"按钮,在切换后的 Backstage 视图中单击"打开"选项,找到需要汇总的工作簿所在文件夹,即"实例文件 > 原始文件 >4.2 工作簿汇总"。

步骤02 利用 Ctrl 键同时选中"1.管理费.xlsx""2.财务费.xlsx""3.营业费.xlsx"工作簿,如图 4-12 所示。

图 4-11 新建工作簿   图 4-12 选择多个工作簿

步骤03 选中这 3 个工作簿后按 F2 快捷键,输入工作簿名称"费用表",然后按 Enter 键即可显示如图 4-13 所示的结果,此步骤是使用 F2 键快速重命名工作簿名称,而且相同的工作簿名称自动添加序号分开。单击下方的"打开"按钮,此时所选中的工作簿依次被打开,如图 4-14 所示。

图 4-13 同时命名多个工作簿   图 4-14 打开的多个工作簿

步骤04 在"4.费用汇总.xlsx"工作簿中选定 B2 单元格,并输入公式"=INDIRECT("'[费用表 ("&COLUMN(A1)&").xlsx]Sheet1'!B"&ROW())",如图 4-15 所示。此步骤是最核心的步骤,即通过 INDIRECT 函数引用打开工作簿中的单元格的值。这一步也说明了为什么要在本步骤统一重命名工作簿名称,原因就在于找到指定的工作簿。

步骤05 输入公式后按 Enter 键即可显示"营业费",然后拖动单元格右下角的十字形状向右填充即可显示三大费用项目,再统一向下填充,其最后的填充结果如图 4-16 所示。最后调整 B1:D13 单元格区域的单元格格式,使其与 A 列的格式保持一致。

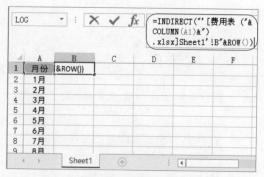

图 4-15 输入公式

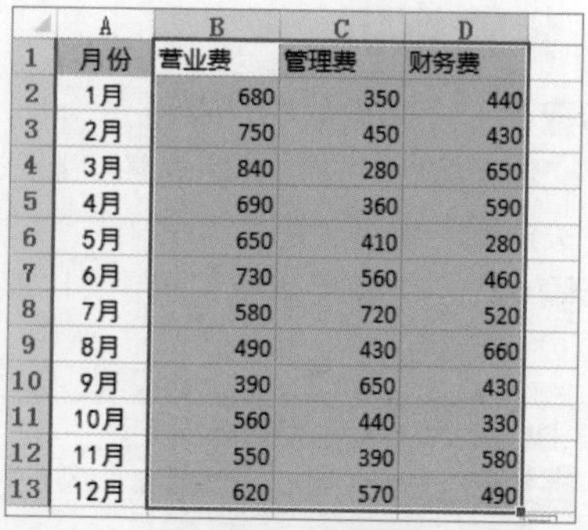

图 4-16 汇总结果

步骤 06 由于在"4. 费用汇总 .xlsx"工作簿中引用了其他工作簿中的单元格的值，当这些被引用的工作簿是打开的状态，则"4. 费用汇总 .xlsx"表能正常显示数字，如果关闭了这些工作簿，则被引用的单元格会显示错误值，如图 4-17 所示。这对后期分析数据有很大影响，所以这里需要将 B1:D13 单元格区域中的公式去掉，保留数值型文本。

步骤 07 要去掉单元格中的公式，先选择单元格区域 B1:D13，然后按 Ctrl+C 组合键进行复制，再在"剪贴板"组中单击"粘贴"下三角按钮，在展开的列表中单击"粘贴数值"组中的"值"按钮，如图 4-18 所示。最后单击所选区域的任意单元格查看，在编辑栏中都以数字的格式显示，即成功去掉了单元格中的公式。

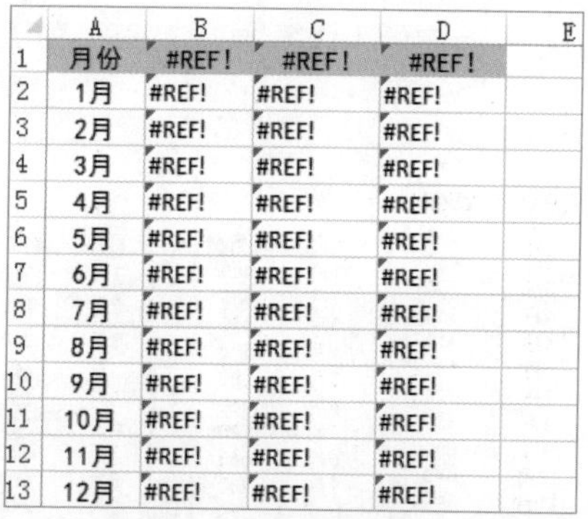

图 4-17 关闭工作簿后的结果

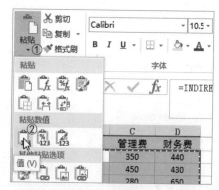

图 4-18 清除公式

💡 知识延伸

INDIRECT 函数用来返回并显示指定引用的内容，语法为 INDIRECT(ref_text,[a1])。该函数可以实现对单元格、工作表名称和工作簿名称的引用，下面分别讲述这 3 种引用的区别和使用方法。

1. 对单元格的引用

如图 4-19 所示，在 A1 单元格中输入"恒盛杰科技"，然后在 B1 单元格中输入 A1。为了说明 INDIRECT 函数的功能，在 B2 单元格中输入公式"=INDIRECT("A1")"，在 B3 单元格中输入公式"=INDIRECT(B1)"。按 Enter 键后它们都显示 A1 单元格中的内容。其中，B2 单元格中的公式是将引用地址套上双引号后传递给 INDIRECT 函数，从而显示 A1 单元格中的文本内容；而 B3 单元格中的公式是引用 B1 单元格，

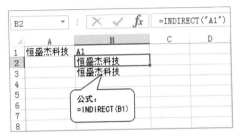

图 4-19　使用 INDIRECT 函数

而 B1 单元格中的值就是"A1"，所以这里引用的是 B1 单元格内的地址引用的单元格内容。

2. 对工作表名称的引用

在同一个工作簿下的多张工作表中可以使用 INDIRECT 函数来实现汇总计算，相当于 4.1 节中介绍的"合并计算"功能。这里仍以 4.1 节中的实例为例，使用 INDIRECT 函数对工作表名称进行引用，计算第一季度所有办公室各月份的电费总支出。

如图 4-20 所示，在打开的工作簿中新建一个"汇总"表，然后列出相关项目信息。然后在 B2 单元格中输入公式"=SUM(INDIRECT("1月!B3:E3"))"，按 Enter 键后即可显示汇总结果。公式中的"1月"就是对工作表的引用，如果该工作簿中还定义了名称，也可以这样引用来进行计算。对此可以分析出对工作表名称的引用语法格式为"INDIRECT("工作表名!单元格区域")"。

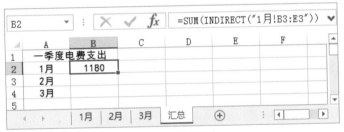

图 4-20　计算结果

需要注意的是，如果工作表名称是纯数字，则应该在工作表名称两边添加上一对单引号，如将图 4-20 中的工作表名称"1月"变为"1"，则相应的公式就变为"=SUM(INDIRECT("'1'月!B3:E3"))"。

3. 对工作簿名称的引用

本节的实例中就是介绍 INDIRECT 函数对外部工作簿名称的引用，实例中的公式有点复杂，这里可以简化它的书写形式，即"=INDIRECT("[工作簿名.xlsx]工作表表名!单元格地址")"。在使用 INDIRECT 函数对工作簿进行引用时，要注意所引用的工作簿一定是打开的，否则会显示错误值"#REF！"。

4.3 根据月开支汇总季度费用

使用 INDIRECT 函数可将不同工作簿中的内容汇总到一张工作簿了，接下来的问题就是我要怎么对这些月份数据按季度进行分析呢？需要用到分类汇总吗？

你不要一遇到汇总数据就想到分类汇总，虽然它能快速汇总结果，但是针对你的问题，分类汇总在此处并不适用，毕竟你是要将月份数据按季度进行汇总分析。

通常情况下遇到对数据进行汇总分析时，大家潜意识里都会想到分类汇总，而分类汇总是对不同关键字进行的分类和汇总，如果所分析的数据并不是按某些固定的关键字进行分类的，是不是就束手无策了？在日常的行政工作中，所分析的数据常常与日期相关，如每天的数据、每月的数据等，若要在这些数据中使用"分类汇总"功能来统计数据，不但不能得到你想要的结果，反而会把原本思路清晰的你看得满头雾水。这时可以考虑自定义某些组来汇总分析，如月份可以按季度分组，城市可以按省份分组，员工可以按部门分组等。当自定义好分组类别后再使用汇总函数来统一计算，这样就可以根据实际需要汇总出需要的数据，从而进行合理的分析。

创建组的过程也很简单，只要选择好行/列后，单击"数据"选项卡下"数据工具"组中的"创建组"按钮即可分为一组，然后手动输入每一组的组名，在组名后根据函数进行汇总计算。当所有的组创建成功后，单击展开和折叠按钮可快速查看汇总和明细数据，还可以单击左上角的数字按钮进行查看。

📖 举例说明

原始文件：实例文件 >04> 原始文件 >4.3 创建分组 .xlsx
最终文件：实例文件 >04> 最终文件 >4.3 最终表格 .xlsx

实例描述：以 4.2 节的最终表格为例，将表格中的月份按季度分组，然后汇总出不同费用在每个季度中所支出的金额，实现汇总数据和明细数据之间的快速切换。

应用分析：

通过"创建组"功能来分析数据是行政工作中常用的技巧，特别是对客户的销售数据的分析，由于数据量很大，而且没有特别的关键字加以区分，就需要创建组进行汇总统计。创建组有一个好处就是可以自由调整组中包含的行或列，由于它并没有可循的规律，只要按照排列的顺序就可以依次分组，因此在操作这一步前，还需要用户按数字或字母进行升序或降序排列，也可以是用户自定义的顺序。

步骤解析

步骤 01 本例以 4.2 节的最终表格为原始表格，这里要汇总计算每个季度的费用情况，所以需要在 3 月、6 月、9 月后各插入一行，如图 4-21 所示，按住 Ctrl 键同时选中第 5、8、11 行后右击插入行。由于 12 月后有空白行，所以不用单独插入行。

步骤 02 在插入行后，先在 A 列相应单元格中输入季度名，然后将插入行后的 A 到 D 列单元格用突出的颜色显示，效果如图 4-22 所示。

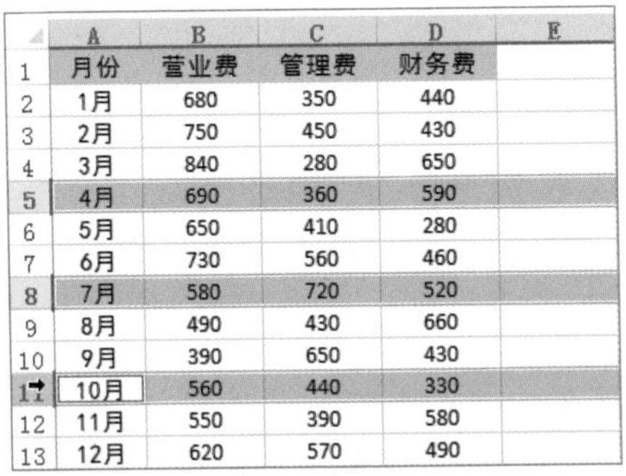

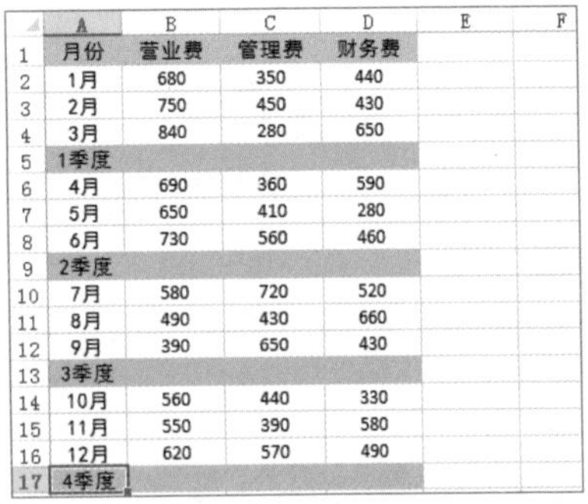

	A	B	C	D	E
1	月份	营业费	管理费	财务费	
2	1月	680	350	440	
3	2月	750	450	430	
4	3月	840	280	650	
5	4月	690	360	590	
6	5月	650	410	280	
7	6月	730	560	460	
8	7月	580	720	520	
9	8月	490	430	660	
10	9月	390	650	430	
11	10月	560	440	330	
12	11月	550	390	580	
13	12月	620	570	490	

图 4-21 选中多行

	A	B	C	D	E	F
1	月份	营业费	管理费	财务费		
2	1月	680	350	440		
3	2月	750	450	430		
4	3月	840	280	650		
5	1季度					
6	4月	690	360	590		
7	5月	650	410	280		
8	6月	730	560	460		
9	2季度					
10	7月	580	720	520		
11	8月	490	430	660		
12	9月	390	650	430		
13	3季度					
14	10月	560	440	330		
15	11月	550	390	580		
16	12月	620	570	490		
17	4季度					

图 4-22 插入的行效果

步骤 03 选定 B5 单元格，在“公式”选项卡下的“函数库”组中单击“自动求和”按钮，如图 4-23 所示。此时，B5 单元格自动获取 SUM 函数的参数范围，如图 4-24 所示。

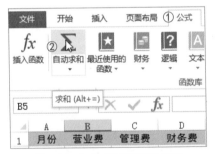

图 4-23 单击“自动求和”按钮

	A	B	C	D	E
1	月份	营业费	管理费	财务费	
2	1月	680	350	440	
3	2月	750	450	430	
4	3月	840	280	650	
5		=SUM(B2:B4)			
6	4月				
7	5月	650	410	280	
8	6月	730	560	460	
9	2季度				
10	7月	580	720	520	
11	8月	490	430	660	

图 4-24 自动获取函数的参数范围

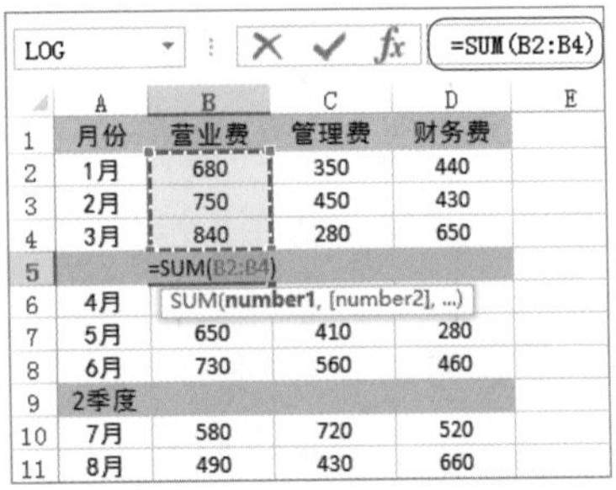

步骤 04 按 Enter 键后显示计算结果，再使用拖动填充法填充 1 季度管理费和财务费的支出金额，如图 4-25 所示。使用相同的方法计算出其他季度的费用支出。

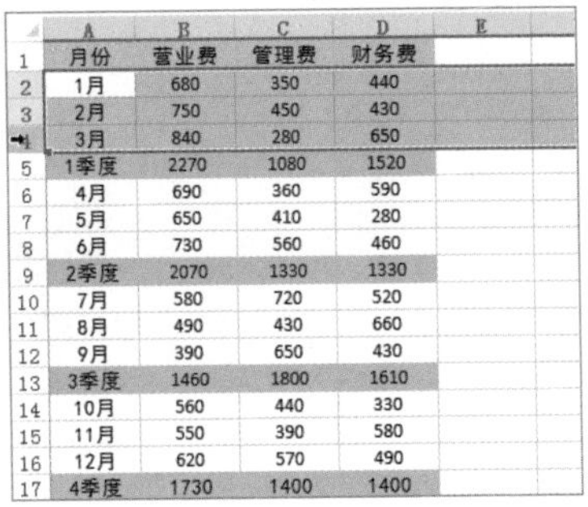

步骤 05 分别计算出 4 个季度的费用支出总和后，再选取第 2～4 行单元格区域，如图 4-26 所示。

	A	B	C	D
1	月份	营业费	管理费	财务费
2	1月	680	350	440
3	2月	750	450	430
4	3月	840	280	650
5	1季度	2270	1080	1520
6	4月	690	360	590
7	5月	650	410	280
8	6月	730	560	460
9	2季度			
10	7月	580	720	520

图 4-25 自动求和

	A	B	C	D	E
1	月份	营业费	管理费	财务费	
2	1月	680	350	440	
3	2月	750	450	430	
4	3月	840	280	650	
5	1季度	2270	1080	1520	
6	4月	690	360	590	
7	5月	650	410	280	
8	6月	730	560	460	
9	2季度	2070	1330	1330	
10	7月	580	720	520	
11	8月	490	430	660	
12	9月	390	650	430	
13	3季度	1460	1800	1610	
14	10月	560	440	330	
15	11月	550	390	580	
16	12月	620	570	490	
17	4季度	1730	1400	1400	

图 4-26 选择组

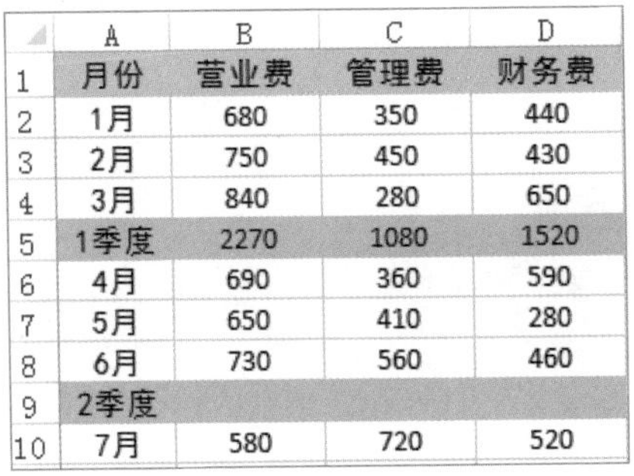

步骤 06 在“数据”选项卡下的“分级显示”组中单击“创建组”按钮，如图 4-27 所示，也可以按 Shift+Alt+ 向右键，此时可以看到所选行创建为一个组，如图 4-28 所示。

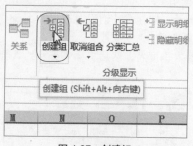

图 4-27　创建组

	A	B	C	D
1	月份	营业费	管理费	财务费
2	1月	680	350	440
3	2月	750	450	430
4	3月	840	280	650
5	1季度	2270	1080	1520
6	4月	690	360	590
7	5月	650	410	280
8	6月	730	560	460
9	2季度	2070	1330	1330
10	7月	580	720	520
11	8月	490	430	660
12	9月	390	650	430

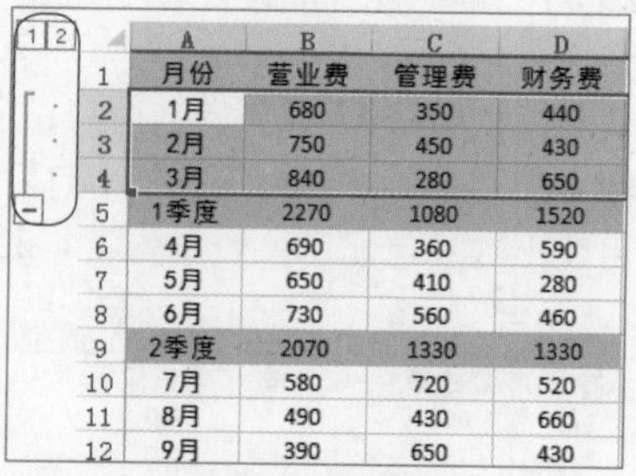

图 4-28　创建后的组

步骤 07 使用步骤 06 中的方法，将第 2、3、4 季度中的月份也分别创建不同的组，结果如图 4-29 所示。在创建后的组左侧可看到展开按钮⊞和折叠按钮⊟，分别单击这两个按钮可查看月份或季度值，如图 4-30 所示。

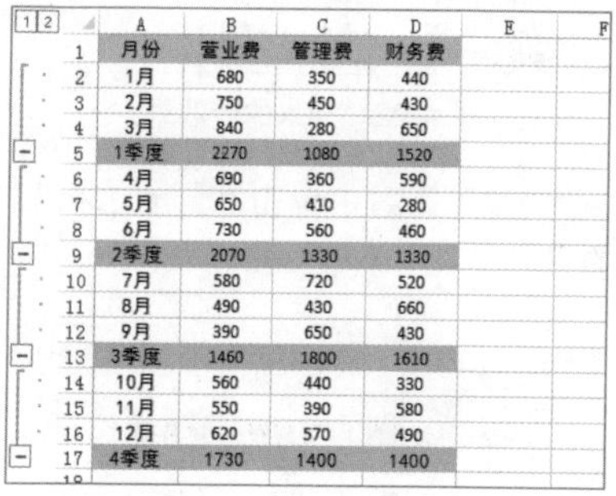

	A	B	C	D
1	月份	营业费	管理费	财务费
2	1月	680	350	440
3	2月	750	450	430
4	3月	840	280	650
5	1季度	2270	1080	1520
6	4月	690	360	590
7	5月	650	410	280
8	6月	730	560	460
9	2季度	2070	1330	1330
10	7月	580	720	520
11	8月	490	430	660
12	9月	390	650	430
13	3季度	1460	1800	1610
14	10月	560	440	330
15	11月	550	390	580
16	12月	620	570	490
17	4季度	1730	1400	1400

图 4-29　创建的多个组

	A	B	C	D
1	月份	营业费	管理费	财务费
2	1月	680	350	440
3	2月	750	450	430
4	3月	840	280	650
5	1季度	2270	1080	1520
9	2季度	2070	1330	1330
13	3季度	1460	1800	1610
17	4季度	1730	1400	1400
18				
19				
20				
21				

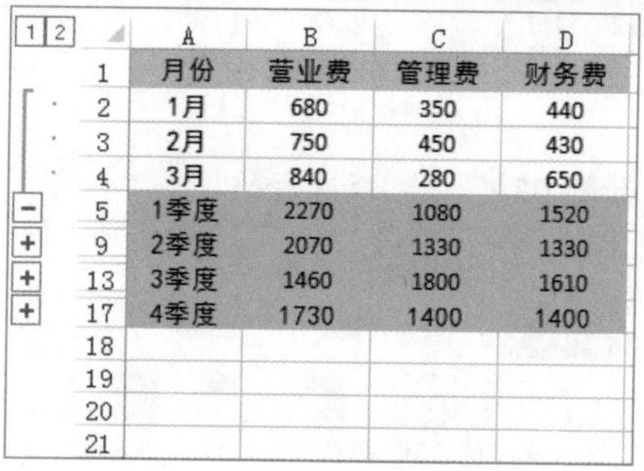

图 4-30　展开 / 折叠按钮

知识延伸

在上例的操作中，步骤 03 是按照费用类别逐季度计算的，这是大多数人的操作手法，如果对“自动求和”功能运用熟悉的话，可以先选择所有需要求和的单元格区域，如按住 Ctrl 键同时选中 B2:D4、B6:D8、B10:D12 和 B14:D16 单元格区域，然后单击“公式”选项卡下的“自动求和”按钮，此时所选单元格会根据工作表的结构自动求出每个季度不同费用的合计，只需要这一步操作就能计算出所有的结果。

在上例操作的步骤 07 中，除了可以使用展开和折叠按钮查看汇总数据和明细数据外，还可以单击左上角的数字按钮1和数字按钮2。其中按钮 1 是 4 个季度的汇总结果，如图 4-31 所示，而按钮 2 是每个月份的明细数据。

	A	B	C	D
1	月份	营业费	管理费	财务费
5	1季度	2270	1080	1520
9	2季度	2070	1330	1330
13	3季度	1460	1800	1610
17	4季度	1730	1400	1400

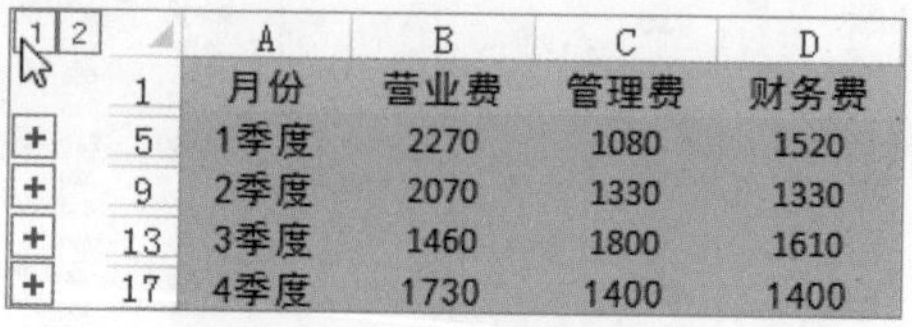

图 4-31　4 个季度汇总数据

4.4 用小图分析费用趋势

每次给领导上交数据时，他都埋怨不够直观，在对比数据上花费了他很多时间。为了节省领导的时间，我也尽量使用图去传递信息，可面对一些简单的数据时，用图真不合适！

图确实比数据更直观，如果要对比数据间的大小，使用图自然是好的，但就像你说的，有些简单的数据如果使用图的话，就显得画蛇添足了。这时可以考虑使用迷你图。

我们的日常工作中有这样一句话：字不如表，表不如图，说的就是在信息化时代，要想实现轻阅读，就必须将信息可视化，即用表来传递文字的信息，用图来表达表中的数据。这对任何一个读者而言都是可高度接受的，因此在工作中要传递给领导信息时也要做到表与图的结合，让所表达的信息在短时间内快速被接受，这也是交流的目的。然而，是不是一遇到数据就要用图来表示呢？通常情况下，人们眼中的图是极占篇幅的，如果只是简单的几组数据，还需要这样大费周章地制作图吗？为了同时满足这两个条件，Excel 中的迷你图可以在单元格中显示图形，这样不但能用图来表示一些简单的数据，还不会占据大量空间。

迷你图是 Excel 2010 以上版本中新增的一种全新的图表制作工具，它以单元格为绘图区域，简单便捷地为用户绘制出简明的数据小图表，将数据以小图的形式呈现在读者的面前。而迷你图的制作与常见的基础图表稍有不同，创建迷你图是在打开的"创建迷你图"对话框中设置数据源区域和图形放置位置，而基础图表只需要选择好数据源区域即可。

📖 举例说明

原始文件：实例文件 >04> 原始文件 >4.4 迷你图 .xlsx

最终文件：实例文件 >04> 最终文件 >4.4 最终表格 .xlsx

实例描述： 这里以 4.3 节中的最终文件为例，为了更好地对比每个季度的费用支出情况，可在数据后插入迷你图进行直观的分析。

应用分析：

在单元格中显示图表是迷你图的最大亮点，因此它的应用也很普遍，如行政工作中各部门的费用支出对比、员工每月业绩增长情况、公司每年的盈亏状况等。但由于迷你图中只有 3 种类型，所以相对于基础图表来说，它的应用也有了局限性。迷你图适用于数据较少的简单分析中，如果只是想借助图表来查看数据趋势或数据正负，就不必花费大量时间去制作复杂的图表，因为使用迷你图也能达到相同的效果。

步骤解析

步骤 01 打开"实例文件 >04> 原始文件 >4.4 迷你图 .xlsx"工作簿,单击数字按钮 1,然后按住 Ctrl 键选取第 1、5、9、13 和 17 行的 A ～ D 列单元格区域,这里不能直接选取这些汇总数据,因为在粘贴时会将隐藏的行显示出来,这并不是这里需要的结果,所以需要单独选取每行中的单元格区域,最后按 Ctrl+C 快捷键进行复制,如图 4-32 所示。

步骤 02 将复制后的数据区域粘贴到新的工作表中,然后将其粘贴为数值型,如图 4-33 所示,此步骤在前面也介绍过,主要是为了去掉单元格中的公式。

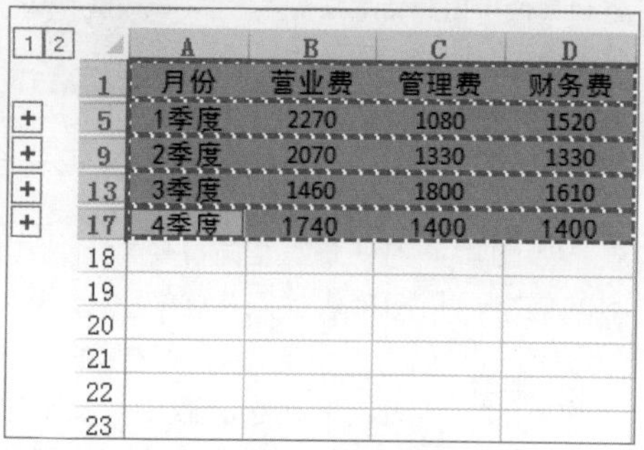

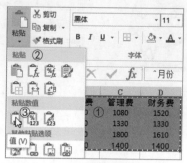

图 4-32　复制季度数据

图 4-33　粘贴值

步骤 03 经过上一步操作后,再将没有公式的数据复制一遍,重新粘贴在下方区域,这时要在"粘贴"选项中单击"转置"按钮,如图 4-34 所示,最后的转置结果如图 4-35 所示。此步骤是为后面创建迷你图做铺垫,因为用迷你图的转折正好对应时间的变化,这样能对比出不同季度的费用支出情况,更具有实际分析意义。

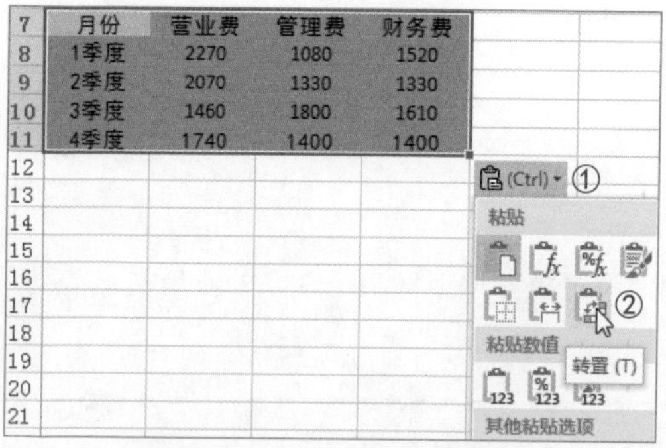

图 4-34　单击"转置"按钮

图 4-35　转置后结果

步骤 04 在"插入"选项卡下的"迷你图"组中单击"折线图"按钮,然后在弹出的对话框中设置"数据范围"和"位置范围"的单元格区域,如图 4-36 所示。

步骤 05 在"创建迷你图"对话框中单击"确定"按钮后即可创建相应的折线图,如图 4-37 所示。选中折线迷你图所在区域的任一单元格,通过"设计"选项卡下的命令进行迷你图的样式设置等操作。

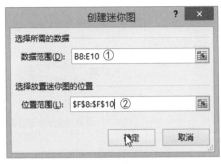

图 4-36　创建迷你图

月份	营业费	管理费	财务费
1季度	2270	1080	1520
2季度	2070	1330	1330
3季度	1460	1800	1610
4季度	1740	1400	1400

月份	1季度	2季度	3季度	4季度	迷你图
营业费	2270	2070	1460	1740	
管理费	1080	1330	1800	1400	
财务费	1520	1330	1610	1400	

图 4-37　迷你图效果

步骤 06　如图 4-38 所示是"设计"选项卡下的"显示"组，勾选其中的"高点""低点"和"标记"复选框，可在"样式"组中看到迷你图上标记出了不同的转折点。

步骤 07　同样，在"设计"选项卡下的"样式"组中单击"迷你图颜色"右边的下三角按钮，在展开的列表中指向"粗细"，然后选择"1.5 磅"的线条，如图 4-39 所示。此步骤是将迷你图的线条加粗，使其更加明显。

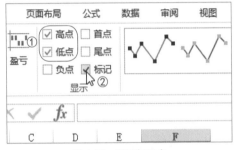

图 4-38　显示标记点

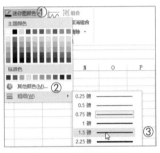

图 4-39　设置线条粗细

步骤 08　最后根据实际情况选择迷你图样式，可得到最终的迷你图，效果如图 4-40 所示。通过迷你图的趋势可一眼看出营业费在第 1 季度支出最高，管理费在第 3 季度支出最高，财务费呈现一高一低的状态。

月份	1季度	2季度	3季度	4季度	迷你图
营业费	2270	2070	1460	1740	
管理费	1080	1330	1800	1400	
财务费	1520	1330	1610	1400	

图 4-40　最终效果

知识延伸

1. 迷你图的组合

在本节的实例中，只要选中迷你图中的任一单元格就能同时选中整个迷你图，在某些时候这一操作能快速对整个迷你图进行操作，但是在实际的工作中，我们还是会只针对某一个单元

格中的迷你图进行设置，这时就需要使用"分组"组中的"取消组合"按钮来取消迷你图的组合，
如图 4-41 所示。取消组合时是根据所选单元
格的范围决定取消后迷你图的多少，如选中整
个迷你图所在的所有单元格，则取消后每一个
单元格就是一个独立的迷你图，如果只选中某
一个单元格，则取消后所选单元格为一个迷你
图，而剩下的连续单元格又为一个迷你图。同
样，当取消迷你图的组合后，还可以重新进行
组合。

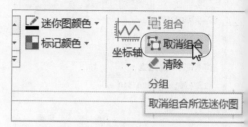

图 4-41　取消组合所选迷你图

2. 标记点的颜色

在突出显示每一个标记点的颜色时，由于默认的颜色是统一的，不便于分别，这时可以选
择迷你图，然后在"设计"选项卡下的"标记颜色"下拉列表中设置不同标记点的颜色，如图 4-42
所示。

除了可以对标记点设置不同的颜色外，还可以对整个迷你图设置想要的颜色，在"标记颜色"
按钮上方就是"迷你图颜色"按钮。

3. 编辑迷你图数据

迷你图的很多操作与基础图表一样，如果要更改迷你图的数据源，可以在"设计"选项卡下"迷
你图"组中单击"编辑数据"下三角按钮，如图 4-43 所示，然后选择不同的选项进行不同的编辑。

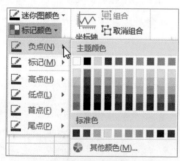

图 4-42　标记颜色

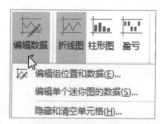

图 4-43　编辑数据项

4. 选择合适的迷你图

Excel 中的迷你图包括折线图、
柱形图和盈亏图 3 种类型，这 3 种迷
你图都有它们合适的使用范围，与基
础图表中的柱形图和折线图的使用范
围一样。如要表示不同类别间的对比，
则选择柱形图，若是表示时间上的连
贯性，则选用折线图，要表示正与负
数时，就选择盈亏图。如图 4-44 所

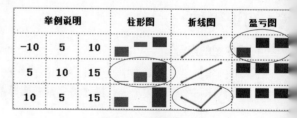

图 4-44　迷你图的对比

示分别列举了 3 组数据，然后用这 3 种迷你图来表示，从中可以看出什么数据适合什么迷你图，
其中圈出的就是最适合该组数据的迷你图。

4.5 根据费用类别自动输入费用明细

我想问问在 Excel 中能不能创建下拉列表？最近我发现每次在输入员工性别时，光输入"男"和"女"就让我手很软！如果可以直接根据下拉列表来选择的话，能节约很多时间！

通过下拉列表来输入重复量很大的数据确实是个好想法！以前我看到别人通过"数据验证"功能来实现你说的功能，就是在单元格中直接选择下拉列表中的"男"和"女"来快速填充。

从事行政工作的人都知道行政工作并不复杂，重点是要平衡好简单工作的重复累加。所以行政人员在工作中要体现出高效而又快速地对事务的处理，这需要靠大家平时工作经验的积累与思考，从实践和学习中掌握处理事务的诀窍。如管理公司日常费用时，除了要清楚怎样快速统计所需数据外，还要明白如何快速输入数据，特别是对三大费用的管理。众所周知，管理费用、营业费用和财务费用属于一级科目，而有时又需要注明各费用中的明细开支，这时手动输入难免会因为想不起而耽误工作。如果将费用类别制作成一级科目，而费用明细制作成相应费用下的二级科目，那么只要选择好一级费用，就能在明细费用中选择二级科目。

实现上述的过程对 Excel 来说依然很简单，可通过数据有效性的设置来创建多级下拉列表。不过在设置数据有效性前，可先对需要引用的单元格定义名称，这样在输入"来源"时可通过公式引用定义的名称，此方法比直接输入数据来源更方便、快捷。

举例说明

原始文件：实例文件 >04> 原始文件 >4.5 费用明细 .xlsx
最终文件：实例文件 >04> 最终文件 >4.5 最终表格 .xlsx
实例描述：管理费、营业费、财务费下包含了多种明细费用，先将工作中需要用到的明细费用罗列出来，然后根据这些不同的费用创建一级科目和对应的二级科目。

应用分析：
　　Excel 2013 的"数据验证"功能可以限定允许输入的数据类型和范围。在日常表格数据输入中，有些信息是有固定文本长度的，如身份证、电话号码等，因此就需要通过数据验证来限制所输入的文本长度，当输入的文本长度大于或小于数据验证所设置的条件时，就停止输入或提示重新输入。此外，"数据验证"功能还可以防止重复数据的输入。这些功能能为大家带来很大的时效性，需熟练掌握。

步骤解析

步骤 01 打开"实例文件 >04> 原始文件 >4.5 费用明细 .xlsx"工作簿，如图 4-45 所示，表中记录了常见的三大费用以及它们的常见明细费用。

步骤 02 选取 A1:A7 单元格区域，然后在"公式"选项卡下的"定义的名称"组中单击"定义名称"按钮，如图 4-46 所示。

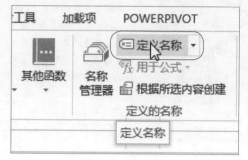

图 4-45 原始表格　　　　　　　　　　　　　图 4-46 定义名称

步骤 03 弹出如图 4-47 所示的对话框，对话框中默认"管理费"为定义的名称，且在"引用位置"文本框中显示了所选的区域，确定操作后即可定义名称。使用同样的方法将 B1:B6 和 C1:C6 单元格区域分别定义为"营业费"和"财务费"。

步骤 04 定义完三大费用名称后，再选取 A1:C1 单元格区域，打开"新建名称"对话框，输入名称为"费用类别"，如图 4-48 所示。

图 4-47 设置名称和引用位置　　　　　　　　图 4-48 定义费用类别

步骤 05 定义完上述 4 个名称后，在表格左上角单击名称框可查看定义后的名称，如图 4-49 所示，只要单击某一名称，则该名称所包含的区域就会被选中。

步骤 06 在 E1:G1 单元格区域中分别输入"费用类别""明细费用"和"金额"，然后选中 E2 单元格，在"数据"选项卡下的"数据工具"组中单击"数据验证"按钮，如图 4-50 所示。

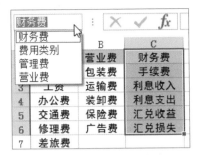

图 4-49 查看定义后的名称

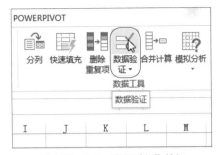

图 4-50 单击"数据验证"按钮

步骤 07 在弹出的对话框中选择"允许"下拉列表中的"序列"选项，然后在"来源"文本框中输入公式"=费用类别"，如图 4-51 所示。此处就是使用定义的名称，比选取单元格更方便。

步骤 08 返回工作表中，单击 E2 单元格的下三角按钮，可看到将定义的费用类别引用到此处，也就是费用的一级科目，如图 4-52 所示。

图 4-51 设置序列

图 4-52 查看一级科目

步骤 09 再选中 F2 单元格，打开"数据验证"对话框，同样设置序列条件，在"来源"文本框中输入公式"=INDIRECT($E2)"，如图 4-53 所示，此处就是使用 INDIRECT 函数显示引用单元格中的值。

步骤 10 在确定 F2 单元格中的数据验证条件时会弹出如图 4-54 所示的提示，之所以出现该提示框，是因为 E2 单元格为空白单元格，若在步骤 09 中的 E2 单元格中选择某一费用，则操作到此处时就不会弹出该提示内容。直接单击提示框中的"是"按钮确认操作。

图 4-53 再次设置序列

图 4-54 确认操作

步骤11 经过上面的设置，在 E2 单元格中选择"管理费"，然后在 F2 单元格中可看到"管理费"下的二级科目，如图 4-55 所示。同样选择"财务费"后，F2 单元格中又换成"财务费"下的二级科目，如图 4-56 所示。

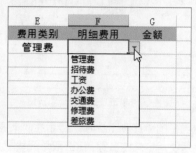

图 4-55　查看"管理费"的二级科目

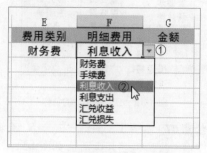

图 4-56　查看"财务费"的二级科目

知识延伸

1. 名称管理器

如果要查看工作表中定义的名称，除了实例中提到的"名称框"可以查看外，还可以在"公式"选项卡下的"定义的名称"组中单击"名称管理器"按钮进行查看，如图 4-57 所示。在该对话框中可以新建名称，编辑已有的名称，也可以将已有的名称删除。

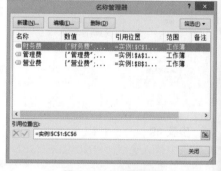

图 4-57　名称管理器

2. 数据有效性简化输入

在上例中通过数据有效性创建的下拉列表可快速输入数据，在设置序列来源时是通过公式来实现引用的，其实还可以在"来源"文本框中直接输入序列，如工作中常见的"性别"栏，序列之间要用英文状态下的逗号隔开，实现的效果与实例中的一样。

3. 数据有效性的清除

若要清除数据有效性设置，需要先选中工作表中含有数据验证格式的单元格，然后打开"数据验证"对话框，单击左下方的"全部清除"按钮。

如果工作表中含有数据验证格式的单元格是零散分布的，而又要全部清除，这时可以先按 Ctrl+G 组合键打开"定位"对话框，然后单击"定位条件"按钮打开新的对话框，选中"数据验证"单选按钮，再选中"全部"单选按钮，如图 4-58 所示，最后重复上面的全部清除操作。

图 4-58　定位条件

4. 出错警告

在"数据验证"对话框中还有一项"出错警告",如图 4-59 所示,可以设置出错的样式和标题,该项内容主要是对设置有数据验证条件的单元格进行提示,如果单元格中输入了未被允许的数据,则弹出提示对话框。

如在设置性别的单元格中输入"非女"时,弹出如图 4-60 所示的提示对话框,所提示的内容正是图 4-59 中所设置的错误信息。

图 4-59　出错警告

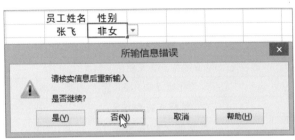

图 4-60　错误提示

4.6　采购记录简易预算

行政工作真的是无奇不有啊,今天领导就给了我一张表,让我计算各种表达式的值。虽然我能在脑海里进行简单的换算,但遇到稍微复杂的就短路了。

计算表达式?我还真的很少见呢!不过一般都是自己动脑进行换算的。如果真要找到什么捷径,Excel 中的 VB 应该能为你解决问题。它的功能非常强大!

在办公采购工作前是不是常常需要备注一下办公用品的数量、金额、规格等,方便在实际采购时清楚采购什么型号的办公用品。特别是对某些价格差异较大的商品,公司一般都会要求以市场最低价购买,如果询价高于所备注的价格,就需要更换采购地点,以此来减少费用开支。而且在采购前还需要预算出不同办公用品的总采购金额,随时掌握支出费用。如果对所备注的表达式进行预算,如表达式"笔记本 50 本 *5.5 元"、"签字笔 80 支 *2.5 元",则需要办公人员手动计算,其实在 Excel 中,这样的表达式也是可以直接得出结果的,它需要靠 VB 来实现。

VB(Visual Basic)是由 Microsoft 公司开发的结构化、模块化、面向对象的、包含协助开发环境的、以事件驱动为机制的可视化程序语言。这类程序语言可以实现很多复杂的操作,不少人会觉得这么难的程序自己没必要掌握。其实在行政工作中,你是不需要这么复杂的程序语言来工作,但是大家可以把它当作一个模块,只要把文中谈到的代码复制到你的 Excel 开发环境下,你就能轻松实现上面的操作。

举例说明

原始文件：无

最终文件：实例文件 >04> 最终文件 >4.6 最终表格 .xlsm

实例描述： 为了在采购办公用品时能记住所采购商品的规格或颜色，可以使用表达式简单记录采购商品的信息，如表 4-1 所示。现要根据这些表达式直接在 Excel 中计算其结果。

表 4-1 采购信息

办公用品采购信息	预计采购金额
笔记本 20 本 *4.5 元	
签字笔（20 支黑色 +15 支蓝色）*2.5 元	
心相印卫生纸 5 袋 *15.8 元	
一次性纸杯 4 袋 *4.5 元	
垃圾桶 5 个 *6 元	

应用分析：

有关表达式的计算除了在办公用品的采购上会遇到外，其实工作中这样的运算也是随处可见的。例如采购大型设备时可能需要根据长 * 宽 * 高来测算设备体积，然后计算一辆货车能运输多少这样的设备等。所以拥有这样一段自动计算表达式的代码，无论是简单的加减乘除还是开方，都能轻松计算出来。它不但能减轻工作人员的工作难度，还能节约大量时间做其他工作。

步骤解析

步骤 01 将上表中的商品采购信息输入 Excel 工作簿中，如图 4-61 所示。接着在"开发工具"选项卡下的"代码"组中单击 Visual Basic 按钮，如图 4-62 所示。

	A	B
1	**商品采购信息**	**金额**
2	笔记本20本*4.5元	
3	签字笔（20支黑色+15支蓝色）*2.5元	
4	心相印卫生纸5袋*15.8元	
5	一次性纸杯4袋*4.5元	
6	垃圾桶5个*6元	
7		
8		

图 4-61 输入信息

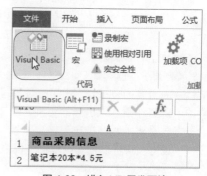

图 4-62 进入 VB 开发环境

步骤02 此时进入 VB 开发环境，然后在"插入"菜单中选择"模块"选项，即在开发环境下插入一个编写代码的窗口，如图 4-63 所示。

步骤03 在代码窗口中输入如图 4-64 所示的代码段 1，该过程是定义一个 Calculate 函数，实现表达式的计算。

图 4-63 插入模块

图 4-64 编写代码段 1

步骤04 在代码段 1 后继续输入如图 4-65 所示的代码段 2，该过程是去除表达式中带干扰的字符。由于代码是一种很复杂的语言，行政人员不必明白每一句代码的含义，只需要将图中的代码完整地输入到你的模板中。

步骤05 输入完代码后，按 Alt+F11 组合键返回工作表中，按 Ctrl+S 快捷键保存时弹出如图 4-66 所示的提示框，阅读提示内容后单击"否"按钮进行保存类型的设置。

图 4-65 输入代码段 2

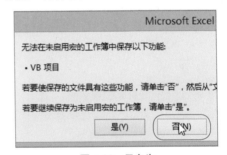

图 4-66 另存为

步骤06 在弹出的"另存为"对话框中，修改原文件名，然后在"保存类型"下拉列表中选择"启用宏的工作簿"类型，如图 4-67 所示，此步骤操作完成后，工作表标题栏所显示的".xlsx"类型变为".xlsm"类型。返回工作表时，系统还将弹出如图 4-68 所示的提示框，直接单击"确定"按钮即可确认操作。

图 4-67 启用宏的工作簿

图 4-68 确认操作

步骤 07 在 B2 单元格中输入公式 "=CALCULATE(A2)",如图 4-69 所示,然后按 Enter 键就可以看到计算结果。使用拖动填充法填充 B3:B6 单元格区域的公式,并设置"金额"列的格式为"会计专用",最后的结果如图 4-70 所示。这些看似复杂的计算在 Excel 中也能这么轻而易举地实现。

B2		× ✓ fx	=CALCULATE (A2)

	A	B
1	商品采购信息	金额
2	笔记本20本*4.5元	90
3	签字笔（20支黑色+15支蓝色）*2.5元	
4	心相印卫生纸5袋*15.8元	
5	一次性纸杯4袋*4.5元	
6	垃圾桶5个*6元	
7		
8		

图 4-69　输入公式

A	B
商品采购信息	金额
笔记本20本*4.5元	¥　90.00
签字笔（20支黑色+15支蓝色）*2.5元	¥　87.50
心相印卫生纸5袋*15.8元	¥　79.00
一次性纸杯4袋*4.5元	¥　18.00
垃圾桶5个*6元	¥　30.00

图 4-70　显示结果

知识延伸

本节的实例中没有具体说明如何设置"金额"列的"会计专用"格式。按照常规的设置方法需要打开"设置单元格格式"对话框,然后选择数字分类中的"会计专用"选项即可。而打开"设置单元格格式"对话框的方法也有很多种,如右击选定的单元格,在快捷菜单中选择"设置单元格格式"命令,如图 4-71 所示;或者直接在"开始"选项卡下的"数字"组中单击右下角的对话框启动器按钮也可打开,如图 4-72 所示;还有一种快捷键的打开方式,即按 Ctrl+1 快捷键也可打开。

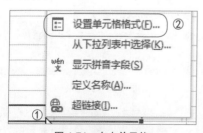

图 4-71　右击单元格

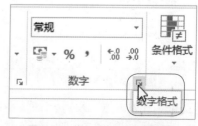

图 4-72　单击对话框启动器按钮

其实在设置"数字"格式时,除了在"设置单元格格式"对话框中进行设置外,也有很多快捷键方式。下面就将常用的数字格式快捷键分享给大家,只要记住了这些,就不需要每次用鼠标进行操作了。

- Ctrl+Shift+-:常规数字格式(即未设置格式的值)。
- Ctrl+Shift+$:具有两个小数位的货币格式(负数显示在括号中)。
- Ctrl+Shift+%:百分比格式,没有小数位数。
- Ctrl+Shift+^:科学计数数字格式,具有两位小数位数。
- Ctrl+Shift+#:具有年、月、日的日期格式。
- Ctrl+Shift+@:具有小时、分钟、上午或下午的时间格式。
- Ctrl+Shift+!:两个小数位、千位分隔符和以连字符连接的负值。

第 **5** 章

文 件 打 印 输 出 管 理

5.1　打印前的下画线怎么设置

最近我发现制作表格时，需要填空的地方用下画线来代替，我每次就直接输入"_"，但是当填写的内容很多时，输入这个符号的工作量还是很大的，而且操作起来真的不方便。

你说的那个下画线是你每次手动输入的？哎，也难怪你的工作效率不高，都花在了这些不打紧的工作上了。其实很多行政工作都是有技巧的，你的这个也不例外。

　　行政工作的主要内容就是制作和管理各种文件，而一些常用的员工入职表、转正申请表、合同封面等都是需要行政人员制作的，这些表的制作最终会以打印出的纸质文档发给员工进行填写。然而在这些表格中有一个看似简单但仍有很多人不知道的操作技巧，即下画线的设置。现在很多表格中需要填写信息的部分都是通过边框线来分开的，但是边框线并不能解决所有问题，有些需要签字和填写日期的地方就需要专门设置下画线来填写，这样打印出来的文档更规范，也更能引起填写人的注意。

　　在实际的操作中，虽然直接输入多个"_"符号能解决暂时性的问题，但当填写的信息有好几行甚至几页时，这种操作方法是不可取的，而且单元格大小经过变动后有可能会隐藏这些符号的显示。在 Excel 中设置单元格的自定义格式类型为"@*_"就能轻松为你解决问题，而且它能随单元格大小的变动而变动，不会像输入"_"时还担心输多输少，并且这个过程只需要简单的几步就能实现。

📖 举例说明

　　原始文件：无

　　最终文件：实例文件 >05> 最终文件 >5.1 最终表格 .xlsx

　　实例描述：制作一份员工转正申请表，使用单元格自定义格式"@*_"，将表格中有关签字、日期部分单元格显示成有下画线的样式，这样才方便员工在打印出的纸质表格中填写。

应用分析：

　　在没有说明通过单元格自定义格式"@*_"可以快速设置下画线时，相信很多办公人员都是通过直接输入法或绘制直线的方法来达到目的的。无论是直接输入还是绘制线条，它们相对于自定义格式来说都显得麻烦，而且随着单元格的变动，相应的下画线也需要手动调整，这些方法虽能达到效果，却浪费了不少精力和时间。在遇到工作又急又紧时，这些小的毛病会让你的情绪大大降低，所以掌握工作中的这些小技巧可随时随地为你提高工作效率。

步骤解析

步骤01 新建工作簿，在打开的工作表中制作如图 5-1 所示的员工转正申请表框架。在"视图"选项卡下的"显示"组中取消勾选"网格线"复选框，如图 5-2 所示，此时员工转正申请表中无网格线。

图 5-1 创建的工作表

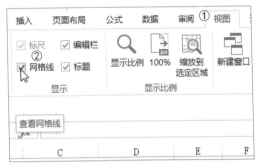

图 5-2 取消网格线显示

步骤02 选取员工转正申请表的框架区域A1:D17，然后在"开始"选项卡下"字体"组中的"边框"下拉列表中选择"外侧框线"选项，如图 5-3 所示。再按照同样的方法将单元格区域 A3:D5 设置成"所有框线"样式，而 A6:D11、A12:D14、A15:A17 单元格区域设置成"外侧框线"样式，得到的效果如图 5-4 所示。

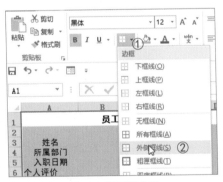

图 5-3 设置外边框

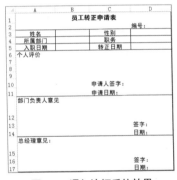

图 5-4 添加边框后的效果

步骤03 选定 D2 单元格，然后按住 Ctrl 键不放，再选中 D10:D11、D13:D14 和 D16:D17 单元格区域，此操作是同时选中上述单元格，然后单击"数字"组中的对话框启动器按钮，如图 5-5 所示。

步骤04 在弹出的"设置单元格格式"对话框中，选择"分类"列表中的"自定义"选项，然后设置类型为"@*_"，如图 5-6 所示，单击"确定"按钮返回工作表中。这里需要注意的是，输入的下画线是英文状态下的下画线。

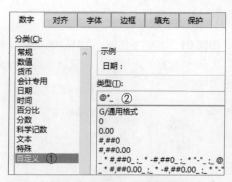

图 5-5　打开对话框　　　　　　图 5-6　设置自定义类型格式

步骤 05　图 5-7 所示就是设置单元格格式后自动显示的具有下画线的效果，由于这些单元格都在 D 列上，可以调整 D 列列宽，这时会发现单元格中的下画线也会自动变宽，如图 5-8 所示。这就是设置单元格样式所带来的最大优势。

图 5-7　自动显示的下画线

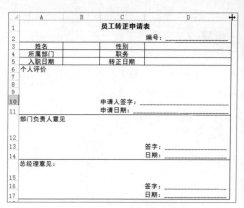

图 5-8　调整列宽后的效果

知识延伸

　　在 Excel 中的"开始"选项卡下的"字体"组中还有一类下画线样式，如图 5-9 所示，这类下画线一般是在表格中输入某些内容时显示下画线，所以它常被用来强调某些项的重要性。其实，它也可以制作成用来填写信息用的下画线，但是要借助空格键的辅助作用，其设置过程如下。

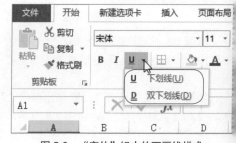

图 5-9　"字体"组中的下画线样式

　　（1）首先取消表格中网格线的显示。

　　（2）选定某个单元格输入需要填写的项，如"姓名"，接着输入多个空格，根据所写内容的长度来确定。

　　（3）在"字体"组中单击下画线按钮即可。

　　经过上面 3 步操作后，就能设置出可以填写内容的下画线样式。这些只适用于打印出的纸质文档，在电子表格中并不能这样做。

5.2 强制性分页打印

由于最近工作特殊,每天都要打印好多表格,在这些表格中,我发现后面的几列数据都没打印出来。好几次因为这事都被领导批评了,还是我们主任帮我重新打印的,愁死我啦!

你难道每次都是直接打印的?遇到列数较少时还好,一旦列数很多,默认的打印会漏掉很多数据的。其实你不知道打印文件也是一门技术活啊!

虽然现代的网络技术很发达,很多资料和数据都是通过计算机进行保存和传输的,但由于工作的需要,还是会将计算机中的数据打印出来,如一些重要文件必须以纸质文档进行备份,有时为了工作的方便也会将数据打印出来。而打印工作表对大多数行政人员来说就是按下Ctrl+P(打印)组合键的事,但是要打印出一份布局合理、内容完整的工作表,简单的打印操作是不能解决问题的,还需要行政人员花精力进行专门的设置,不然不但打印不出需要的数据,还会浪费大量时间在没有结果的事情上,解决不了实际问题。

打印表格的第一步是要保证打印出来的数据是完整的,由于默认的打印结果在列数据较多时并不能全部打印出来,所以打印前需要设置数据的打印区域。打印区域的设置可以直接通过"页面设置"来选择,也可以在"视图"选项卡下单击"工作簿视图"组中的"分页预览"按钮,在打开的"分页预览"界面中拖动分页符来设置打印区域,它比"设置打印区域"命令更便捷。

举例说明

原始文件:实例文件 >05> 原始文件 >5.2 分页打印 .xlsx
最终文件:实例文件 >05> 最终文件 >5.2 最终表格 .xlsx

实例描述: 在"实例文件 >05> 原始文件"文件夹中有一张"5.2 分页打印 .xlsx"工作簿,为了核实重要客户的信息,需要将该表打印出来,要求将所有内容打印在一张纸中。这里可通过"视图"选项卡下的"分页预览"功能快速设置打印区域。

应用分析:
虽然 Excel 工作表也能像 Word 那样自动分页打印,但是工作表的自动分页效果没有 Word 那么美观,如果要打印一份完整、美观的工作表,就需要单独对工作表的打印区域进行设置。而对工作表分页打印的方法有多种,如常见的设置打印区域、拖动分页符,还有直接插入分页符也能快速对工作表设置分页。如果一张工作表中有 4 个相同的区域要打印,那么插入一个分页符就能打印出 4 张工作表。分页符的操作会在"知识延伸"部分详细介绍!

步骤解析

步骤 01 打开"实例文件 >05> 原始文件 >5.2 分页打印 .xlsx"工作簿，如图 5-10 所示，表中记录了重要客户的基本信息。

	A	B	C	D	E	F	G
1	客户编码	客户名称	客户地址	客户等级	合作期限/年	联系人	联系电话
2	CD1001	好日子装饰工程有限公司	雨霖路23号	A级	5	余龙	15902783221
3	CD1002	业之峰装饰设计工程有限公司	一环路北三段8号附1号	B级	5	郑恺	18215532684
4	CD1003	大彩设计工程有限责任公司	簇桥镇锦北路59号	B级	4	张乾华	18280332156
5	CD1004	朝华装饰工程有限公司	科技南路20号	A级	6	牟静	18245632147
6	CD1005	大鹏汽车美容装饰公司	电子科大东苑36号	C级	2	黄思特	18745102689
7	CD1006	联创装饰工程有限公司	紫金北里67号	B级	4	杜鹃	18650231987
8	CD1007	多特装饰工程有限公司	云影路25号	A级	5	陈艳霞	18204981146
9	CD1012	叶锦装饰工程有限公司	提督街88号	C级	1	何飞虎	18749832167
10	CD1013	恒美装饰工程有限公司	文翁路21号	A级	5	玉鑫	13069157028
11	CD1014	新太阳景观艺术装饰工程有限公司	海椒市街19号	B级	4	魏靖涵	18629401843
12	CD1015	正阳伟业装饰有限公司	均隆街56号	B级	5	张笃伦	13020412899
13	CD1016	鸿图饰家装饰有限公司	马楠北路11号	B级	5	李乐	18690221763
14	CD1017	美奂达装饰设计有限公司	体育场路1号	A级	7	吴杰	18622336547
15	CD1018	百福装饰公司	高升桥北街34号	C级	1	谭玲	13140982111
16	CD1019	乐天装饰公司	站北路110 号	B级	5	袁竹	13139695454

图 5-10 原始表格

步骤 02 通过"文件"菜单下的"打印"选项进入打印预览界面，可以看到预览中只显示了工作表的部分内容，如图 5-11 所示。

步骤 03 返回工作表中，可看到 D 列和 E 列之间多了一条虚线，这就是分页符的标志，如图 5-12 所示。对比图 5-11 可发现，预览中正好显示了 E 列"合作期限"之前的数据，而 E 列及其之后的数据未在预览界面中看到，即如果直接打印就会漏掉部分数据。

图 5-11 初次预览效果 图 5-12 显示分页符

步骤 04 在"视图"选项卡下单击"分页预览"按钮，如图 5-13 所示。此时可看到工作表样式变为图 5-14 所示的效果，即分页预览的效果。从图中可看出系统自动将"客户等级"之后的数据作为第 2 页的内容显示。将鼠标放置在分页符上可看到鼠标，但箭头变为双向箭头。

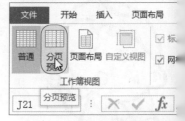

图 5-13 单击"分页预览"按钮

客户编码	客户名称	客户地址	客户等级	合作期限/年	联系人	联系电话
CD1001	好日子装饰工程有限公司	雨霖路23号	A级	5	余龙	15902783221
CD1002	业之峰装饰设计工程有限公司	一环路北三段8号附1号	B级	5	郑恺	18215532684
CD1003	大彩设计工程有限责任公司	簇桥镇锦北路59号	B级	4	张乾华	18280332156
CD1004	朝华装饰工程有限公司	科技南路20号	A级	6	牟静	18245632147
CD1005	大鹏汽车美容装饰公司	电子科大东苑36号	C级	2	黄思特	18745102689
CD1006	联创装饰有限公司	紫金北里67号	B级	4	杜鹃	18650231987
CD1007	多特装饰工程有限公司	云影路25号	A级	5	陈艳霞	18204981146
CD1012	叶锦装饰工程有限公司	提督街88号	C级	1	何飞虎	18749832167
CD1013	恒美装饰工程有限公司	文翁路21号	A级	5	玉鑫	13069157028
CD1014	新太阳景观艺术装饰工程有限公司	海椒市街19号	B级	4	魏靖涵	18629401843
CD1015	正阳伟业家装有限公司	均隆街56号	B级	5	张笃伦	13020412899
CD1016	鸿图饰家装饰有限公司	马棚北路11号	B级	5	李乐	18690221763
CD1017	美央达装饰设计有限公司	体育场路1号	A级	7	吴杰	18622336547
CD1018	百福装饰公司	高升桥北街34号	C级	1	谭玲	13140982111
CD1019	乐天装饰公司	站北路110号	B级	5	袁竹	13139695454

图 5-14　预览效果

步骤 05　当鼠标箭头变为双向箭头后向右拖动鼠标至 G 列，此时原先用第 2 页显示的表格内容全部显示在第 1 页中，结果如图 5-15 所示。此步骤就是本节的重点，通过拖动分页符来强制性分页打印，即将第 2 页中的内容强制划分到第 1 页中显示。

	A	B	C	D	E	F	G
1	客户编码	客户名称	客户地址	客户等级	合作期限/年	联系人	联系电话
2	CD1001	好日子装饰工程有限公司	雨霖路23号	A级	5	余龙	15902783221
3	CD1002	业之峰装饰设计工程有限公司	一环路北三段8号附1号	B级	5	郑恺	18215532684
4	CD1003	大彩设计工程有限责任公司	簇桥镇锦北路59号	B级	4	张乾华	18280332156
5	CD1004	朝华装饰工程有限公司	科技南路20号	A级	6	牟静	18245632147
6	CD1005	大鹏汽车美容装饰公司	电子科大东苑36号	C级	2	黄思特	18745102689
7	CD1006	联创装饰有限公司	紫金北里67号	B级	4	杜鹃	18650231987
8	CD1007	多特装饰工程有限公司	云影路25号	A级	5	陈艳霞	18204981146
9	CD1012	叶锦装饰工程有限公司	提督街88号	C级	1	何飞虎	18749832167
10	CD1013	恒美装饰工程有限公司	文翁路21号	A级	5	玉鑫	13069157028
11	CD1014	新太阳景观艺术装饰工程有限公司	海椒市街19号	B级	4	魏靖涵	18629401843
12	CD1015	正阳伟业装饰有限公司	均隆街56号	B级	5	张笃伦	13020412899
13	CD1016	鸿图饰家装饰有限公司	马棚北路11号	B级	5	李乐	18690221763
14	CD1017	美央达装饰设计有限公司	体育场路1号	A级	7	吴杰	18622336547
15	CD1018	百福装饰公司	高升桥北街34号	C级	1	谭玲	13140982111
16	CD1019	乐天装饰公司	站北路110号	B级	5	袁竹	13139695454

图 5-15　拖动分页符后的结果

步骤 06　为了检验操作的正确性，可返回打印预览界面，如图 5-16 所示，其结果与图 5-15 中是一致的，也显示出工作表的全部内容。其实打印预览与分页预览的结果是不同的，打印预览中只能看到第 1 页中的内容，而分页预览中可同时看到所有页码中的内容。

客户编码	客户名称	客户地址	客户等级	合作期限/年	联系人	联系电话
CD1001	好日子装饰工程有限公司	雨霖路23号	A级	5	余龙	15902783221
CD1002	业之峰装饰设计工程有限公司	一环路北三段8号附1号	B级	5	郑恺	18215532684
CD1003	大彩设计工程有限责任公司	簇桥镇锦北路59号	B级	4	张乾华	18280332156
CD1004	朝华装饰工程有限公司	科技南路20号	A级	6	牟静	18245632147
CD1005	大鹏汽车美容装饰公司	电子科大东苑36号	C级	2	黄思特	18745102689
CD1006	联创装饰有限公司	紫金北里67号	B级	4	杜鹃	18650231987
CD1007	多特装饰工程有限公司	云影路25号	A级	5	陈艳霞	18204981146
CD1012	叶锦装饰工程有限公司	提督街88号	C级	1	何飞虎	18749832167
CD1013	恒美装饰工程有限公司	文翁路21号	A级	5	玉鑫	13069157028
CD1014	新太阳景观艺术装饰工程有限公司	海椒市街19号	B级	4	魏靖涵	18629401843
CD1015	正阳伟业装饰有限公司	均隆街56号	B级	5	张笃伦	13020412899
CD1016	鸿图饰家装饰有限公司	马棚北路11号	B级	5	李乐	18690221763
CD1017	美央达装饰设计有限公司	体育路1号	A级	7	吴杰	18622336547
CD1018	百福装饰公司	高升桥北街34号	C级	1	谭玲	13140982111
CD1019	乐天装饰公司	站北路110号	B级	5	袁竹	13139695454

图 5-16　打印预览界面中的结果

知识延伸

1. 插入分页符

直接在工作表中插入分页符能快速对工作表进行分页。其操作方法很简单，先找准分页的单元格，这个单元格的选择非常重要，它决定了其他页码中的打印区域。如图 5-17 所示，选定 C8 单元格，然后在"页面布局"选项卡下的"页面设置"组中选择"分隔符"下拉列表中的"插入分页符"选项，此时 C8 单元格的左上角就出现了十字分页符，效果如图 5-18 所示。

| 图 5-17　插入分页符 | 图 5-18　插入分页符后的效果 |

切换到"视图"选项卡下的"分页预览"效果下，可看到插入的分页符将工作表的数据区域划分成 4 页，以 C8 单元格的左上角为分割线，如图 5-19 所示。

	A	B	C	D	E	F	G
1	客户编码	客户名称	客户地址	客户等级	合作期限/年	联系人	联系电话
2	CD1001	好日子装饰工程有限公司	雨霖路23号	A级	5	余龙	15902783221
3	CD1002	业之峰装饰设计工程有限公司	一环路北三段8号附1号	B级	5	郑恺	18215532684
4	CD1003	大彩设计工程有限责任公司	簇桥镇锦北路59号	B级	5	张乾华	18280332156
5	CD1004	朝华装饰工程有限公司	科技南路20号	A级	6	车静	18245632147
6	CD1005	大鹏汽车美容装饰公司	电子科大东苑36号	C级	2	黄思特	18745102689
7	CD1006	联创装饰工程有限公司	紫金北里67号	B级	4	杜鹏	18650231987
8	CD1007	多特装饰工程有限公司	云影路25号	A级	4	陈艳霞	18204981146
9	CD1012	叶锦装饰工程有限公司	提督街88号	C级	1	何飞虎	18749832167
10	CD1013	恒美装饰工程有限公司	文翁路21号	A级	5	玉鑫	13069157028
11	CD1014	新太阳景观艺术装饰工程有限公司	海椒市街19号	B级	5	魏靖涵	18629401843
12	CD1015	正阳伟业装饰有限公司	均隆街56号	B级	5	张笃伦	13020412899
13	CD1016	鸿图饰家装饰有限公司	马楠北路11号	B级	5	李乐	18690221763
14	CD1017	美奂达装饰设计有限公司	体育场路1号	A级	7	吴杰	18622336547
15	CD1018	百福装饰公司	高升桥北街34号	C级	1	谭玲	13140982111
16	CD1019	乐天装饰公司	站北路110 号	B级	5	袁竹	13139695454

图 5-19　插入分页符后的分页预览结果

分页符虽然能对任一单元格位置进行分页，但是只针对有数据的区域显示分页内容。如在一张空白工作表插入分页符，虽然能在工作表中看到分页符的位置，但是打印预览和分页预览界面中都不会显示分页区域。

根据上文描述，如果在数据区域的左下方单元格或右下方单元格插入分页符，则系统会将数据区域作为一页显示。

2. 删除分页符

当插入的分页符不合适时，需要删除或重设分页符，在"分隔符"下拉列表中还有"删除分页符"和"重设所有分页符"选项。如果工作表中只有单个分页符，则它们的作用是一样的，即取消分页符的显示。当工作表中有多个分页符时，"删除分页符"选项只能删除某一个选中的分页符，而"重设所有分页符"选项能将所有的分页符取消显示。

在删除分页符时，所选择的单元格一定是当初插入分页符时所选定的单元格，否则不能删除所插入的分页符。而重设分页符就不一样了，如果需要重设分页符，选中工作表中的任一单元格即可取消分页符的显示。

5.3 打印时多页显示标题

我遇到了这样一个难题，就是打印多页工作表时，只有第 1 页有标题行，其他页就只有表内容了。每次看后面的数据，都不知道行标题是什么，还得对照第 1 页来看！

做办公工作的人，这个技能都不会，你也不怕领导说你啊！其实这个问题也不难，只要在打印表格前设置好"打印标题"选项，就能在每页表头显示相同的标题啦！

行政工作人员每天都会面临各种资料的打印，而 Excel 表格是其中最常见的一种。一般在打印各类资料前，都需要进行页面设置。Word 中的页面设置比 Excel 的要简单得多，而且即使有多页打印，也只需设置下页眉页脚即可。而 Excel 表格的打印就不一样了，由于表格常用来记录样式相同的多条记录，所以除了简单的页边距等基础设置外，还需要设置打印区域和打印标题。特别是遇到多页打印时，若没有进行打印标题的设置，则除了第 1 页会显示标题行外，其他页中只有表内容，这样导致的结果是其他同事拿到打印后的工作表不能方便地辨认后面页数中的具体内容，为工作带来了很大的不便。

打印标题的设置很简单，在"页面布局"选项卡下的"页面设置"组中可看到"打印标题"按钮。设置打印标题的重点是要明白所打印区域包含哪些列和行，因为标题有两种形式，即列标题和行标题，我们常见的是行标题。在实际的操作中，若用鼠标来选择标题位置，选中的是整行或整列，其实大家可以手动输入需要打印的行或列标题。

📖 举例说明

原始文件：实例文件 >05> 原始文件 >5.3 客户拜访名单 .xlsx

最终文件：实例文件 >05> 最终文件 >5.3 最终表格 .xlsx

实例描述：有一份客户拜访名单，表格中记录了客户的名称、地址和联系方式等，员工根据各自的名单在规定日期内拜访指定的客户，并记录下拜访信息。

应用分析：

在打印文档前进行页面设置是最基本的操作，页面设置的目的是要以某种形式打印出想要的内容。其中，内容的排版可以通过"页面设置"对话框中的"页面"、"页边距"选项卡来设置，而所要打印的内容是在对话框中的"工作表"选项卡下设置的。设置完成后可通过打印预览进行查看，还可以在预览界面中进行调整。打印前的准备工作就是合理设置页面布局和排版，用最美观、最直接的方式呈现给公司的同事。

步骤解析

步骤01　打开"实例文件 >05> 原始文件 >5.3 客户拜访名单 .xlsx"工作簿，如图 5-20 所示，表格中共记录了 28 个客户的信息。

	A	B	C	D	E	F	G
1			客户拜访名单				
2	客户编码	客户名称	客户地址	联系电话	拜访人	拜访日期	备注
3	CD1001	好日子装饰工程有限公司	雨霖路23号	15902783221	李凯龙	2015/2/10	
22	CD1020	圣点装饰工程有限公司	西二路29号	13546852213	李凯龙	2015/2/12	
23	CD1021	宗濑装饰工程有限公司	通锦路3号	13879564120	李凯龙	2015/2/12	
24	CD1022	乔艺装饰设计工程有限公司	五丁路9号	18672825463	李凯龙	2015/2/13	
25	CD1023	鸿鲤鱼装饰设计有限公司	桐梓林北街12号	13015491346	李凯龙	2015/2/13	
26	CD1024	维森装饰工程有限公司	沙湾路55号	13648759664	李凯龙	2015/2/13	
27	CD1025	瑞和风装饰设计工程有限公司	双建路8号	18722004359	李凯龙	2015/2/13	
28	CD1026	万家美装饰	顺城街305号	18659786345	李凯龙	2015/2/13	
29	CD1027	雅庭装饰公司	长庆路5号	13149865532	李凯龙	2015/2/13	
30	CD1028	艺之峰装饰工程有限公司	西月街88号	18600798564	李凯龙	2015/2/13	

图 5-20　原始表格

步骤02　选取工作表区域 A1:G30，然后在"页面布局"选项卡下的"页面设置"组中单击"打印区域"下三角按钮，然后选择"设置打印区域"选项，如图 5-21 所示。此操作是将工作表中的内容全部打印出来。

步骤03　同样在"页面设置"组中单击"打印标题"按钮，弹出"页面设置"对话框。在"工作表"选项卡下可看到"打印区域"文本框中显示了上一步所选的打印区域，然后在"顶端标题行"文本框中输入 A1:G2，此步骤就是在每页顶端显示标题行，如图 5-22 所示，再勾选"打印"区域中的"网格线"复选框，这一步主要是因为原表格中没有为表添加边框，所以用网格线代替了边框的作用。

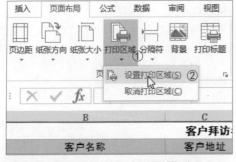

图 5-21　选择"设置打印区域"选项

图 5-22　设置打印区域

步骤 04 在"页面设置"对话框中切换至"页面"选项卡下,将"方向"设置为"横向",并将"缩放比例"调整为 100%,如图 5-23 所示。

步骤 05 在"页面设置"对话框中切换到"页边距"选项卡下,勾选"居中方式"区域中的"水平"复选框,并单击右下侧的"打印预览"按钮,如图 5-24 所示。进入预览界面就可以查看设置后的效果,也是打印出来的效果。

图 5-23　横向布局

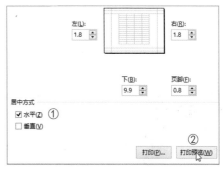

图 5-24　水平居中

步骤 06 图 5-25 所示是打印后的第 1 页表内容,图 5-26 所示是打印后的第 2 页表内容。从中不难看出,每一页的表头就是前面设置的标题行。无论你有多少页表格,都可以这样轻而易举地满足打印需求。

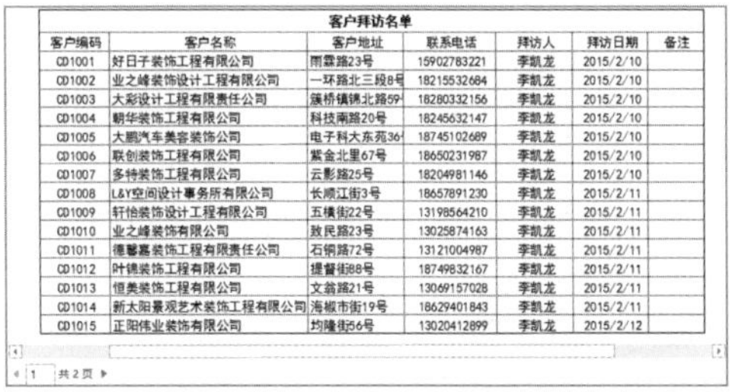

图 5-25　第 1 页的效果

图 5-26　第 2 页的效果

☀ 知识延伸

除了在"页面设置"对话框中设置打印要求外,在预览界面左侧还有更多有关打印的设置,如图 5-27 所示是有关打印机的选择和打印份数的设置,图 5-28 所示是打印区域的设置,图 5-29 所示是单双面打印的设置。对于办公高手来说,大多都是直接在打印预览界面中设置打印选项的。

图 5-27　打印份数设置

图 5-28　打印区域设置

图 5-29　单双面打印

其实在预览界面中还有两个页面设置的快捷按钮，即"显示边距"按钮和"缩放到页面"按钮，它们位于页面右下角的位置，如图 5-30 所示。

图 5-30　页面设置快捷按钮

5.4　在表格顶部显示公司重要信息

在工作表的顶部或底部显示表格之外的内容，正是页眉和页脚的作用。很多企业为了体现出公司形象，常在各种文件上添加企业的名称或品牌徽标，一方面是继续对品牌做宣传，另一方面是以此来彰显企业的正规性，也是一种可靠的象征。所以很多企业就要求行政人员在平时的表格中加入这一思想来凸显企业文化。在页眉和页脚中除了能显示输入的公司名称、品牌徽标外，还能显示日期、时间以及常见的页数。这些内容虽然不是工作表中的主要内容，却是完整信息的一种表现，也是一种个性化的页面设置思想。

页眉和页脚内容的显示不在工作表的单元格区域内，因此插入的页眉和页脚也不容易被发现，但可以通过"视图"选项卡下的"页面布局"按钮查看，还可以在打印预览界面中查看。页眉和页脚的插入操作并没有想象中那么难，只需要找到页眉和页脚插入的入口，然后根据需要选择插入的对象即可。

举例说明

原始文件：实例文件 >05> 原始文件 >5.4 收文登记 .xlsx
最终文件：实例文件 >05> 最终文件 >5.4 最终表格 .xlsx
实例描述：某企业有一个规定，每日收到的文件不仅要做一个电子表格的记录，还需要按月打印，其目的是防止部分重要文件的遗漏。每月月底以纸质档案进行核实，当所有的收件都无一疏漏后才销毁纸质文档。根据公司规定，需要在收件登记表中添加页眉显示公司名称。

应用分析：
在打印多张工作表时虽然能从预览界面中看到工作表的页数，但是打印出来后是没有显示页码的，这时就需要通过插入页眉和页脚来实现。页码的显示通常是在工作表的底部，属于不太重要的信息，所以一般是插入页脚。页眉大多用来显示公司名称、日期等，放在显眼的位置，起到加深印象和提醒的作用。

步骤解析

步骤 01 打开"实例文件 >05> 原始文件 >5.4 收文登记 .xlsx"工作簿，如图 5-31 所示，该表中记录了公司收件登记情况。由于列数过多导致标题的间距不明显，因此需要增大标题间距来避免上下不协调。

步骤 02 选中标题所在的单元格 A1，然后打开"设置单元格格式"对话框，在"对齐"选项卡下设置"文本对齐方式"中的水平对齐和垂直对齐都为"分散对齐"，如图 5-32 所示，并增大缩进量为 7。这个数字并无实际意义，只限于此处调整后的间距与文中的数据区域相协调，如果列数增加，还可以继续增大。

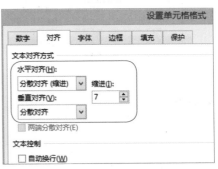

图 5-31　原始文件　　　　　　　　　图 5-32　调整标题缩进量

步骤 03 调整好标题间距后，在"插入"选项卡下的"文本"组中单击"页眉和页脚"按钮，如图 5-33 所示。此时工作表变成如图 5-34 所示的样式，即可插入页眉和页脚的样式，而且工作表边缘显示了标尺，并将整个工作表按页进行了划分，拖动滚动条可看到每页的范围。

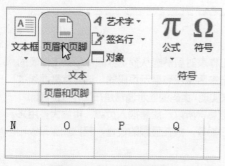

图 5-33　插入页眉和页脚

图 5-34　插入页眉后的效果

步骤04　将鼠标定位在页眉的左侧位置,然后输入公司名称为"杰诚科技"并选中所输内容,如图 5-35 所示。

步骤05　完成上一步操作后,切换至"开始"选项卡下,然后在"字体"组中单击对话框启动器按钮,打开"设置单元格格式"对话框,设置字体为"叶根友刀锋黑草"、加粗、14 号,并设置字体颜色为紫色,如图 5-36 所示,在预览框中能看到所设字体的效果。

图 5-35　输入页眉内容

图 5-36　设置字体样式

步骤06　设置完字体格式后,将鼠标定位在页眉的右侧位置,然后在"设计"选项卡下的"页眉和页脚元素"组中单击"页数"按钮,如图 5-37 所示。单击工作表区域任一单元格即可看到插入的页眉效果,还可以在打印预览中看到打印时的效果,如图 5-38 所示。

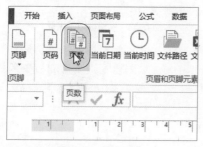

图 5-37　插入页数

图 5-38　打印预览中的效果

知识延伸

在 Excel 中插入页眉和页脚的方法有两种:一种是上例中介绍的通过"插入"选项卡直接插入,另一种是通过"页面设置"来插入。

在"页面布局"选项卡下单击"页面设置"组中的对话框启动器按钮，弹出"页面设置"对话框，如图 5-39 所示，然后在"页眉 / 页脚"选项卡下单击"自定义页眉"按钮，弹出"页眉"对话框，如图 5-40 所示，然后根据需要选择不同的插入内容。在该对话框中，有左、中、右 3 个文本框，这也就是实例中提到的工作表中页眉处的 3 个位置，文本框上方就是需要插入的对象的入口，有时间、页数、图片等。

图 5-39　自定义页眉

图 5-40　"页眉"对话框

5.5　特殊技能显示水印

在 Word 中添加水印很方便，直接在"设计"选项卡下就能找到"水印"功能，但是我在 Excel 中找了很久都没找到！Excel 中到底有没有"水印"功能，又该怎么添加水印呢？

哎！Excel 中是没有"水印"这一功能的，如果要添加"水印"，只能通过特殊效果来显示了，如使用艺术字增加透明度来显示，还有就是通过页眉 / 页脚来显示。

在工作中，对于一些重要的表格，大多会采用保护工作簿的方法，以保护工作表的内容不被他人查阅。而在实际工作中，有一部分内容可供查看，但也要进行保护，这主要是指产权或版权的维护，而对它们的保护是防止公开的信息被盗用。因此对这一类版权的保护大多采用水印的形式，如很多百度上的图片都有"百度"二字。很多公司的文件上也应用到水印，如一些内部资料、公开的图片等。如果是对外的资料，添加水印主要是为了维护版权；而对公司内部的资料，添加水印大多是提醒文件的重要性，不易泄露。

然而对于行政人员来时，大多只会对 Word 文档添加水印，如果要在 Excel 表格中添加水印，很多人就丈二和尚摸不着头脑了。虽然 Excel 中没有指定的功能来添加水印，但是可以通过其他方式来达到类似的效果，如用艺术字的文本效果来显示文字水印。本节就以艺术字为例讲解如何在表格中添加水印效果。

举例说明

原始文件：实例文件 >05> 原始文件 >5.5 艺术字水印 .xlsx
最终文件：实例文件 >05> 最终文件 >5.5 最终表格 .xlsx

实例描述：公司有一份内部文件，是关于公司干部候选的考核结果，由于该结果不是全公司员工投票决定的，所以不能正式公开，该结果只能在经理以上职称的人员中传阅，为此需要在该表中以水印的方式说明这是内部文件，不能随意传阅。

应用分析：

艺术字是可以随意移动的文本框内容，由于它有多种艺术字样式和文本效果，所以可以设计成文件中水印的效果。由于艺术字是浮于工作表数据之上的，所以如果不对艺术字进行特殊的效果处理，就会遮掩工作表的数据。如果艺术字内容影响了工作表数据的显示，可以通过改变文本的填充颜色和透明度来突显表格内容。一般情况下，艺术字的颜色应设置成亮度较高的浅色，而艺术字的透明度宜设置在 50% 左右，要让艺术字不明显地显示在工作表中。

步骤解析

步骤01 打开"实例文件 >05> 原始文件 >5.5 艺术字水印 .xlsx"工作簿，如图 5-41 所示是公司干部储备表，在"插入"选项卡下的"文本"组中单击"艺术字"下三角按钮，然后在展开的列表中选择一种艺术字样式，如图 5-42 所示。

公司干部储备表		
职位	储备人员	考核候选人
市场部经理	陈克东、吴宁	吴宁
人事总监	朱莉、秦玉婉	朱莉
财务总监	张媛、谭敏	张媛
销售部经理	魏涛、李军	魏涛
销售部副经理	李泽东、罗西	罗西
CEO	赵杰	赵杰

图 5-41　原始表格

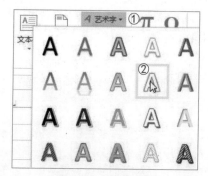

图 5-42　插入艺术字

步骤02 在弹出的艺术字文本框中输入内容"内部资料"，然后选中文字内容并右击，在弹出的快捷菜单中选择"设置文字效果格式"选项，如图 5-43 所示。

步骤03 在弹出的"设置形状格式"窗格中先单击"文本边框"按钮，然后设置文本边框为"无线条"样式，如图 5-44 所示。

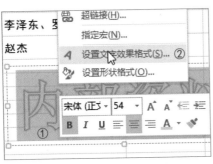

图 5-43　设置文字效果格式

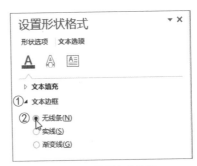

图 5-44　设置文本边框

步骤 04　再单击"文本填充"按钮,然后选中"纯色填充"单选按钮,并设置文本填充颜色为"蓝色、着色 1、单色 80%",然后设置"透明度"为 70%,如图 5-45 所示。

步骤 05　设置完文本填充后单击第二个"文本效果"按钮,然后在"阴影"列表中选择默认的"预设"样式,再将列表中的透明度、大小、模糊、角度、距离等选项调整到最小值,如图 5-46 所示。

图 5-45　设置文本填充

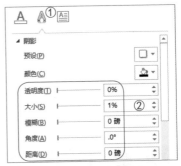

图 5-46　设置文本效果

步骤 06　经过上面的操作后返回工作表中,可看到设置后艺术字的效果,如图 5-47 所示。可手动调整文本框的倾斜度,然后在打印预览中可看到打印后的效果,如图 5-48 所示。

公司干部储备表		
职位	储备人员	考核候选人
市场部经理	陈克东、吴宁	吴宁
人事总监	朱莉、秦玉婉	朱莉
财务总监	张媛、谭敏	张媛
销售部经理	魏涛、李军	魏涛
销售部副经理	李泽东、罗西	罗西
CEO	赵杰	赵杰

图 5-47　艺术字水印效果

公司干部储备表		
职位	储备人员	考核候选人
市场部经理	陈克东、吴宁	吴宁
人事总监	朱莉、秦玉婉	朱莉
财务总监	张媛、谭敏	张媛
销售部经理	魏涛、李军	魏涛
销售部副经理	李泽东、罗西	罗西
CEO	赵杰	赵杰

图 5-48　打印预览中的效果

知识延伸

1. 通过页眉和页脚设置水印

水印一般以文字和图片的形式展示，如果是以文字作为水印效果，使用艺术字是最好的方式，若要以图片作为水印效果，则艺术字不能实现，这就要通过 5.4 节中的页眉和页脚来实现，使用页眉和页脚来添加图片水印可以实现自动在多页中添加水印。下面讲解如何通过页眉添加水印。

在工作表中先插入页眉和页脚，然后将鼠标定位在页眉的左、中、右任一文本框中，在"设计"选项卡下单击"页眉和页脚元素"组中的"图片"按钮，如图 5-49 所示。在弹出的"插入图片"对话框中的"必应图像搜索"栏中输入 logo，按 Enter 键进行搜索，如图 5-50 所示。最后根据搜索结果选择一幅图片插入，如图 5-51 所示。

返回工作表后，就能看到以页眉图片作为水印的效果，如图 5-52 所示。如果单击工作表中其他页中的单元格，系统会自动应用该图片作为水印显示。

图 5-49　单击"图片"按钮

图 5-50　搜索 logo

图 5-51　插入图片

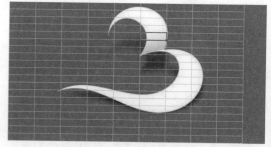

图 5-52　页眉的水印效果

2. 根据文字自动调整文本框大小

当在插入的艺术字文本框中输入文字内容时，文本框会随着输入文字的多少而自动改变，如果在插入纯文本时也能这样的话，就可以省去手动调整文本框的麻烦。

同样在"插入"选项卡下的"文本"组中单击"文本框"按钮来插入一个空白文本框，然后输入一行文字内容，如图 5-53 所示。当停止输入时，文本框的大小没变，这时选中文本框右击，然后选择"大小和属性"命令，如图 5-54 所示。在弹出的窗格中单击"文本框"按钮，并在列表中勾选"根据文字调整形状大小"复选框，如图 5-55 所示。

图 5-53　插入文本框

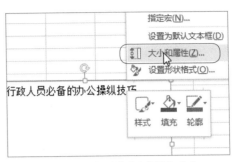

图 5-54　选择"大小和属性"命令

此时文本框缩小到所输文字内容的大小，若还要继续输入文本内容，则文本框也会自动增大而不是溢出看不见文字内容，如图 5-56 所示。

图 5-55　勾选复选框

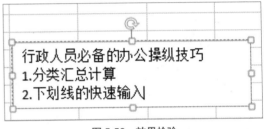

图 5-56　效果检验

5.6　在打印的表格中显示带圈标记

在日常办公中，我们常需要将工作表中满足某一条件的数据标记出来。前面介绍过使用条件格式突出显示某些数据，然而在实际工作中，若用条件格式突出显示某些单元格中的数据，这些数据大多会被理解为需要分析的核心数据。其实不然，在进行数据分析时，我们难免会遇到一些重要但不产生价值的数据，也是大家常说的无效数据。无效数据一般用来分析问题产生的原因，是有效数据分析的反面材料。对于这一部分特殊的数据，最好用红色椭圆圈出，它不但能起到提醒的作用，还有一定的强调作用。

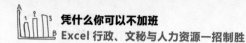
要实现在工作表中圈出无效数据，就需要通过"数据验证"功能设置工作表中满足条件的有效数据，系统会将工作表中不满足所设条件的数据作为无效数据，然后利用"圈出无效数据"功能将不满足条件的选项用红色椭圆标记出来。这时就能将有效数据和无效数据区别开来，这种方法在一般的会议上常被用到。

举例说明

原始文件：实例文件 >05> 原始文件 >5.6 圈释无效数据 .xlsx

最终文件：实例文件 >05> 最终文件 >5.6 最终表格 .xlsx

实例描述：有一份客户检查情况表，记录了 3 月第 2 周各检查员检查的客户数情况，在每周的周会上会分析未检查的客户数，所以这里需要将未检查客户数大于零的选项标记并打印出来，在会议上才好针对各检查员说出未检查的原因，以便督促工作的进行。

应用分析：

虽然 Excel 能打印出工作表中的内容，但有一些特殊的符号不能正常预览出来。数据验证中的圈释无效数据就是一方面，要想将这些带圈的无效数据打印出来，还需要经过一些特殊设置，如复制为图片或使用照相机拍摄的图片。它们都是以图片的形式显示在工作表中，如果选择性粘贴为图片，则可以删除原数据区域后再打印。例如使用照相机拍摄的图片需要调整到其他区域打印，若要删除原数据，则图片中的数据也会一起被删除。

步骤解析

步骤 01   打开"实例文件 >05> 原始文件 >5.6 圈释无效数据 .xlsx"工作簿，如图 5-57 所示，工作表中记录了 3 月第 2 周检查员检查客户的情况，这里主要分析未检查客户数。

步骤 02   选取 D3:D7 单元格区域，然后在"数据"选项卡下的"数据工具"组中单击"数据验证"按钮，如图 5-58 所示。

周期	目标客户数	已检查客户数	未检查客户数	检查合格数	检查合格率	检查员
客户检查情况表						
周一	30	30	0	25	83%	朱亚飞、董昊
周二	28	28	0	26	93%	李凯、郑洁
周三	34	31	3	26	84%	吴宇、张海
周四	30	30	0	24	80%	陶敏、何玉燕
周五	18	16	2	16	100%	吴宇

图 5-57   原始表格

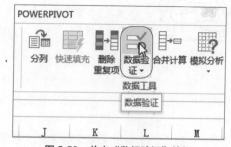

图 5-58   单击"数据验证"按钮

步骤 03   在弹出的对话框中的"设置"选项卡下选择"允许"下拉列表中的"自定义"选项，然后在下方的"公式"文本框中输入公式"=D3=0"，如图 5-59 所示。此步骤是为了下一步圈出未检查客户数大于零的选项。

步骤 04 确定上一步的操作后，保持 D3:D7 单元格区域被选中，然后在"数据验证"下拉列表中选择"圈释无效数据"选项，如图 5-60 所示。

图 5-59 设置验证条件

图 5-60 圈释无效数据

步骤 05 完成上一步操作后，所选区域中大于零的单元格用红圈圈出，如图 5-61 所示。此时若切换至打印预览界面是看不到被圈出的标志的。

步骤 06 为了将圈出的标志打印出来，这里需要将工作表的数据区域复制为图片形式再打印。先选中工作表的数据区域 A1:G7，然后在"开始"选项卡的"剪贴板"组中的"复制"下拉列表中选择"复制为图片"选项，如图 5-62 所示。

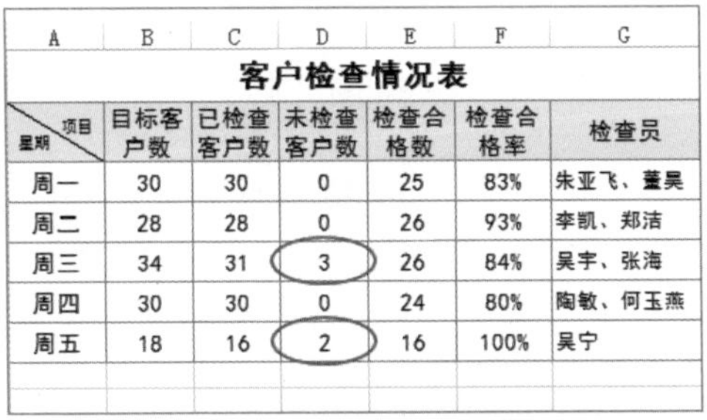

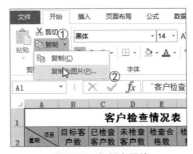

图 5-61 圈出的无效数据

图 5-62 复制为图片

步骤 07 在弹出的对话框中选中默认的选项，如图 5-63 所示，然后单击"确定"按钮。再按 Ctrl+V 快捷键粘贴在工作表的空白区域，切换至打印预览界面中，此时可看到原工作表中的数据区域的红圈未显示，而复制为图片的数据区域显示了带圈的标志，如图 5-64 所示。这样通过调整就可以将带圈的无效数据打印出来。

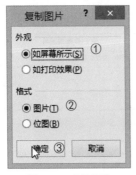

图 5-63 确认操作

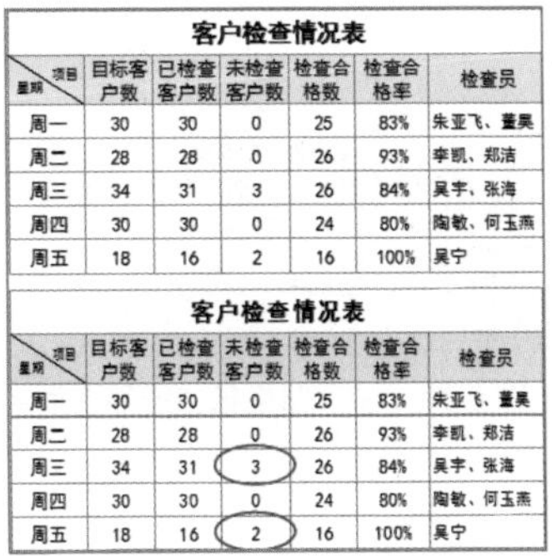

图 5-64 对比图片效果

知识延伸

除了以图片形式粘贴后可以打印带圈的无效数据外，使用 Excel 中的照相机功能也可以在打印预览中看到带圈的标志，其操作步骤如下（以上例为例）。

步骤 01 在快速访问工具栏中添加照相机功能。

先单击"自定义快速访问工具栏"右侧的快翻按钮，然后在下拉列表中选择"其他命令"选项，如图 5-65 所示。

在弹出的"Excel 选项"对话框中的"从下列位置选择命令"列表框中选择"不在功能区中的命令"选项，然后在下方的列表中找到"照相机"，然后单击"添加"按钮，此时右边列表中可看到添加后的照相机，单击"确定"按钮确认操作，如图 5-66 所示。

图 5-65　自定义快速访问
工具栏下拉列表

图 5-66　添加照相机工具

步骤 02 使用照相机功能。

先选取工作表的数据区域 A1:G7，然后单击"自定义快速访问工具栏"下拉列表中的"照相机"按钮，此时光标变为十字形状，然后在工作表的任一位置单击即可将照相机所拍的图片粘贴到工作表。当图片被选中时，可看到编辑栏中有一组公式，即 "=$A$1:$G$7"，如图 5-67 所示。若此时再将实例中的无效数据圈出的话，原数据区域和使用照相机拍摄的数据区域也显示了带圈的标志，如图 5-68 所示。若切换至打印预览界面，只有使用照相机的图片区域才显示带圈标志，与上例中的结果一样。

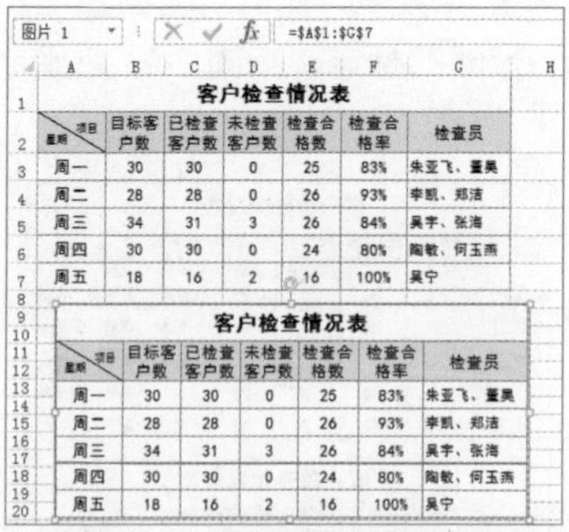

图 5-67　使用照相机拍摄的图片

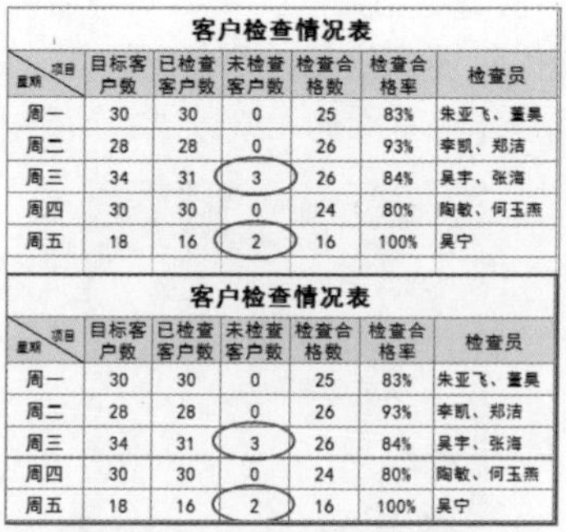

图 5-68　圈释的无效数据

根据照相机的功能，也可以将实例中复制为图片的结果在编辑栏中输入公式"$A$1:$G$7"，这就与知识延伸中使用的照相机一样。

使用照相机功能拍摄的图片有一个好处就是当原数据区域中的值发生变化时，图片中的数据也相应变化。如图 5-69 所示，将原数据中的"检查员"统一复制为"朱亚飞、董昊"，此时图片中的数据也立即改变，如图 5-70 所示。

客户检查情况表

项目 星期	目标客户数	已检查客户数	未检查客户数	检查合格数	检查合格率	检查员
周一	30	30	0	25	83%	朱亚飞、董昊
周二	28	28	0	26	93%	朱亚飞、董昊
周三	34	31	3	26	84%	朱亚飞、董昊
周四	30	30	0	24	80%	朱亚飞、董昊
周五	18	16	2	16	100%	朱亚飞、董昊

图 5-69　变动原表中的数据

客户检查情况表

项目 星期	目标客户数	已检查客户数	未检查客户数	检查合格数	检查合格率	检查员
周一	30	30	0	25	83%	朱亚飞、董昊
周二	28	28	0	26	93%	朱亚飞、董昊
周三	34	31	3	26	84%	朱亚飞、董昊
周四	30	30	0	24	80%	朱亚飞、董昊
周五	18	16	2	16	100%	朱亚飞、董昊

图 5-70　图片中的数据自动变化

第 **6** 章

人 员 规 划 与 管 理

6.1 轻松掌握公司人员结构

我是从行政部转过来做人力资源管理工作的，初入这个行业，不知道要先做什么后做什么。每次领导向我了解情况时，我才明白有什么工作可以做！

人力资源管理工作的第一步就是人力资源规划，可以理解为对人力资源进行分析和预测。其中的分析工作就是要了解公司的人员结构，包括年龄、学历等。

对人力资源工作者来说，掌握公司的人员结构是人力资源规划工作的基础，但仍有不少从业人员不知道该怎么去分析。对于规模很小的企业来说，也许不需要做什么表就能看出企业的人员结构，而对一些中小企业来说，Excel 中的筛选功能就能分析出公司的人员情况。但是如果你处在大型企业中，面对成百上千的员工信息时，你还能快速分析出企业的人员结构和分布情况吗？这时可以尝试使用数据透视表和数据透视图。

数据透视表拥有强大的筛选和汇总功能，它能快速将繁多的数据按照你想要的形式进行分类汇总，用简洁的表格或图表形式展示最直观的结果。它的操作并不复杂，只要选择好数据源插入数据透视表后，就可以在数据透视表字段窗格中拖动相应的字段到指定的区域中，系统便会将筛选、汇总的结果显示在表格中，这样工作人员就能一眼看出整个企业的人员结构和分布情况。在数据透视表中还可以通过更改值字段的汇总方式和显示方式，求出部门的平均年龄或其他百分比数据。

举例说明

原始文件：实例文件 >06> 原始文件 >6.1 人员结构 .xlsx
最终文件：实例文件 >06> 最终文件 >6.1 最终表格 .xlsx

实例描述： 如图 6-1 所示是某公司的员工基本信息表，表中共有 30 条记录，由于不能全部将数据显示出来，因此使用了 "冻结窗格" 功能显示了编号靠前和靠后的员工信息，查看员工编码可看出被隐藏的具体行记录。这里使用数据透视表查看公司人员结构信息。

员工编码	员工姓名	出生年月	年龄	学历	所属部门	入职日期	工龄
CZ001	宋军	1980年1月	35	专科	市场部	2009年5月	6
CZ002	李毅祥	1986年5月	29	本科	市场部	2011年5月	4
CZ024	吴海林	1983年6月	32	本科	销售部	2010年6月	5
CZ025	张强	1985年8月	30	专科	行政部	2012年5月	3
CZ026	李倩	1988年5月	27	专科	销售部	2011年8月	4
CZ027	王雷雷	1986年9月	28	本科	市场部	2013年2月	2
CZ028	朱琳	1989年10月	25	研究生	市场部	2011年5月	4
CZ029	魏艳艳	1988年10月	26	本科	销售部	2011年5月	4
CZ030	何玉林	1990年5月	25	专科	销售部	2014年9月	0

图 6-1 实例文件

应用分析：

在分析企业人员结构过程中，使用数据透视表不但能快速统计出想要的结果，还能随时改变字段的布局和值字段的计算方式。通过设置字段的布局，可全面了解公司的人员结构和分布情况；而值字段的计算方式不仅包括求和，还包括求平均值、最大值、最小值，除此之外还能进行方差分析等复杂的运算。如果数据量很大，还可以借用数据透视图来展示筛选、汇总结果。在数据透视图中，还可以使用筛选器进行进一步的筛选，动态变换你的图表。

步骤解析

步骤01 打开"实例文件 >06> 原始文件 >6.1 人员结构 .xlsx"工作簿，选定工作表中数据区域的任一单元格，然后在"插入"选项卡下的"图表"组中单击"数据透视图"按钮，如图 6-2 所示。此时会弹出如图 6-3 所示的对话框，在第一个文本框中选择工作表区域 A1:H31，选中"新工作表"单选按钮，然后单击对话框中的"确定"按钮即可创建数据透视表。

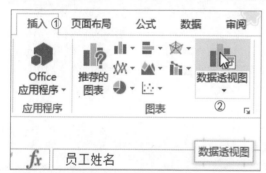

图 6-2　插入数据透视图

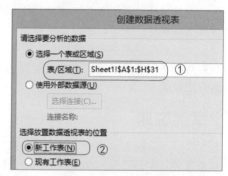

图 6-3　选择工作表区域

步骤02 如图 6-4 所示是创建的空白数据透视表和数据透视图以及弹出的"数据透视表字段"窗格，用户只需要拖动字段到不同的区域中就能显示不同的数据结果。

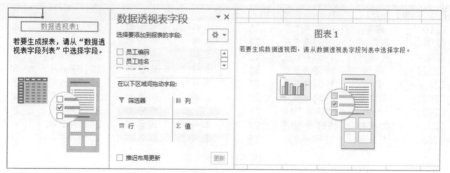

图 6-4　空白的数据透视表和数据透视图

步骤03 在"数据透视表字段"窗格中拖动"员工编码"字段至"值"区域中，如图6-5所示。按照相同的方法分别将"学历"、"所属部门"字段拖动至"图例"和"轴"区域中，如图6-6所示。

图6-5 拖动字段　　　　　　　　　　图6-6 设置好的字段布局

步骤04 经过字段的布局后，数据透视表和数据透视图显示了相应的结果，如图6-7所示。

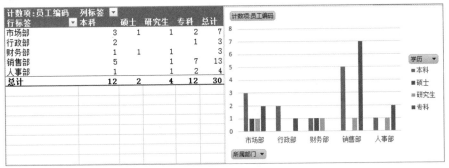

图6-7 创建好的数据透视表和数据透视图

步骤05 单独选中数据透视表，在"数据透视表工具＞设计"选项卡下的"数据透视表样式选项"组中选择一款样式，然后在"数据透视表样式选项"组中勾选"镶边行"和"镶边列"复选框，如图6-8所示。

步骤06 再选中数据透视图，单击十字形状的"图表元素"标志，然后取消勾选"网格线"选项中的"主轴主要水平网格线"复选框，如图6-9所示。

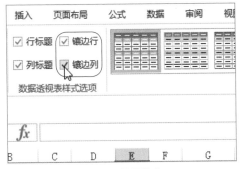

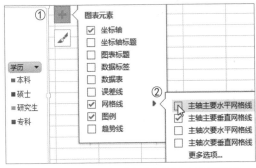

图6-8 设置样式　　　　　　　图6-9 取消数据透视图中的主轴主要水平网格线

步骤 07 取消数据透视图中水平网格线的显示后，在"图表元素"列表中再显示出数据标签，则最终的数据透视表和数据透视图效果如图 6-10 所示。用户可以根据自己的偏好美化数据透视图。

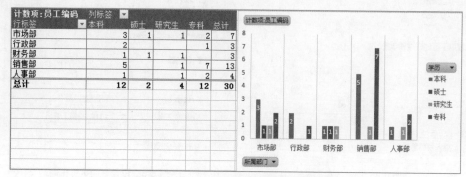

图 6-10　优化后的数据透视表和数据透视图

知识延伸

在使用数据透视表筛选数据时，难免会因为弹出的筛选列表遮挡了数据透视表中的数据而造成不必要的干扰，这时可以插入切片器来筛选关键字，其操作过程也很简单。首先选中数据透视表，然后在"数据透视表工具 > 分析"选项卡下的"筛选"组中选择"插入切片器"选项，此时会弹出"插入切片器"对话框，从中勾选需要进行筛选的关键字，如图 6-11 所示。在插入的切片器中单击不同的选项，数据透视表中就会显示相应的结果，如图 6-12 所示，先筛选部门中的"销售部"，可看到硕士学历被过滤掉，而且数据透视表中显示了该部门下不同学历的人数。

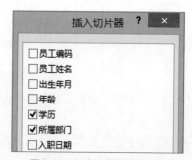

图 6-11　勾选切片器中的标签

图 6-12　切片器效果

如果是多个切片器同时进行筛选，它们之间存在类似"且"的关系，会得到随着筛选条件的递增而呈现递减的结果。

6.2 人力资源需求预测

我掌握了公司的人员结构后就可以做招聘工作了吗？我该怎样知道需要招聘的人数？这些数据是领导给我呢还是自己统计呢？

作为一个专业的人力资源工作者，你的问题毫无意义。首先你要明白你自身的职责，所有有关人力资源的数据都需要自己统计分析。

在小企业中，一般不会专门设置人力资源部来管理企业的人事动态，即便需要招人，也是公司领导人直接负责。但是在大、中型企业就不一样了，除了要有专门的人力资源部外，在工作的分配管理上也更加精细、明确，其中对人员的招聘是最直接的工作。在人员招聘工作展开前，人力资源工作者还需要分析出企业需要招聘的人员数量。因此，对于从事人力资源工作的人说，学习事前的数据分析工作是必备的技能。大家该如何借助 Excel 来完成企业的人力资源需求预测工作呢？

企业对人员的需求是随着企业自身的发展状况和计划而变动的，特别是对于处在成长期的企业来说，对人力的需求是最敏感的。因此，预测人力资源需求需要人力资源工作者分析以往的人力资源数和产值情况，在此基础上预测下一年的人员规模。

举例说明

原始文件：实例文件 >06> 原始文件 >6.2 员工需求量 .xlsx

最终文件：实例文件 >06> 最终文件 >6.2 最终表格 .xlsx

实例描述： 假设某企业自产自销商品，由于公司自 2008 年成立以来一直以良好的态势发展，如图 6-13 所示是过去几年公司的人力数与产值情况，在此基础上公司对未来的发展也有一个明确的规划，预计 2015 年员工总数达到 80 人、销售数量达到 150 万件且销售额达到 1700 万元时需要招聘多少销售人员。

年份	销售人员Y	销售数量（万件）X_1	产品销售额(万元)X_2	员工总数X_3
2008	6	13	140	30
2009	10	26	276	49
2010	14	38	399	56
2011	19	44	460	71
2012	25	55	580	68
2013	33	70	732	73
2014	40	93	1000	70

图 6-13　实例文件

应用分析：

根据实例描述中的内容可知，要想预测 2015 年在达到目标值的情况下需要的销售人员数，需要用到 Excel 中的回归分析。回归分析的原理是通过已有的多个变量的一系列值，找出一条最能代表所有观测数据的函数。这个函数称为回归估计式，它表示的是因变量与自变量之间的关系。所以根据模拟出的关系式，在已知自变量的情况下就能预测出因变量的值。这个过程最重要的就是找出这个关系式。

步骤解析

步骤 01 打开"实例文件 >06> 原始文件 >6.2 员工需求量 .xlsx"工作簿，在"开发工具"选项卡下的"加载项"组中单击"加载项"按钮，如图 6-14 所示。在弹出的对话框中勾选"分析工具库"复选框，再单击"确定"按钮将其加载到 Excel 选项中，如图 6-15 所示。

图 6-14 单击"加载项"按钮

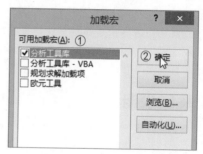

图 6-15 加载分析工具库

步骤 02 此时在"数据"选项卡下就能找到"分析"组，单击该组中的"数据分析"按钮，如图 6-16 所示，在弹出的"数据分析"对话框中，选择"回归"选项就可以调用回归分析法，单击"确定"按钮，如图 6-17 所示。

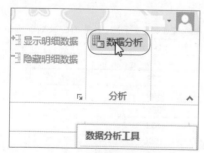

图 6-16 "数据分析"按钮

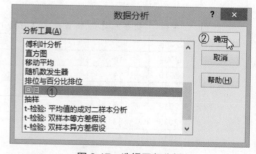

图 6-17 选择回归分析

步骤 03 通过上一步操作，在"回归"对话框中，设置 Y 值和 X 值的输入区域，并勾选"标志"和"置信度"复选框，如图 6-18 所示。在下方的"残差"组中勾选"残差"和"标准残差"复选框，接着选中"新工作表组"单选按钮并在右侧的文本框中输入表名称"回归分析"，如图 6-19 所示。

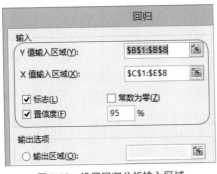

图 6-18　设置回归分析输入区域

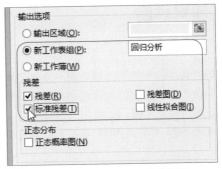

图 6-19　回归分析其他参数设置

步骤04　经过对回归分析的参数设置，系统在新工作表中显示分析结果，如图 6-20 和图 6-21 所示。其中图 6-21 的左上角的 4 行 2 列数据是用来模拟方程的参数，也是回归分析法中所关注的数据。

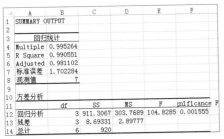

图 6-20　分析结果 1

图 6-21　分析结果 2

步骤05　根据上一步的方差分析结果可以得出回归模型（即求 Y 关于 X 的回归方程）"$Y^\wedge=2.146+2.736X_1-0.208X_2-0.115X_3$"。在方差分析结果中，Coefficients 表示系数，Intercept 表示截距。

步骤06　根据模拟出的方程，假设该企业 2015 年的经营规划是销售量 X_1 要达 150 万件，销售额 X_2 要达 1700 万元，而员工总数 X_3 为 80 人。将这些数据输入到工作表的相应区域，然后在单元格 B9 中输入公式"=2.146+2.736*C9-0.208*D9-0.115*E9"，按 Enter 键后即可显示销售人员数，即 50 人，如图 6-22 所示。

B9		f_x	=2.146+2.736*C9-0.208*D9-0.115*E9	
	A	B	C	D	E
1	年份	销售人员Y	销售数量（万件）X_1	产品销售额（万元）X_2	员工总数X_3
2	2008	6	13	140	30
3	2009	10	26	276	49
4	2010	14	38	399	56
5	2011	19	44	460	71
6	2012	25	55	580	68
7	2013	33	70	732	73
8	2014	40	93	1000	70
9	2015	50	150	1700	80

图 6-22　人员预测结果

知识延伸

本节实例是通过数据分析中的回归分析法对多个变量进行的预测分析，通过这种方式预测的结果有比较高的可信度，但是其操作过程相对也不好理解。如果是对某个单变量进行预测分析，可以通过创建图表的方式模拟出一个预测线公式，然后根据公式来预测结果，这种预测可以是比较简单的线性预测，也可以是相对复杂的对数预测等。下面举一个简单的例子来说明如何通过图表进行预测分析。

如图 6-23 所示是 2014 年前 3 个季度的销售额数据，现要根据这些数据预测后 3 个月的销售额。

首先根据表中数据创建散点图，如图 6-24 所示，其中横坐标表示时间趋势，纵坐标表示销售额数据。

	A	B	C
1	月份	销售额/万元	
2	1月	15	
3	2月	16	
4	3月	14	
5	4月	15	
6	5月	17	
7	6月	16	
8	7月	18	
9	8月	19	
10	9月	18	

图 6-23　数据源

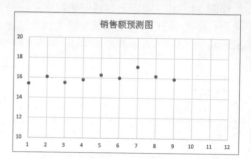

图 6-24　散点图

然后在"图表工具>设计"选项卡下的"图表布局"组中的"添加图表元素"下拉列表中选择"趋势线>线性"选项，为图表添加趋势线，并在"趋势线选项"窗格中设置"向前"预测 3 个周期，并在趋势线中显示公式，如图 6-25 和图 6-26 所示。

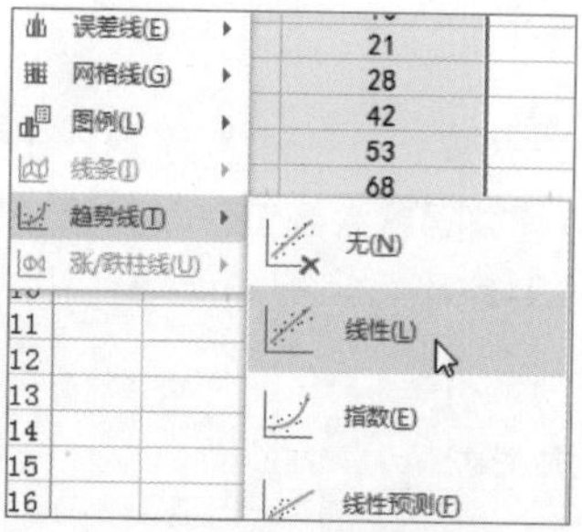

图 6-25　添加趋势线

图 6-26　设置周期和显示公式

此时在图表中就能看到趋势线的公式，如图 6-27 所示，该公式的表达式为 "$y = 0.095x + 15.558$"。其中，x 表示影响销售额数据变化的总和，大多与销售人数挂钩。从这个公式可以看出，在人员不变的情况下，15.558 是每个月能保证的基本业绩。其实这个公式的系数可以告诉我们，除了人员数量外，其他条件对销售额的影响不算太大。

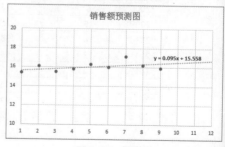

图 6-27　趋势图

6.3 人员离职率分析

分析公司人员变动情况主要是分析哪些指标？由于我只能统计出每月月底在职员工数和每月所招进的人数，我要如何才能分析出员工离职反应在公司层面上的问题呢？

首先分析公司人员变动情况，需要分析公司离职率指标，最好结合一年中12个月的平均离职率指标，这样才能客观地看待整体的人员变动，也才能更好地分析出人员流失的原因。

分析企业人事变动情况是为了更好地留住员工，之所以要尽可能地留住员工，是因为公司为培养新员工能更好地胜任这份工作投入了很多人力、财力和物力，而员工成熟稳定后，公司当然希望员工留在公司为企业创造价值。但是人事变动是每个企业都存在的规律，也正是这种变动，才为毕业后的大学生提供了不少就业机会。尽管这是一种普遍现象，但是每一个企业都不想已成熟的员工流失，除非是到了规定的退休年龄。大多数人在离职时并不能真实地描述出离职的原因，这时人事部的人就需要从这些简单的数据中去分析看不到的原因。

要分析离职背后看不到的原因，就需要先分析出各个时间段的离职率，由于离职本属于正常的社会现象，所以当离职率低于某个值时是任何企业可以接受的，一般用平均离职率来表示这个"值"。为了能更好地分析这些数据，最好结合图表进行直观的展示和对比。

举例说明

原始文件：实例文件 >06> 原始文件 >6.3 离职率分析 .xlsx
最终文件：实例文件 >06> 最终文件 >6.3 最终表格 .xlsx

实例描述： 为了对员工离职率进行分析，这里采集了 2014 年每月的流入和流出人数，以及 2014 年初的总人数 277 人。现要根据这些数据分析 2014 年公司人员离职情况，即重点对离职率指标进行分析。

应用分析：

根据实例描述可知年初的总人数和每月新进与离职的人数。根据这些数据分别计算每月月底的在职人数、离职率和平均离职率，然后用新进人数、离职人数、离职率和平均离职率数据区域创建组合图，将绝对数用柱形图表示，百分比数据用折线图表示，并显示出折线图的次坐标轴。通过这种方式能在同一个图表中对比多个变量，而且能同时在时间上看出每个指标的趋势。

步骤解析

步骤 01　打开"实例文件 >06> 原始文件 >6.3 离职率分析 .xlsx"工作簿，如图 6-28 所示。该表中记录了 2014 年公司人员变动情况，2014 年 1 月初公司人员总数为 277 人。

	A	B	C	D	E	F	G	H	I	J	K	L	M
1	**2014年公司人员变动情况**												
2	月份	1月	2月	3月	4月	5月	6月	7月	8月	9月	10月	11月	12月
3	入职人数	8	10	22	25	30	20	18	16	10	16	15	12
4	离职人数	5	8	18	23	13	10	22	19	26	11	10	6
5													

图 6-28　原始表格

步骤 02　由于原始表格中只有入职人数和离职人数，因此这里需要求出每月月底的在职人数、离职率以及每月平均离职率，即在 A5:A7 单元格区域中依次输入"离职率""离职率平均值"和"月底在职人数"。根据 2014 年 1 月初的在职人数 277 人，可算出 1 月底的在职人数 280 人，根据上月末的在职人数、当月的入职和离职人数分别计算每月底的在职人数，即在单元格 C2 中输入公式"=B7+C3-C4"，按 Enter 键后拖动 C2 单元格复制该公式至第 7 行的其他单元格中，如图 6-29 所示。

步骤 03　计算出月底的在职人数后，根据已知的离职人数和月底在职人数即可求出公司每月的离职率，即在 B5 单元格中输入公式"=B4/B7"，按 Enter 键后便是当月的离职率，同样拖动填充同行其他单元格中的值，如图 6-30 所示。

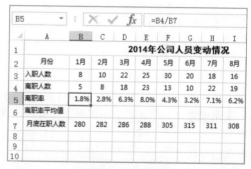

图 6-29　计算月底在职人数　　　　　图 6-30　计算离职率

步骤 04　为了更好地分析公司一年中各月的离职情况，还需要借助离职率平均值辅助分析。而离职率平均值是根据公司每月的离职率值之和除以 12 之后的结果，所以在 B6 单元格中可输入求平均值公式"=AVERAGE($B$5:$M$5)"。求得结果后同样用拖动填充法复制公式到 M6 单元格处，如图 6-31 所示。这是为后面制作图表建立源数据。

B6			×	✓	fx	=AVERAGE($B$5:$M$5)						
▲	A	B	C	D	E	F	G	H	I	J	K	L	M
1						2014年公司人员变动情况							
2	月份	1月	2月	3月	4月	5月	6月	7月	8月	9月	10月	11月	12月
3	入职人数	8	10	22	25	30	20	18	16	10	16	15	12
4	离职人数	5	8	18	23	13	10	22	19	26	11	10	6
5	离职率	1.8%	2.8%	6.3%	8.0%	4.3%	3.2%	7.1%	6.2%	8.9%	3.7%	3.3%	1.9%
6	离职率平均值	4.8%	4.8%	4.8%	4.8%	4.8%	4.8%	4.8%	4.8%	4.8%	4.8%	4.8%	4.8%
7	月底在职人数	280	282	286	288	305	315	311	308	292	297	302	308

图 6-31　计算离职率平均值

步骤 05　建立好源数据后先取消工作表的网格线，然后为数据区域添加上边框线。再选取工作表中的 B3:M6 单元格区域，然后打开"插入图表"对话框，单击"所有图表 > 组合"选项创建组合图，并在右下方区域设置系列名称为"入职人数"和"离职人数"的图表类型为"簇状柱形图"，同时设置"离职率"和"离职率平均值"系列的图表类型为"折线图"，此时要勾选折线图后的"次坐标轴"复选框，如图 6-32 所示。

步骤 06　创建图表后选中图表，在"图表工具 > 设计"选项卡下"图表样式"组的左侧单击"更改颜色"下三角按钮，然后在展开的列表中选择"颜色 4"，如图 6-33 所示。

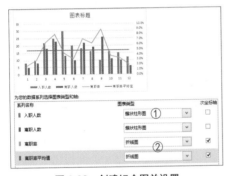

图 6-32　创建组合图并设置

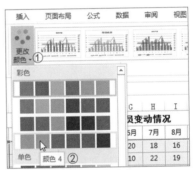

图 6-33　设置图表颜色

步骤 07　修改图表样式后，输入图表标题为"2014 年离职率分析图"，然后单击图表边缘的"图表元素"浮动按钮，并在展开的列表中单击"图例"右三角按钮，再选择"顶部"选项，如图 6-34 所示。

步骤 08　双击图表中的次坐标轴，然后在弹出的"设置坐标轴格式"窗格中设置"坐标轴选项"下的"边界"主要单位为 0.02，如图 6-35 所示。此操作是为了增大坐标轴刻度间的间距，使图表看着更加清晰。

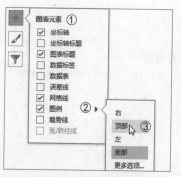

图 6-34　设置图例位置

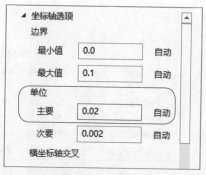

图 6-35　设置单位

步骤 09　对图表做了一些基础操作后，返回图表中，可拖动图表左右边框进行拉伸，使图表展示得更宽，而且柱形也显示得更加清楚，如图 6-36 所示。

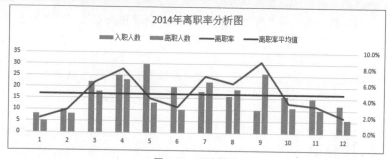

图 6-36　最终效果

知识延伸

分析人员流动情况时还可细分到不同工龄段的员工，如图 6-37 所示的人员流动汇总表，通过员工在职情况计算期初总人数、增减情况、期末总人数，其中期初总人数和期末总人数都按在职年龄段进行细分，如工作一年内的员工有多少、工作两年内的员工有多少等。最后根据不同工龄段的期初 / 期末数分析当月人员流失率。这样细化的好处是可以看出人员离职主要集中在哪些工龄段，从而分析可能离职的原因，若存在明显的公司原因，可借此在人事管理上做一些调整。

图 6-37　人员流动汇总表

6.4 从打卡机上做考勤

我们公司有一个按指纹的考勤机，员工每天上下班都会按指纹的，但是我们经理让我做一个签到表，让按了指纹的员工在纸上再签一次到。我不知道这样做有什么意义？

我想知道你们每月是怎么做考勤的？经理让你做签到表也许是方便他随时抽查，毕竟从考勤机上导出数据很麻烦，每个月导一次就行了。你这么一说我发现这真是一个方法！

　　人员考勤是人员管理工作中的一项重要任务。考勤，顾名思义就是考查出勤，也就是通过某种方式来获得员工在特定的时间段内的出勤情况，包括上下班、迟到、早退、病假、婚假、丧假、公休、工作时间、加班情况等。而人事部负责的员工考勤工作主要是通过对本阶段内出勤情况的研究，统计出不正常出勤的员工，然后分析这些综合数据找出一种方法减少不正常值的出现。

　　在分析数据前需要先对数据进行初级加工处理，这需要借助 Excel 强大的数据处理能力将复杂的考勤数据整理成需要的简单数据。有关数据的处理需要用到前面介绍的数据透视表。数据透视表的最大功能就是将复杂的数据按照某个关键字进行筛选和汇总。根据这个功能，就可以更改数据透视表中值的汇总方式来说明员工是否在规定时间内上班或下班。如用汇总依据中的"最小值"确定员工签到的时间，用"最大值"确定员工签退的时间。

举例说明

　　原始文件：实例文件 >06> 原始文件 >6.4 指纹考勤统计 .xlsx
　　最终文件：实例文件 >06> 最终文件 >6.4 最终表格 .xlsx
　　实例描述：通过指纹考勤机导出员工 3 月份的考勤记录，考勤记录中包括员工部门、编号、姓名和按指纹的时间。在导出的考勤记录表格中对数据进行处理，目的是快速统计出迟到和早退的员工。

应用分析：

　　由于从考勤机中导出的考勤时间是具体的时间，不但有当天的日期，还有按指纹的具体时间点，精确到秒上，直接从这些数据辨别员工是否有迟到和早退现象是一件很困难的事。这时需要先将考勤时间中的具体时间点分列出来，再复制粘贴一列分列后的时间，然后通过数据透视表进行筛选。加入数据透视表时可按部门进行查看，这样就不会因为浏览的数据过多而不便于查看。

步骤解析

步骤 01 打开"实例文件 >06> 原始文件 >6.4 指纹考勤统计 .xlsx"工作簿,如图 6-38 所示是从指纹机中导出的签到记录,并稍对表格做了一些优化。

步骤 02 分别在 E1 和 F1 单元格中输入"考勤日期"和"考勤时间",并设置格式与 D1 单元格中的一致。选中 D 列的数据区域,在"数据"选项卡下的"数据工具"组中单击"分列"按钮,如图 6-39 所示。

	A	B	C	D
1	部门名称	员工编号	姓名	打卡时间
2	销售部	55111	陈欢	2015/3/1 8:55
3	销售部	55111	陈欢	2015/3/1 18:01
34	人事部	55114	陈妍	2015/3/2 8:58
35	人事部	55114	陈妍	2015/3/2 18:01
36	人事部	55114	陈妍	2015/3/3 8:59
37	人事部	55114	陈妍	2015/3/3 18:10
38	人事部	55114	陈妍	2015/3/4 9:01
39	人事部	55114	陈妍	2015/3/4 18:15
40	人事部	55114	陈妍	2015/3/5 8:59
41	人事部	55114	陈妍	2015/3/5 18:04

图 6-38 指纹记录表

图 6-39 单击"分列"按钮

步骤 03 在弹出的第 1 个对话框中直接单击"下一步"按钮,然后进入第 2 个对话框,在该对话框中勾选"空格"复选框,并单击"下一步"按钮,如图 6-40 和图 6-41 所示。

图 6-40 直接进入下一步

图 6-41 勾选"空格"复选框

步骤 04 在弹出的第 3 个对话框中选中"日期"单选按钮,然后在"目标区域"文本框中引用 E2 单元格,单击"下一步"按钮,如图 6-42 所示。此时在下方可预览到分列效果,然后单击"完成"按钮返回工作表中,可看到如图 6-43 所示的结果。

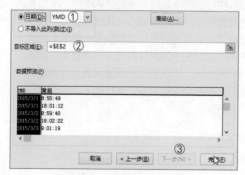

图 6-42 设置日期目标区域

图 6-43 预览分列效果

步骤 05　将时间分列出来后，复制 F 列的值到 G 列中，并分别在 F1 和 G1 单元格中输入 "签到" 和 "签退"，如图 6-44 所示。

步骤 06　根据数据区域 A1:G41 插入数据透视表，并在 "数据透视表字段" 窗格中拖动字段到不同的区域，结果如图 6-45 所示。

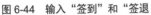

图 6-44　输入 "签到" 和 "签退"

图 6-45　拖动字段

步骤 07　由于默认的 "签到" 和 "签退" 值是按求和方式汇总的，而此处又需要根据员工签到时间判断有没有迟到和早退。因此在数据透视表中右击 "签到" 所在的单元格，然后指向 "值汇总依据" 并选择 "最小值" 命令，如图 6-46 所示。使用同样的方法，设置 "签退" 的 "值汇总依据" 为 "最大值"。

步骤 08　更改签到、签退时间的值汇总依据后，数据透视表中所显示的是小数形式，这里需要将其转化为时间格式。所以打开 "设置单元格格式" 对话框，设置时间类型，如图 6-47 所示。

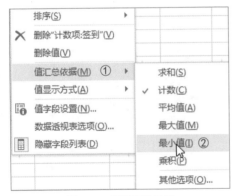

图 6-46　设置汇总依据

图 6-47　设置时间类型

步骤 09　如图 6-48 所示就是前几步操作后的结果，根据实际情况此处需要取消分类汇总项的显示。可在 "数据透视表工具 > 设计" 选项卡下的 "布局" 组中单击 "分类汇总" 下三角按钮，然后在展开的列表中选择 "不显示分类汇总" 选项。同理，还可以在 "布局" 组中单击 "总计" 下三角按钮，然后选择 "对行和列禁用" 选项，这一操作是取消最后一行的总计项，得到的最后结果如图 6-49 所示。

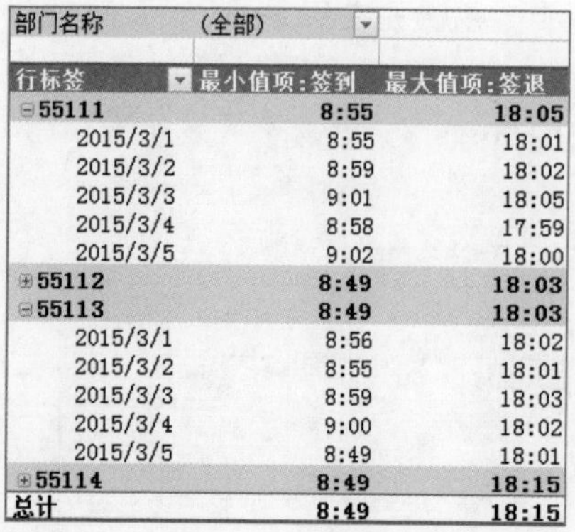

部门名称	(全部)	
行标签	最小值项:签到	最大值项:签退
⊟55111	8:55	18:05
2015/3/1	8:55	18:01
2015/3/2	8:59	18:02
2015/3/3	9:01	18:05
2015/3/4	8:58	17:59
2015/3/5	9:02	18:00
⊞55112	8:49	18:03
⊟55113	8:49	18:03
2015/3/1	8:56	18:02
2015/3/2	8:55	18:01
2015/3/3	8:59	18:03
2015/3/4	9:00	18:02
2015/3/5	8:49	18:01
⊞55114	8:49	18:15
总计	8:49	18:15

图 6-48　初步效果

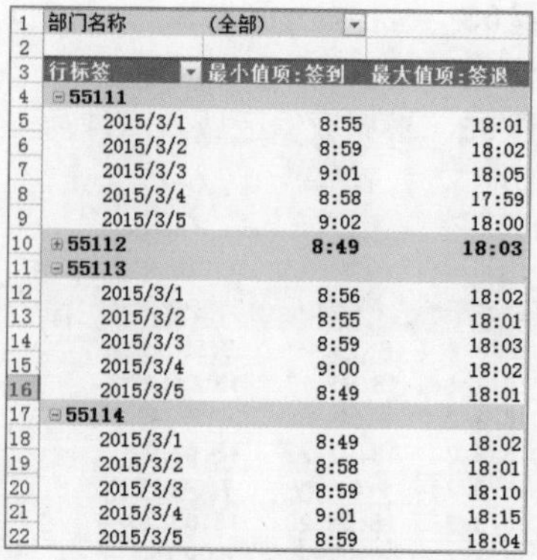

1	部门名称	(全部)	
2			
3	行标签	最小值项:签到	最大值项:签退
4	⊟55111		
5	2015/3/1	8:55	18:01
6	2015/3/2	8:59	18:02
7	2015/3/3	9:01	18:05
8	2015/3/4	8:58	17:59
9	2015/3/5	9:02	18:00
10	⊞55112	8:49	18:03
11	⊟55113		
12	2015/3/1	8:56	18:02
13	2015/3/2	8:55	18:01
14	2015/3/3	8:59	18:03
15	2015/3/4	9:00	18:02
16	2015/3/5	8:49	18:01
17	⊟55114		
18	2015/3/1	8:49	18:02
19	2015/3/2	8:58	18:01
20	2015/3/3	8:59	18:10
21	2015/3/4	9:01	18:15
22	2015/3/5	8:59	18:04

图 6-49　最终结果

步骤 10　根据数据透视表的作用将每个员工每天的上下班时间进行了横向排列，然后根据时间判断员工是否有迟到和早退现象。这里用 1 代表考勤正常，0 代表有迟到或早退。如图 6-50 所示，在 D5 单元格中输入公式“=IF(AND(B5<TIME(9,,),C5>TIME(18,,)),"1","0")”，按 Enter 键后显示 1，则表示该员工这天上班正常。

步骤 11　将 D5 单元格中的公式复制到其他相应单元格中判断员工的出勤情况，如图 6-51 所示。当进行到这一步时，用户可以利用 COUNTIF 函数判断每个“员工编码”后 0 的个数，它即代表员工在这段时间内缺勤的次数。

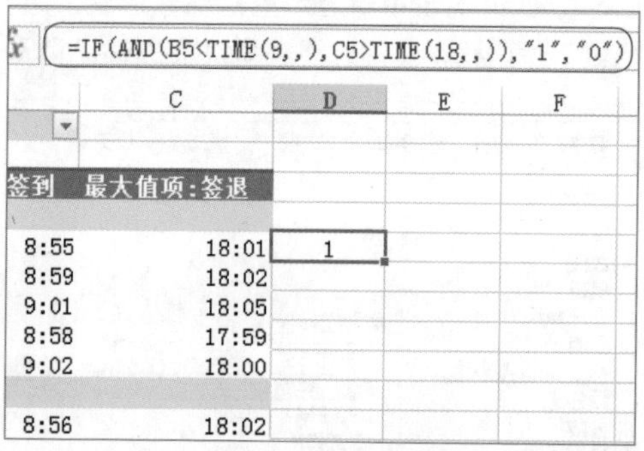

=IF(AND(B5<TIME(9,,),C5>TIME(18,,)),"1","0")

	C	D	E	F
签到	最大值项:签退			
8:55	18:01	1		
8:59	18:02			
9:01	18:05			
8:58	17:59			
9:02	18:00			
8:56	18:02			

图 6-50　输入公式

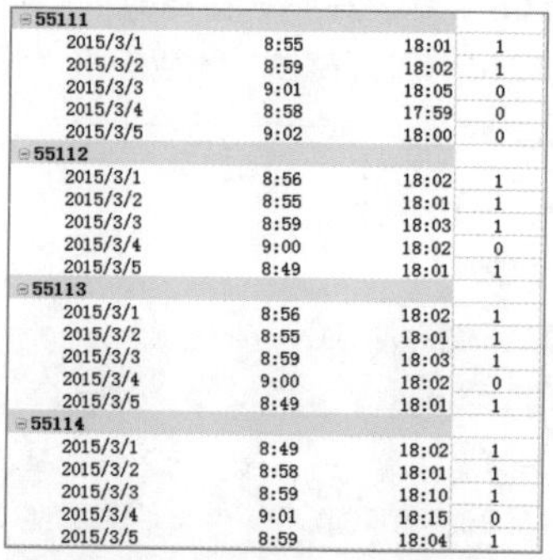

⊟55111			
2015/3/1	8:55	18:01	1
2015/3/2	8:59	18:02	1
2015/3/3	9:01	18:05	0
2015/3/4	8:58	17:59	0
2015/3/5	9:02	18:00	0
⊟55112			
2015/3/1	8:56	18:02	1
2015/3/2	8:55	18:01	1
2015/3/3	8:59	18:03	1
2015/3/4	9:00	18:02	0
2015/3/5	8:49	18:01	1
⊟55113			
2015/3/1	8:56	18:02	1
2015/3/2	8:55	18:01	1
2015/3/3	8:59	18:03	1
2015/3/4	9:00	18:02	0
2015/3/5	8:49	18:01	1
⊟55114			
2015/3/1	8:49	18:02	1
2015/3/2	8:58	18:01	1
2015/3/3	8:59	18:10	1
2015/3/4	9:01	18:15	0
2015/3/5	8:59	18:04	1

图 6-51　判断员工出勤情况

知识延伸

本节实例中为了获取 D 列中的时间，使用了分列功能。其实如果只是想显示打卡记录中的时间值，还可通过 TEXT 函数来实现。以本节实例中的数据为例，如图 6-52 所示，在 E2 单元格中输入公式“=--TEXT(D2,"hh:mm:ss")”，按 Enter 键后可显示运算结果。这里在公式前输入的两个“--”很重要，大家可以检验输和不输的区别，还可以对比只输入一个“-”时的不同。

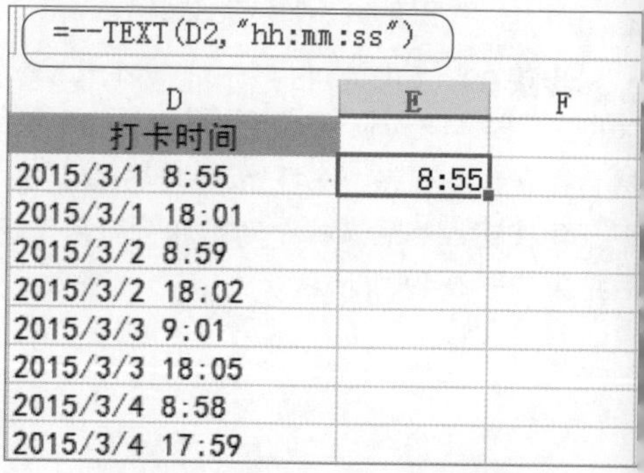

=--TEXT(D2,"hh:mm:ss")

D	E	F
打卡时间		
2015/3/1 8:55	8:55	
2015/3/1 18:01		
2015/3/2 8:59		
2015/3/2 18:02		
2015/3/3 9:01		
2015/3/3 18:05		
2015/3/4 8:58		
2015/3/4 17:59		

图 6-52　用 TEXT 函数运算的结果

6.5 公司 KPI 绩效设定与计算

像我们做服务行业的，很难去考核员工的业绩，不像做销售的可以根据销售业绩进行分析。这是我从事这个职业后一直不能解决的难题。请问有什么招能帮到我？

和你说了多少遍了，是你的思维没有放开，你被销售人员的业绩考核固化了，认为没有数据的考核都不容易实现。其实要想考核服务业绩，需要换一种角度，不从员工本身而是顾客身上。

考核员工业绩是每个企业都有的规定，这些规定在一定程度上激励了员工多努力就会多得的思想，对员工来说多拿钱就是好事，他们可能会为了暂时的利益不择手段。从公司长远利益考虑，其中存在的欺骗和忽悠行为是不被大家所接受的，特别是一旦消费者了解真相后所引起的不满，可以让企业在一夜之间名声扫地。

因此公司要从客户的角度为员工设定考核指标，如常见的客户满意度和客户投诉率，这两大指标在服务行业是必不可少的考核数据。这两个指标的真正建立就是以客户为中心进行的交易，这是一种公平而诚信的交易，是以双方利益为终结的买卖。因此人事部的职责越来越突出，一方面要找到衡量客户价值的指标，另一方面还要找到考核员工指标的标准。因为客户不会考核"客户满意度"，而是考核"到年底客户满意度达到95%"。围绕客户需求，在设计 KPI 时，不仅要为客户找出准确的 KPI，还要为客户定好目标的"程度"。

📖 举例说明

原始文件：无

最终文件：实例文件 >06> 最终文件 >6.5 最终表格 .xlsx

实例描述： 已知 2015 年 1 月份的客户满意度为 60%，预计年底这一数据要提升到 90%。根据这两个已知量，预测每月的客户满意度要达到什么程度才能在年底实现这一目标。

应用分析：

如果按照常规的思维方式，要经过 11 个月从 60% 升到 90%，只需将这实际值和目标做差后除以 11 个月就能得出每个月可以达到的效果。看似这种理解没有错，但实际情况并非如此。大家都知道当 2 月份的客户满意度提高后，公司价值被认可的概率就越来越大，随着时间的积累，提升客户满意度也就越来越容易实现。此时做同样的努力，所收获的效果会越来越好，所以每个月之间的增长并不是一个固定的值，而是一个逐渐增大的值。

步骤解析

步骤 01　新建工作簿，输入月份值、1 月的客户满意度和 12 月预期的客户满意度。在 B 列设置数据区域 B2:B13 为百分比格式，保留两位小数，结果如图 6-53 所示。

步骤 02　选中数据区域 B2:B13，然后在"开始"选项卡下的"编辑"组中单击"填充"右侧的下三角按钮，在展开的列表中选择"序列"选项，如图 6-54 所示。

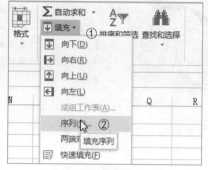

	A	B	C	D
1	月份	客户满意度		
2	1月	60.00%		
3	2月			
4	3月			
5	4月			
6	5月			
7	6月			
8	7月			
9	8月			
10	9月			
11	10月			
12	11月			
13	12月	90.00%		

图 6-53　创建表格

图 6-54　填充序列

步骤 03　完成上一步操作后，会弹出如图 6-55 所示的对话框，对话框默认的序列产生在"列"上，选中"类型"中的"等比序列"单选按钮，然后勾选"预测趋势"复选框，最后单击"确定"按钮返回工作表中，得到如图 6-56 所示的结果。

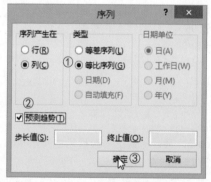

图 6-55　"序列"对话框

	A	B	C	D
1	月份	客户满意度		
2	1月	60.00%		
3	2月	62.25%		
4	3月	64.59%		
5	4月	67.02%		
6	5月	69.53%		
7	6月	72.14%		
8	7月	74.85%		
9	8月	77.66%		
10	9月	80.58%		
11	10月	83.60%		
12	11月	86.74%		
13	12月	90.00%		

图 6-56　计算出客户满意度

步骤 04　为了说明每月客户满意度的增长情况与上一月的客户满意度值有关，这里需要求出客户满意度的环比增长值，先在 C1 单元格输入"环比增长"，然后在 C3 单元格中输入公式"=B3-B2"，如图 6-57 所示。

步骤 05　输入公式后按 Enter 键显示计算结果，然后拖动单元格右下角的填充柄填充其他单元格中的值，如图 6-58 所示。从 C 列中的数据可看出每个月的增长情况是不一样的，这是因为当客户满意度提高到某一值后，再去提升客户满意度就很轻松了。当花费同样的精力做同样的事时，收到的效果是越来越好的。

	A	B	C	D
1	月份	客户满意度	环比增长	
2	1月	60.00%		
3	2月	62.25%	=B3-B2	
4	3月	64.59%		
5	4月	67.02%		
6	5月	69.53%		
7	6月	72.14%		
8	7月	74.85%		
9	8月	77.66%		
10	9月	80.58%		
11	10月	83.60%		
12	11月	86.74%		
13	12月	90.00%		

图 6-57　输入公式

	A	B	C	D
1	月份	客户满意度	环比增长	
2	1月	60.00%		
3	2月	62.25%	2.25%	
4	3月	64.59%	2.34%	
5	4月	67.02%	2.43%	
6	5月	69.53%	2.52%	
7	6月	72.14%	2.61%	
8	7月	74.85%	2.71%	
9	8月	77.66%	2.81%	
10	9月	80.58%	2.92%	
11	10月	83.60%	3.03%	
12	11月	86.74%	3.14%	
13	12月	90.00%	3.26%	

图 6-58　计算环比增长值

知识延伸

假设某服务行业在 2015 年的顾客投诉率为 1.2%，为了降低顾客投诉率，该行业全方位进行了改善，期望在 2020 年顾客的投诉率降到 0.6%。问 2016 年、2017 年、2018 年、2019 年的顾客投诉率需要达到多少？

如果只考虑实际值 1.2% 和期望值 0.6%，以及 2015-2020 年这 6 个时间段，那么很容易在表面上理解为每年降低 0.1%，待 6 年后就能从 1.2% 降到 0.6%。这也许是很多初级人力资源工作者的思考模式，但是对于实际的情况而言，这样想法明显不切实际。其解决思路与实例中的一样，需要考虑随着投诉率的降低，顾客的满意度越来越高，因此降低顾客投诉的难度会越来越小。所以借用上述的等比序列预测法可以推算出 2016—2019 年这 4 年每一年需要达到的效果，如图 6-59 所示，在"顾客投诉率"下保留百分比数值的小数位数为 2，然后打开"序列"对话框，重复实例中步骤 03 的操作，可得到如图 6-60 所示的结果。其中 C 列的环比减少值是用下一年的值减去上一年的值得到的。

	A	B	C
1	年份	顾客投诉率	环比减少
2	2015年	1.20%	
3	2016年		
4	2017年		
5	2018年		
6	2019年		
7	2020年	0.60%	
8			

图 6-59　表格数据

	A	B	C
1	年份	顾客投诉率	环比减少
2	2015年	1.20%	
3	2016年	1.04%	0.16%
4	2017年	0.91%	0.14%
5	2018年	0.79%	0.12%
6	2019年	0.69%	0.10%
7	2020年	0.60%	0.09%
8			

图 6-60　计算结果

第 **7** 章

人 员 招 聘 与 培 训

7.1 详解招聘工作流程

我觉得招聘是一个很简单的工作，只需要看看简历，谈谈话，然后决定是否录用。但是这么久以来，我发现我所面试的人有无数个，但招聘的效果好像不是很理想。我不知道问题出在哪里。

最大的问题就是你太自以为是！小看了你眼中的"小事"。我想说，你看到的都只是表面的东西，这世间没有一份好干的工作。即便是每天不假思索地誊写工作也需要坚持！

　　招聘工作流程是由公司的人力资源部制定的，主要目的是规范公司的人员招聘行为，保障公司及招聘人员权益。但是招聘工作并不是一件简单的事，常常"逛"人才市场的人也许有这样一个认识：所有招聘海报的格式几乎都一样，而且各个招聘职位的排版也相差无几。这说明大家对招聘工作没有足够重视，才导致招聘不到人的困窘！那作为人力资源者，要怎么才能做好招聘工作呢？

　　首先，要有一个明确的招聘计划，包括各个环节需要注意的事项。

　　其次，要明确招聘重点，即要招聘多少人和招聘什么质量的人。

　　最后，重点职位要突出显示。一般来讲，企业发布招聘信息的第一层次目的就是吸引求职者眼球，那怎样才能吸引求职者眼球呢？那就是突出显示，在确定了整个招聘活动的重点和核心职位后，企业就需要在排版上对这些职位信息进行突出显示，如放大职位需求信息、加"急聘"二字等。总之，要使这些职位信息能够达到突出、个性、差异的效果。

📖 举例说明

原始文件：无

最终文件：实例文件 >07> 最终文件 >7.1 最终表格 .xlsx

实例描述： 在空白工作簿中制作一个适合公司的招聘流程图，并在每一个环节中写明有哪些工作要做。

应用分析：

　　招聘工作的第一步就是要清楚招聘流程。对于一般的招聘流程来说，只需要罗列出每个环节即可，如投放简历、筛选简历、面试等。但是对于真正的招聘流程来说，这只是一个外在的表现，还需要资深的人力资源者对这个流程的每一个环节进行概述，这对初入人力资源工作的人来说有一个很大的帮助，即根据公司的招聘流程图轻松掌握公司的招聘过程。基于此，人力资源工作者需要学会如何制作招聘流程图，在 Excel 中可通过 SmartArt 图形来实现。

步骤解析

步骤 01 新建工作簿，取消工作表中的网格线，然后在"插入"选项卡下的"插图"组中单击 SmartArt 按钮，如图 7-1 所示。

步骤 02 在弹出的对话框中选择"流程 > 垂直 V 形列表"类型，如图 7-2 所示。单击"确定"按钮返回工作表中。

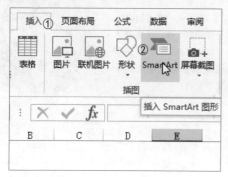

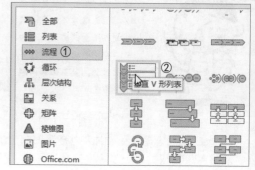

图 7-1　单击 SmartArt 按钮　　　　　　　　图 7-2　设置流程类型

步骤 03 在工作表中可看到如图 7-3 所示的 SmartArt 图形。为了便于文字的输入，需要打开文本窗格，在"SMARTART 工具 > 设计"选项卡下的"创建图形"组中单击"文本窗格"按钮，弹出如图 7-4 所示的文本窗格。在该窗格中可看到不同级别的文本框样式。

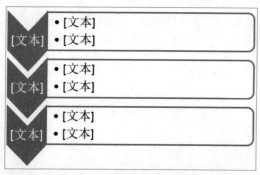

图 7-3　SmartArt 图形　　　　　　　　　　图 7-4　文本窗格

步骤 04 在文本窗格中，由于第二级文本框有两个，而实际只需要一个二级文本框，因此这里需要调整文本框的级别。在 1.6 节中介绍过在 SmartArt 图形的文本窗格中通过 Enter 键可以快速添加文本框。这里同样使用这种方法来添加 3 个文本框，然后利用"创建图形"组中的"升级"和"降级"按钮来调整一个一级文本框后有一个二级文本框。

步骤 05 将鼠标定位在文本窗格中第 3 个文本字样的位置，然后单击"升级"按钮，如图 7-5 所示，此时 SmartArt 图形中就新增了一个一级文本框和二级文本框，并且文本窗格中的样式也在变化，结果如图 7-6 所示。使用这种方法调整一个一级文本框下有一个二级文本框，总共 6 个一级文本框和 6 个二级文本框。

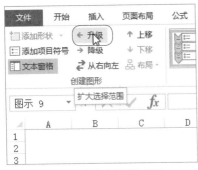

图 7-5　单击"升级"按钮

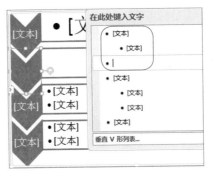

图 7-6　新增文本框后的结果

步骤 06　如图 7-7 所示是调整后的 6 个一级文本框和 6 个二级文本框，接下来在文本框中输入文字内容。由于在文本窗格中输入文字比在 SmartArt 图中方便，因此直接在文本窗格中输入招聘流程每个环节及相关内容。如图 7-8 所示，在文本窗格中输入的内容在 SmartArt 图形中也会自动显示。

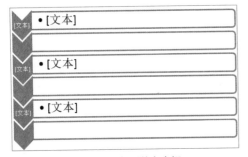

图 7-7　调整后的文本框

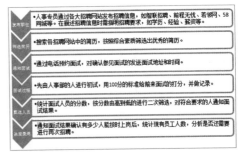

图 7-8　输入流程内容

步骤 07　输入流程内容后，调整 SmartArt 图形中的字体为黑体，并设置字体大小为 9 号。然后将 SmartArt 图形中一级文本框中的字体加粗，效果如图 7-9 所示。用户还可以在"SMARTART 工具 > 设计"选项卡下应用不同样式的 SmartArt 样式，如图 7-10 所示是随意选择的一种样式。

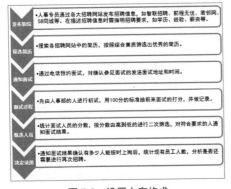

图 7-9　设置文字格式

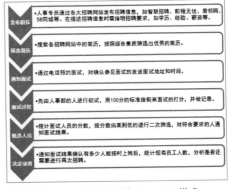

图 7-10　应用不同的 SmartArt 样式

知识延伸

1. SmartArt 图形

1.6 节中讲到 SmartArt 图形的插入，当时是插入层次结构图来制作文件管理的流程。在 SmartArt 图形中，除了流程图和层次结构图是常用的图形外，还有循环图和关系图是工作中常见的图形样式，有关它们的作用和区别介绍如下。

（1）流程图：用于显示有序信息块或者分组信息块，可最大化形状的水平和垂直显示空间。例如企业的招聘流程、生产线流程、离职流程等都可以用流程图来进行说明。如图 7-11 所示是最简单的流程图样式。

（2）层次结构图：用于显示任务、流程或工作流中的顺序步骤，在 SmartArt 图形中背景的矩形中可包含图片。层次结构图可以是组织中的分层信息或上下级关系、报告关系或层次关系递进，如常见的企业组织结构图。如图 7-12 所示是最常见的层次结构图样式。

（3）循环图：用于以循环流程表示阶段、任务或事件的连续序列，强调阶段或步骤，而不是连接箭头或流程，只能对级别 1 文本发挥最大作用。如图 7-13 所示是简单的循环图样式。

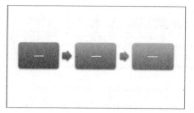
图 7-11 流程图

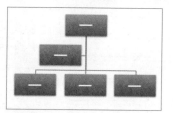
图 7-12 层次结构图

图 7-13 循环图

（4）关系图：用于比较两者之间的关系，这种关系可以是包含、筛选、比较、延伸、对立等，如某个公式就可以用关系图。如图 7-14 所示是比较关系样式。

2. 用线条绘制的图形

无论是什么样式的图形，其实都可以通过手动绘制而成。由于其制作过程相对麻烦，因此增减 SmartArt 图形就使用得相对较少。不过由于 SmartArt 图形中不能包括所有的样式，因此有时候需要亲自绘制。如图 7-15 ～图 7-17 是常见的图形类型。

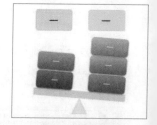
图 7-14 关系图

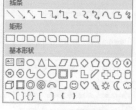
图 7-15 图形 1

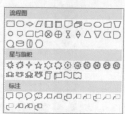
图 7-16 图形 2

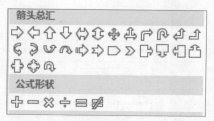
图 7-17 图形 3

7.2 根据笔试成绩自动计分

我做了很久的人力资源工作，一直被一个问题所困扰！就是能不能让考试题实现自动化？就是和智校的理论考试一样，根据你所选答案给你打分。将这种方法应用在 Excel 中！

你说的意思我明白，我觉得这并不是很困难的问题。你只是不知道该怎么去实现让工作表根据备选答案自动计分，其实要满足你的要求，只需要学会几个函数并灵活应用就行！

对于大多数企业来说，在招聘过程中都会增加考试的环节，即给面试者一套题，让他们在规定时间内完成。通过考试的方式来判断面试人员所具备的专业知识和技能。但是很多企业所给的考试方式都是用笔在纸上作答，问其原因则是方便统计分数。大家都明白，真正方便统计的肯定是通过计算机来实现，而非靠人力。之所以有人会这么认为，无疑是他们对 Excel 了解不够。

其实有这种想法的人应该是绝大多数，包括很多从事行政和人力资源工作的人！毕竟一般的企业不会花费大量资金去购买像银行考试那样的考试系统，所以他们的考试题都由人力资源部的人负责，并由他们统计分析出谁优谁劣，然后决定选择谁！有"在纸上作答方便统计"这种想法的人，是因为他们不懂 Excel，如果大家能熟练操作 Excel 表格的话，那么上述问题也就不再是难题。

举例说明

原始文件：实例文件 >07> 原始文件 >7.2 考题 .xlsx
最终文件：实例文件 >07> 最终文件 >7.2 最终表格 .xlsx

实例描述：某部门要招聘一位数据分析员，而招聘数据分析员的条件就是要熟练操作办公软件 Excel。由于考核 Excel 水平的高低不能简单通过问答方式看出，这时就需要一份电子档的考试题（多项选择题）。根据实例文件中的原始文件统计作答的得分。

应用分析：
要想在工作表中统计作答的得分，就需要将面试者的答案与标准答案进行对比，判断这两个答案是否一样。对于多项选择题，先判断所选答案的个数是否一样，然后比较每个选项是否相同，这就需要用到 Excel 中的 IF 函数。IF 函数是用来判断两个值是否相同的最佳函数。此处还需要用到 ISNUMBER 函数来判断两个单元格中的内容是否为数字，用 LEN 函数判断两个单元格中内容的长度是否一样，然后辅助 AND、FIND 函数进行判断。下面将具体介绍其判断过程。

步骤解析

步骤 01 打开"实例文件 >07> 原始文件 >7.2 考题 .xlsx"工作簿，如图 7-18 所示，该表是为面试人员准备的考试题。为了节约人力成本，需要考试人员在该表中进行答题，然后自动统计分数。

步骤 02 在考题后的 E 列新增"答案"栏，然后同时选中 E3、E5、E7、E9、E11 单元格，如图 7-19 所示。

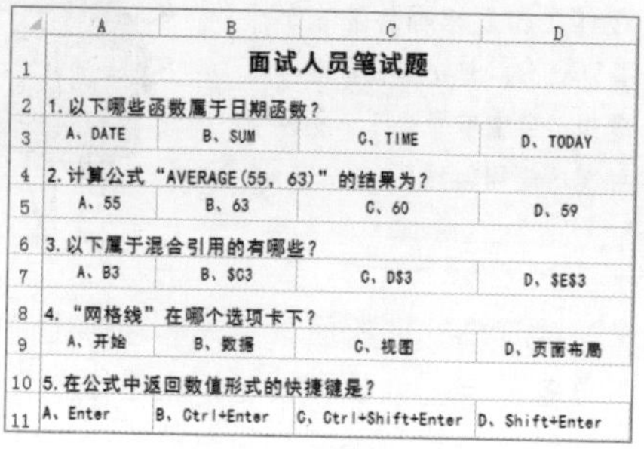

图 7-18　考试题

图 7-19　选定单元格

步骤 03 在"开始"选项卡下的"字体"组中单击"边框"右侧的下三角按钮，然后在展开的列表中选择"粗匣框线"选项，如图 7-20 所示。此时所选单元格加上了粗边框，效果如图 7-21 所示，就像一个文本框提示输入答案。

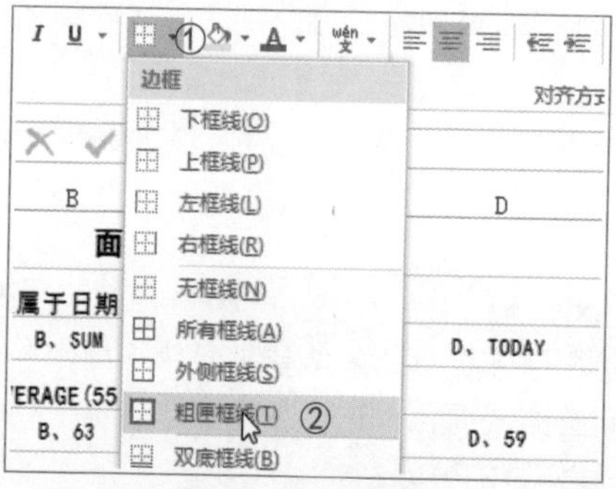

图 7-20　设置边框

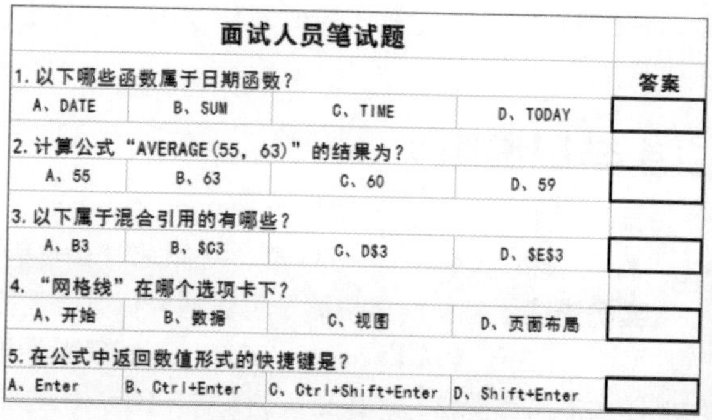

图 7-21　添加边框效果

步骤 04 为特殊单元格添加边框后，在 G2 和 H2 单元格中分别输入"正确答案"和"得分"，再为这两个单元格填充上底纹，使其显示得更加突出，如图 7-22 所示。

步骤 05 完成上一步操作后，在 E 列中输入考试时面试人员的答案，然后在 G 列中输入正确答案，结果如图 7-23 所示。

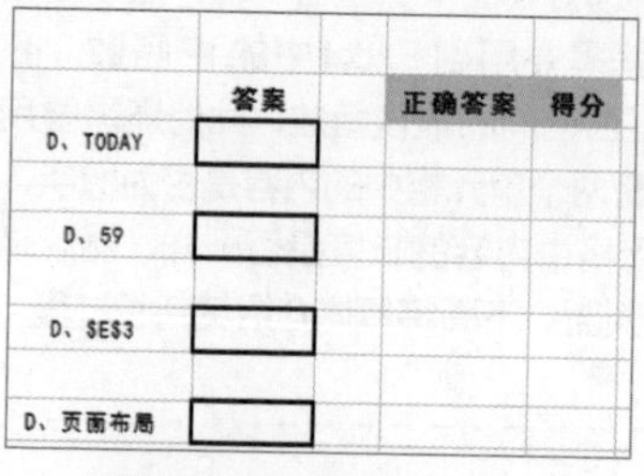

图 7-22　添加列并填充底纹

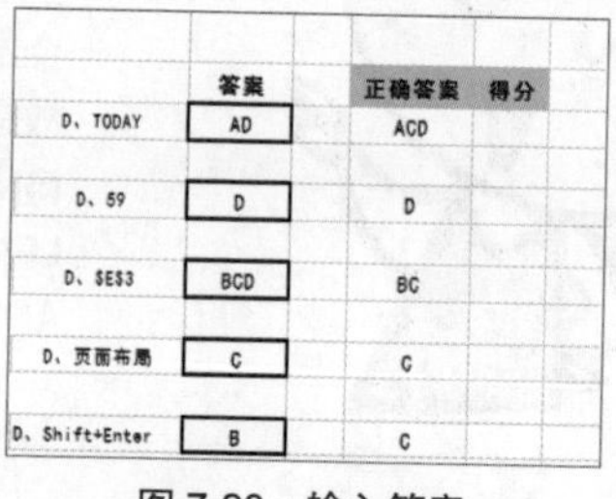

图 7-23　输入答案

步骤06 根据E列和G列中所填入的答案,在H3单元格中输入公式"=IF(OR(E3=" ",G3=" ")," ",IF(AND(ISNUMBER(FIND(MID(E3,{1,2,3,4},1),G3))),IF(LEN(E3)=LEN(G3),2,1),0)))",该公式是判断 E 列答案与 G 列答案是否相符,然后根据漏选得 1 分,正确得 2 分,错误或多选不得分进行统计,如图 7-24 所示。

步骤07 复制 H3 单元格中的公式,然后选中 H5、H7、H9、H11 单元格并按 Ctrl+V 快捷键粘贴该公式到所选的单元格中。由于公式中的单元格是相对引用,所以粘贴后的单元格会自动变化,得到的最后结果如图 7-25 所示。

图 7-24 输入公式	图 7-25 最后结果

知识延伸

上述实例的步骤 06 中的公式是统计答案得分的过程,由于计算得分的过程嵌套了多种函数,且其判断逻辑复杂,用户可能不太能理解公式,下面用一个关系图来说明该公式判断得分的具体过程,如图 7-26 所示。

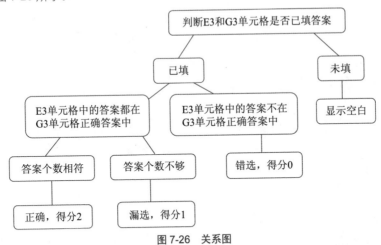

图 7-26 关系图

7.3 培训计划甘特图

我觉得我都快成为一个专业的数据分析员了！上次给人事总监看的培训计划表被退回来了，说文字内容过多，希望我做一个图表给他。这不是强人所难吗？我一个做人事工作的，还要搞图表分析啊！

不知道你有没有听过"字不如表，表不如图"，其实它就是将数据整理成表，可以让数据展示得更加有规律，而将表数据制作成图表，则是传递更加直观的结果。这一说法被大多数人所认可。

　　员工培训是指企业为开展业务及培育人才的需要，采用各种方式对员工进行有目的、有计划的培养和训练的管理活动，公开课、内训等成为常见的员工培训形式。企业员工培训能直接提高领导的经营管理能力和员工的业务技能，为企业提供新的工作思路、知识、信息和技能，制定培训计划是增长员工才干、创新的根本途径和良好方式，是最为重要的人力资源开发渠道，是比物质资本投资更重要的人力资本投资。有效的企业培训其实是提升企业综合竞争力的过程。事实上，培训的效果并不取决于受训者个人，恰恰相反，企业本身作为一个有机体，起着非常关键的作用。

　　员工培训的重心是明白对员工培训什么，培训需要多长时间。这些内容不是凭空瞎掰出来的，而是结合公司所需的人才进行指导性的学习。因此在培训工作展开前需要人力资源者制作培训计划表，通过计划表给领导和培训者展示整个培训过程中需要做的工作，让他们有一个心理准备和意识。

📖 举例说明

　　原始文件：无
　　最终文件：实例文件 >07> 最终文件 >7.3 最终表格 .xlsx
　　实例描述：制作一份培训计划表，表中内容主要包括培训计划，即有哪些培训工作、每项培训工作的开始日期和培训时长，然后根据培训计划表制作培训计划图。

应用分析：
　　培训课程和培训时间是由人力资源部的员工根据公司需求设定的，这是一个长久的积累过程。这里需要人力资源者做的是怎么用一种更好的效果将培训计划表展示给领导或其他人看。这就需要有思维转变的能力，即用图表的特殊效果展示特殊的数据。在 Excel 中有一种特殊的图——甘特图，它专门用来表示某个项目的进度。很多人对甘特图都很陌生，甚至不曾听闻，因此接下来的内容就是教大家如何制作项目管理中的甘特图。

步骤解析

步骤 01 新建工作簿，制作培训计划表的结构框架，如图 7-27 所示。在工作表中输入培训内容、开始日期和相应的天数，如图 7-28 所示。

	A	B	C	D
1	序号	课程内容	开始日期	天数
2	培训1			
3	培训2			
4	培训3			
5	培训4			
6	培训5			
7	培训6			
8				
9				
10				

图 7-27 制作表框架

	A	B	C	D
1	序号	课程内容	开始日期	天数
2	培训1	专业理论知识培训	5月10日	3
3	培训2	技能操作实践	5月13日	5
4	培训3	指定店试岗	5月18日	15
5	培训4	换店轮岗	6月2日	10
6	培训5	培训考试	6月12日	2
7	培训6	培训结业典礼	6月14日	1
8				
9				

图 7-28 输入内容

步骤 02 由于要根据工作表数据创建图表，这里需要将"开始日期"和"天数"列调整到 A 列后，可选中 B 列剪切，然后右击 E 列，在弹出的快捷菜单中单击"插入剪切的单元格"命令，得到的结果如图 7-29 所示。

步骤 03 选中 A1:B7 单元格区域，然后插入堆积条形图，得到如图 7-30 所示的图表。

	A	B	C	D
1	序号	开始日期	天数	课程内容
2	培训1	5月10日	3	专业理论知识培训
3	培训2	5月13日	5	技能操作实践
4	培训3	5月18日	15	指定店试岗
5	培训4	6月2日	10	换店轮岗
6	培训5	6月12日	2	培训考试
7	培训6	6月14日	1	培训结业典礼
8				
9				

图 7-29 调整列顺序

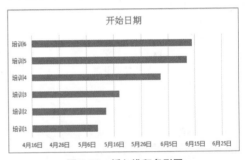

图 7-30 插入堆积条形图

步骤 04 选中图表，在"图表工具>设计"选项卡下的"数据"组中单击"选择数据"按钮，如图 7-31 所示。在弹出的对话框中单击"添加"按钮，如图 7-32 所示。

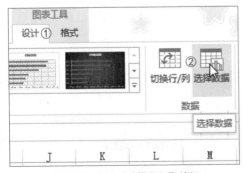

图 7-31 单击"选择数据"按钮

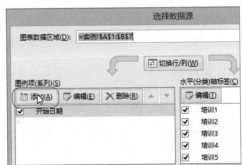

图 7-32 添加数据系列

步骤05 弹出"编辑数据系列"对话框，在"系列名称"下的文本框中选择单元格C1，在"系列值"下的文本框中选择单元格区域C2:C7，然后单击"确定"按钮，如图7-33所示。

步骤06 确认对数据系列的编辑后，返回图表中，图表结果如图7-34所示。此时图表中有两个数据系列。

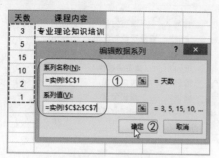

图 7-33　编辑数据系列

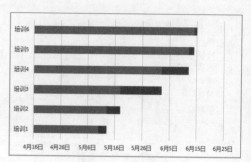

图 7-34　图表结果

步骤07 双击图表打开"设置数据系列格式"窗格，然后单击图表中任一蓝色条形，此时所有的蓝色系列条都会被选中。设置数据系列的填充格式为无填充，如图7-35所示。返回图表，可看到蓝色系列条呈无色，只显示红色系列条，如图7-36所示。

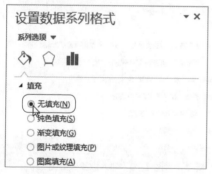

图 7-35　设置填充方式

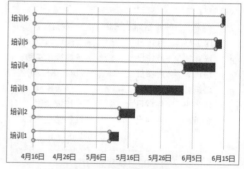

图 7-36　只显示红色系列条

步骤08 在图表中单击横坐标轴，然后在"设置坐标轴格式"窗格中设置"坐标轴选项"下的"边界"最小值和最大值，如图7-37所示，这是根据横坐标的大小调整的。

步骤09 完成横坐标的调整后，放大了"天数"值的显示，这样方便横条间的对比和分析，如图7-38所示。然后将横条的数据标签显示出来，并用显眼的字体颜色表示。

图 7-37　设置坐标轴选项

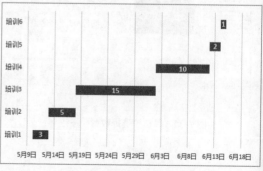

图 7-38　完成调整后的图表

知识延伸

堆积图主要表现在柱形图、条形图和面积图中，可以用来显示不同类别之间的对比。在这些堆积图中有绝对值和百分比之分，下面举例说明不同形式的堆积图的效果。

如表 7-1 所示是一组 2014 年的销售额数据，现要根据这些数据创建不同的堆积图，并说明不同样式的堆积图的优势所在。

表 7-1　2014 年销售额数据

时间段	城北（万元）	城东（万元）	城南（万元）	城西（万元）
上半年	125	109	96	102
下半年	129	112	94	110

1. 柱形堆积图

如图 7-39 所示是根据上述数据所创建的柱形堆积图，该图以销售额数据为纵坐标，因此在以该图进行对比时最好显示出数据标签，因为直观地在纵坐标上对比数据不太容易分辨柱形的长度，特别是相差甚微的数据更难对比。所以结合柱形的长短和数据标签的值是分析该图表的关键。

如图 7-40 所示是百分比柱形堆积图，它以百分比值作为纵坐标。如果要对比它们的大小，显示数据标签并不能很好地解决，需要为这些柱形图假设一条水平参考线，这样根据不同颜色在水平线的上下位置就能区分各个百分比的比重。

图 7-39　柱形堆积图

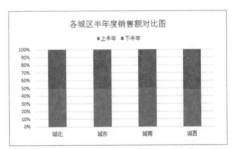

图 7-40　百分比柱形堆积图

2. 条形堆积图和面积堆积图

如图 7-41 和图 7-42 所示分别是条形堆积图和面积堆积图，如果是用绝对值的条形堆积图，则由于横坐标是坐标值，还能比较容易地对比出值的大小，与绝对值的柱形堆积图意义一样。而面积堆积图在此处并不适用，它更适合于不同时间段的类别间的累计对比。

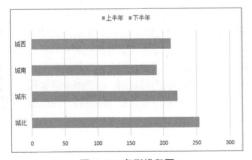

图 7-41　条形堆积图

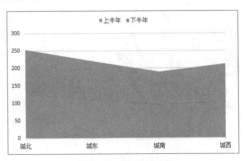

图 7-42　面积堆积图

7.4 考试成绩区间分布图

我想问问怎么在 Excel 中制作直方图？我看到很多人在季度总结中用 PPT 展示了类似直方图的图，很规范，但不知道是不是能通过 Excel 来实现。如果可以，你得教教我怎么做啊！

直方图？这可是统计学中常用的啊！尽管是高深的统计学问题，但是你的问题我还是能帮你解决的！这需要分别计算出直方图中数据的个数、柱数、组间距、组数等。

　　员工经过培训后都会有一个再考试的过程，目的是对培训期间所学课程进行检验，企业根据考试成绩初步判断员工对工作的胜任能力。在分析学员的考试成绩时，最好按分数的多少划分不同的等级，这样才能给出一个优、良、差的评判。对于考试成绩较差的学员，还可以进行再培训，主要是要加强学员自身的学习和理解；而对于成绩优异的学员，可以直接分配工作，也就是后期要讲到的试岗工作。总之，分析学员的成绩是为了更好地利用，而且是因人而异地利用，例如有些人开始面试的是销售工作，但经过培训后发现自己更适合做市场调研工作，那么在正式上岗前也可以让员工对自身能力有一个清晰的认识，对自己的工作有一个明确的规划，这样才能在工作中发挥最大价值。人力资源工作者就是要对这些数据进行分析，以便找出一种新的机制管理员工。

📖 举例说明

　　原始文件：实例文件 >07> 原始文件 >7.4 成绩分布图 .xlsx
　　最终文件：实例文件 >07> 最终文件 >7.4 最终表格 .xlsx
　　实例描述：员工培训之后，会对员工进行一次考试。原始文件中的 "7.4 成绩分布图 .xlsx" 工作簿中记录了员工的考试成绩，由于人数过多，不便于分析分数。这里需要将这些数据用一种能表示区间的图展示出来，并显示不同区间分数的人员个数。

应用分析：
　　如果要根据学员成绩在默认的 Excel 基础图表中显示某一区间的数据个数，这是不大可能的，除非更改数据源，输入一些表示区间的值，然后制作图表。但是这些区间值要如何确定呢？该如何统计这些个数呢？这需要用到本节即将介绍的直方图，直方图的柱数、组间距、组数以及每柱中的数据个数等都是根据学员成绩计算而得到的。由于所求变量较多，因此这里也会涉及很多前面没有介绍过的函数，如显示小数的 ROUND 函数等。

步骤解析

步骤 01 打开"实例文件 >07> 原始文件 >7.4 成绩分布图 .xlsx"工作簿，如图 7-43 所示。图中是窗口冻结后的效果，目的是看清该表中的数据区域。

步骤 02 取消"窗口冻结"功能，并隐藏 B、C 列单元格，然后在 E、F 列中输入直方图数据。这些数据主要包括需要统计的数据个数、最大值、最小值、区间以及需求的直方图柱数、组间距、起始点和组数，如图 7-44 所示。其中，每个 F 列单元格中的值都是通过不同的函数计算而得到的，分别在 F2 单元格中输入公式"=COUNT(C2:C36)"；F3 单元格中输入公式"=MAX(C2:C36)"；F4 单元格中输入公式"=MIN(C2:C36)"；F5 单元格中输入公式"=F3-F4"；F6 单元格中输入公式"=ROUND(SQRT(F2),0)"；F7 单元格中输入公式"=ROUND(F5/F6,0)"；F8 单元格中输入公式"=F4-F7"；F9 单元格中输入公式"=ROUND((F3-F8)/F7+1,0)"。

▲	A	B	C	D
1	序号	姓名	考试成绩	
2	1	张三	88	
3	2	李海	76	
31	30	陈海东	86	
32	31	成克杰	92	
33	32	张书宁	63	
34	33	张正	78	
35	34	曾艳新	81	
36	35	吴村	73	

图 7-43　成绩分布图

▲	A	E	F
1	序号	直方图数据	
2	1	数据个数	35
3	2	最大值	92
4	3	最小值	49
5	4	区间	43
6	5	直方图柱数	6
7	6	直方图组间距	7
8	7	起始点	42
9	8	组数	8
10	9		

图 7-44　输入直方图数据

步骤 03 计算出直方图所需要的数据后，在 I1:L1 单元格区域中分别输入下限值、上限值、图表刻度、直方图，然后在 I2 单元格中输入公式"=F8"，得到 F 列中的"起始点"值，如图 7-45 所示。

步骤 04 在 I3 单元格中输入公式"=IF(J2>$F$3," ",J2)"，按 Enter 键后显示的是 0，将该公式填充到下方区域的单元格中，如图 7-46 所示。这一步是为了计算直方图中每个柱形的最小区间值。

G	I	J	K	L
	下限值	上限值	图表刻度	直方图
	42			

图 7-45　输入公式 1

=IF(J2>$F$3,"",J2)

	G	I	J	K
		下限值	上限值	图表刻度
		42		
		0		
		0		
		0		
		0		
		0		
		0		

图 7-46　输入公式 2

步骤 05 在 J2 单元格中输入公式"=IF(I2=" "," ",I2+$F$7)"，并填充至下方单元格中，得到如图 7-47 所示的结果。这一步是为了计算每个柱形的最大区间值。

步骤 06 根据上限值和下限值判断直方图中每个柱形图的刻度。在 K2 单元格中输入公式“=IF(I2=" "," ",I2&"-"&J2)”，如图 7-48 所示是填充公式后的结果。

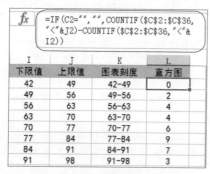

fx =IF(I2="","",I2+$F$7)

F	G	I	J	K
		下限值	上限值	图表刻度
35		42	49	
92		49	56	
49		56	63	
43		63	70	
6		70	77	
7		77	84	
42		84	91	
8		91	98	

图 7-47 输入公式 3

=IF(I2="","",I2&"-"&J2)

G	I	J	K	L
	下限值	上限值	图表刻度	直方图
	42	49	42-49	
	49	56	49-56	
	56	63	56-63	
	63	70	63-70	
	70	77	70-77	
	77	84	77-84	
	84	91	84-91	
	91	98	91-98	

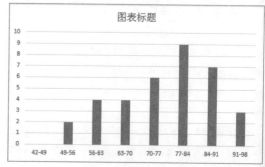

图 7-48 输入公式 4

步骤 07 最后统计每个刻度区间的分数个数，它是创建直方图的数据源，在 L2 单元格中输入公式“=IF(C2=" "," ",COUNTIF($C$2:$C$36,"<"&J2)-COUNTIF ($C$2:$C$36,"<"&I2))”，并拖动填充柄填充下方的单元格，结果如图 7-49 所示。

步骤 08 以 K 列和 L 列中的数据制作柱形图，如图 7-50 所示。根据实际需要输入图表标题“成绩分布图”，并输入纵坐标名称“人数”，再将数据标签显示出来。

fx =IF(C2="","",COUNTIF($C$2:$C$36,"<"&J2)-COUNTIF($C$2:$C$36,"<"&I2))

I	J	K	L
下限值	上限值	图表刻度	直方图
42	49	42-49	0
49	56	49-56	2
56	63	56-63	4
63	70	63-70	4
70	77	70-77	6
77	84	77-84	9
84	91	84-91	7
91	98	91-98	3

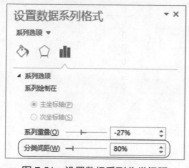

图 7-49 输入公式 5

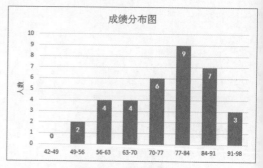

图 7-50 制作柱形图

步骤 09 双击图表，弹出“设置图表区格式”窗格，然后单击图表中的系列，并在“设置数据系列格式”窗格中调整“系列选项”下“分类间距”的大小为 80%，如图 7-51 所示。此时，图表效果如图 7-52 所示，即根据考试人员的考试成绩统计出的成绩分布图。

图 7-51 设置数据系列分类间距

图 7-52 最终图表效果

知识延伸

1. ROUND 函数

在本节实例中有多处操作都使用了 ROUND 函数，该函数是用指定的小数位数对数值进行四舍五入，如对 7.125 保留两位小数，则公式“=ROUND(7.125,2)”的运行结果为 7.13。由于本节实例中所有数字均为整数，而标准偏差值很多时候又为小数，所以需要统一小数位数为零。

2. F4 键使相对引用转化为绝对引用

在本节实例的多个公式中都需要输入绝对引用的单元格，如步骤 07 中需要绝对引用 C2:C36 单元格区域，在输入公式时可以用鼠标直接选取单元格，但是所选择的单元格区域一般为相对引用的样式。直接手动输入每个单元格区域为绝对引用自然是一件很麻烦的工作，这里为大家介绍一种快捷的操作方式，即选中相对引用的单元格区域，然后按 F4 键，系统会自动将相对引用的单元格区域转化为绝对引用的样式。

3. F9 键将单元格转化为数据区域

上面介绍了 F4 键的作用，这里再为大家分享公式中 F9 键的功能。它的作用主要是将单元格区域转化为数组形式的数据区域，这样当原来所引用的单元格区域被删除后，被引用单元格的值不受影响，下面举例进行说明。

如图 7-53 所示的平均分是根据数据区域 C6:C15 求出来的，如果清除 C6:C15 单元格区域中的内容，那么 C16 单元格的值就会显示错误值“#DIV/0!”，在工作中我们经常会遇到这样的情况。如打开某个工作簿引用某些单元格后，要关闭被打开的工作簿，此时被引用的单元格中就显示了错误值，这时就有必要清除引用单元格中的公式，将其转化为数字形式。

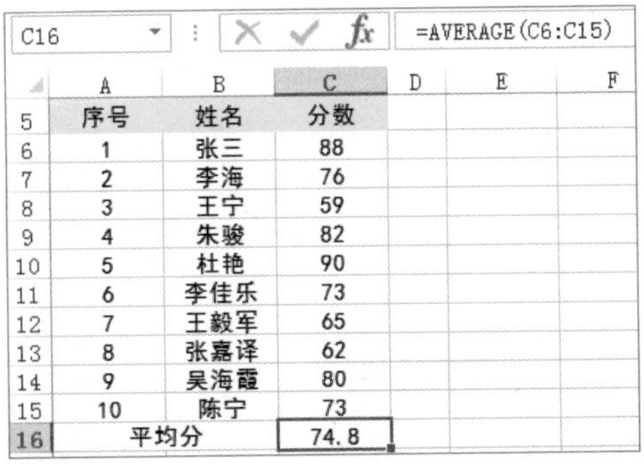

C16 =AVERAGE(C6:C15)

	A	B	C	D	E	F
5	序号	姓名	分数			
6	1	张三	88			
7	2	李海	76			
8	3	王宁	59			
9	4	朱骏	82			
10	5	杜艳	90			
11	6	李佳乐	73			
12	7	王毅军	65			
13	8	张嘉译	62			
14	9	吴海霞	80			
15	10	陈宁	73			
16	平均分		74.8			

图 7-53 求平均值公式

对于图 7-53 中的情况，可以使用 F9 键将引用的 C6:C15 单元格区域转化为数组形式“{88;76;59;82;90;73;65;62;80;73}”，如图 7-54 所示。这样，当 C6:C15 单元格区域中的内容被清除后，也不会影响 C16 单元格中的结果。

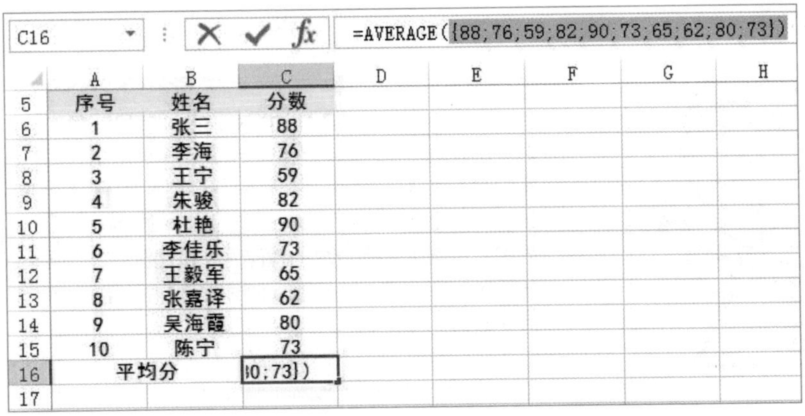

C16 =AVERAGE({88;76;59;82;90;73;65;62;80;73})

	A	B	C	D	E	F	G	H
5	序号	姓名	分数					
6	1	张三	88					
7	2	李海	76					
8	3	王宁	59					
9	4	朱骏	82					
10	5	杜艳	90					
11	6	李佳乐	73					
12	7	王毅军	65					
13	8	张嘉译	62					
14	9	吴海霞	80					
15	10	陈宁	73					
16	平均分		0;73})					
17								

图 7-54 按 F9 键后的结果

7.5 培训效果检验分析

上周我们经理让我说说新来员工的销售能力！还好之前统计过这些数据，知道哪个同事的销售额最高！所以脱口就说了某某同事这个月完成 xxx 万元的销售业绩，是所有员工中最高的！

那你有没有想过你这样的回答是你们经理想听到的吗？或许这个数据对他有用，但是准确来说这个答案并不完整。因为你只说了销售额数据，难道除了这个就没有别的衡量标准了吗？

一般来说，当员工参加完培训课程后就要进入相应岗位工作了，尽管有前期理论知识的培训，但当新员工真正站在岗位上时，难免因为不熟悉而影响整个流程的进展。因此，新员工上岗后还会指定一些老员工带动新员工一起工作，这种情况主要是针对非销售人员，如财务工作、人事工作等。在这些工作中可能没有专门的制度来对他们进行二次考核，让他们自己成长。但是如果是做销售工作的，就很少有老员工带新员工的道理，而是让他们自己自由发挥。由于这类员工的随动性很大，所以需要制定一些特别的管理制度进行管理，如每日是否需要做工作汇报、每周是否需要提交工作总结等。

上述内容是在形式上建议的管理方案，若要从根本上解决问题，还需要通过数据分析找出影响员工工作的因素。所以对新员工来说，在上岗后还需要跟踪一段时间，毕竟他们对整个市场不熟悉，不能直接从销售业绩上看出他们能力的高低，还需结合其他指标进行分析。

举例说明

原始文件：实例文件 >07> 原始文件 >7.5 试岗业绩 .xlsx
最终文件：实例文件 >07> 最终文件 >7.5 最终表格 .xlsx
实例描述： 按照部门对员工进行分岗试用，这里主要以新进的销售人员为例，通过分析规定时间内的销售业绩判断每个销售人员的工作能力。

应用分析：

分析销售人员的工作能力，首先要分析最直接的销售数据，但是这对于刚入职的员工来说还不是最重要的，因为很多企业不是只有一种产品，而各种产品自然就有不同的价格。由于他们刚入职，还缺少一种辨别市场的能力。因此在分析销售人员的工作能力时，销售额数据只是一个指标，还应该分析转化率数据，这一指标比销售额数据更能看出一个人的潜在能力。

步骤解析

步骤 01 打开“实例文件 >07> 原始文件 >7.5 试岗业绩 .xlsx”工作簿，如图 7-55 所示，表中记录了新入职的销售人员在试岗期间的销售业绩。

步骤 02 在“销售额”数据后增加一列“成交转化率”，然后在 F3 单元格中输入公式“=D3/C3”，如图 7-56 所示，计算出销售人员在一定时间内的成交转化情况。之所以要分析成交转化率数据，是因为销售人员虽然重在销售额上，但是对于刚入职的员工来说，需要从转化率分析他们说服客户的能力，其实也就是销售的能力。

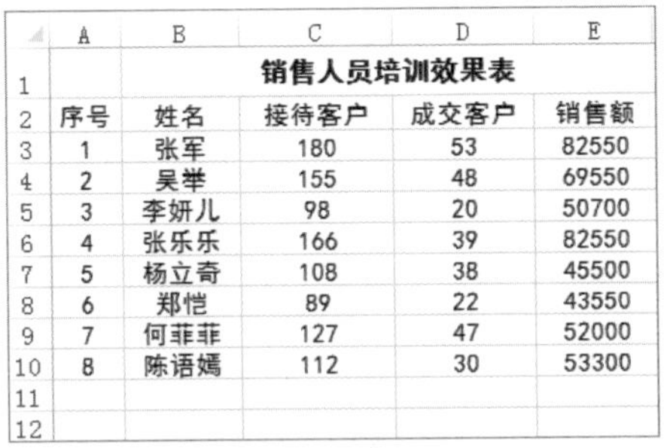

	A	B	C	D	E
1	销售人员培训效果表				
2	序号	姓名	接待客户	成交客户	销售额
3	1	张军	180	53	82550
4	2	吴举	155	48	69550
5	3	李妍儿	98	20	50700
6	4	张乐乐	166	39	82550
7	5	杨立奇	108	38	45500
8	6	郑恺	89	22	43550
9	7	何菲菲	127	47	52000
10	8	陈语嫣	112	30	53300
11					
12					

图 7-55 原始表格

=D3/C3

C	D	E	F
销售人员培训效果表			
接待客户	成交客户	销售额	成交转化率
180	53	82550	29%
155	48	69550	31%
98	20	50700	20%
166	39	82550	23%
108	38	45500	35%
89	22	43550	25%
127	47	52000	37%
112	30	53300	27%

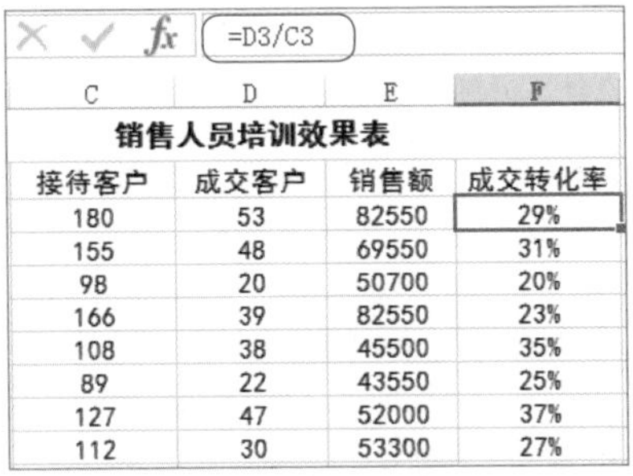

图 7-56 输入公式

步骤 03 选取成交转化率数据区域 F3:F10，然后在“开始”选项卡下的“样式”组中单击“条件格式”下三角按钮，指向“项目选取规则”并选择“前 10 项”选项，如图 7-57 所示。

步骤 04 在弹出对话框的第一个文本框中输入数字 3，也就是所选区域的前三项，选择默认的单元格颜色，此时工作表中前三项单元格以突出的颜色显示，如图 7-58 所示，然后单击对话框中的“确定”按钮即可。

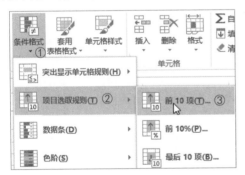

图 7-57 设置条件格式

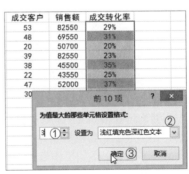

图 7-58 设置单元格格式

步骤 05 再选取“销售额”数据区域 E3:E10，同样在“条件格式”下拉列表中选择“新建规则”选项，如图 7-59 所示。在打开的对话框中选择第 1 个规则类型，并在下方的“格式样式”列表中选择“数据条”，然后勾选右侧的“仅显示数据条”复选框，如图 7-60 所示。

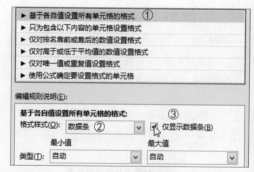

图 7-59　选择新建规则　　　　图 7-60　设置规则

步骤 06　选择数据条后，在对话框下方的"填充"区域中设置为一种实心填充的颜色，如图 7-61 所示。单击"确定"按钮返回工作表中，此时工作表的所选区域只显示了数据条而没有显示数据。这一步操作是为了辅助分析成交转化率数据，因为转化率最高的人所对应的销售额并不一定最高，如图 7-62 所示。

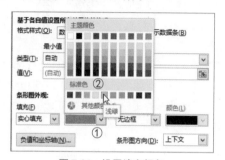

图 7-61　设置填充颜色　　　　图 7-62　最终效果

💡 知识延伸

条件格式中的各项规则，无论是对行政还是人力资源工作者来说都有比较广泛的应用。特别是本节实例中介绍的数据条，它的样式与图表中的条形图类似，其更大的作用是可以显示在单元格中。我们可以根据上述的数据制作一个在单元格中显示的条形图。

同样，用上述的销售额数据先复制一组，如图 7-63 所示，然后在复制后的数据中添加仅显示数据条的条件格式。返回工作表后，将 E 列的数据右对齐，并拉大 F 列的列宽和第 3 ~ 10 行的行高，使数据条放大，最终得到如图 7-64 所示的效果。

接待客户	成交客户	销售额	
180	53	82550	82550
155	48	69550	69550
98	20	50700	50700
166	39	82550	82550
108	38	45500	45500
89	22	43550	43550
127	47	52000	52000
112	30	53300	53300

图 7-63　复制数据

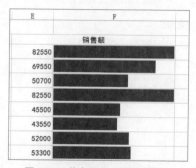

图 7-64　像条形图一样的数据条

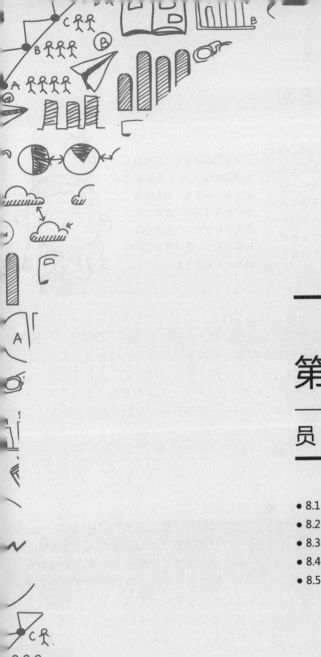

第 **8** 章

员 工 值 班 与 休 假

8.1　员工值班最优方案

在一些特殊行业，员工除了正常的上班时间要工作外，遇到法定节假日还会被安排值班。尽管人力资源部是全权负责人事安排工作的，但很多时候人事部的安排并不能得到一个好的结果，这就导致工作中有很多同事之间有了换班的现象。而换班过程存在的隐患就是因为工作发生责任追究时，谁才是真正的责任人！所以为了降低这种不良情况的发生，在人事安排上应该更人性化一些，主要体现在事前对员工实际情况进行了解，毕竟一年中需要值班的时间并不多。了解了员工的特殊情况后，根据彼此间的关系，找出一个能满足绝大多数人要求的安排。这种安排在 Excel 中也可以实现，那就是数据分析工具中的"规划求解"功能。

举例说明

原始文件：无

最终文件：实例文件 >08> 最终文件 >8.1 最终表格 .xlsx

实例描述：某公司为了国庆期间能正常营业，对客服部的工作人员实行了轮班制，由于客服部只有 5 人，故从行政部抽调了 2 名人员来满足国庆 7 天每天都有人值班且每人不重复值班。但不同员工有各自的特殊情况，比如：小王因为出差会比小张晚 1 天值班；小周因为是从行政部调过来的，为了避免连续多天上班，会安排在小李之后两天值班；小强和小圆在国庆后要分开出差，且小圆会比小强晚 3 天出差，因此小强在国庆的值班要比小圆早 3 天；小何对国庆的安排只有 4 号可以值班；小强和小张由于工作原因，需要安排在小何几天后值班。这里的"几天"是需要求解的变量。

应用分析：

根据各位同事的特殊要求，可以在单元格中列出彼此之间的关系，如小王比小张晚 1 天，那小王的日期安排就应该等于小张 +1。根据这种逻辑将实例描述中的关系用公式表示出来，不能表示的值就作为变量。而对于变量的求解，可以根据固定目标值来求出，这就需要结合这些数字间的关系，如 1 ~ 7 号的乘积是一个固定值，那就可以将它们乘积后的结果作为本例的目标值。有关该例的具体操作可以参考下面的步骤解析。

步骤解析

步骤 01 新建工作表，罗列出国庆期间要值班的员工姓名和其他需要的项目信息，如图 8-1 所示，然后在 D2 和 D3 单元格中分别输入"变量"和"目标值"，E2 单元格就是小圆与小张在小何前后几天值班中的变量。

步骤 02 根据实例描述中的内容，在工作表中的相应单元格中输入如下公式：B9=4，B3=B4+1，B4=B9+E2，B5=B6+2，B7=B9-E2，B8=B7+3。虽然已知量并不完整，但是输入公式后还是会显示结果，如图 8-2 所示，这些结果并不是真正的值班日。由于国庆中的每一天"1、2、3、4、5、6、7"的乘积是一个固定的值，且为 5040，所以将 5040 作为规划的目标值，然后利用 PRODUCT 函数计算 B3:B9 单元格区域的乘积，结果为 4480。

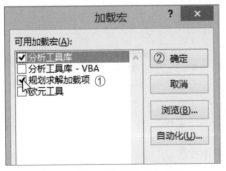

图 8-1 创建的工作表

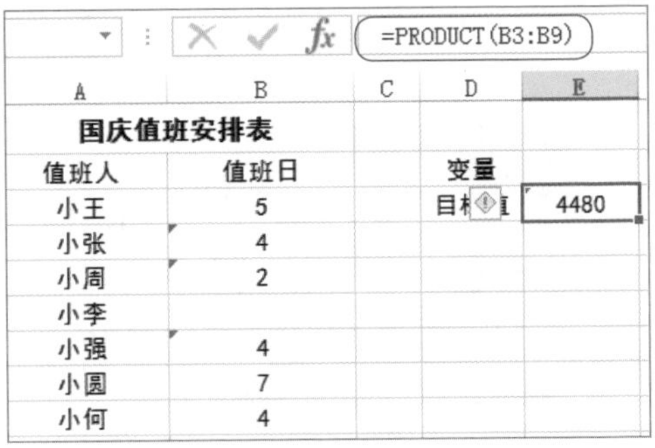

图 8-2 输入公式后的结果

步骤 03 如果你的 Excel 工作表中没有"规划求解"工具，就需要到"开发工具"选项卡下的"加载项"中添加。如图 8-3 所示，在打开的对话框中勾选"规划求解加载项"复选框，单击"确定"按钮即可。然后在"数据"选项卡下的"分析"组中单击"规划求解"按钮，如图 8-4 所示。

图 8-3 添加"规划求解"工具

图 8-4 启用"规划求解"工具

步骤 04 在弹出的对话框中设置目标单元格为 E3，并输入目标值 5040，然后选择可变单元格 B6 和 E2，如图 8-5 所示。

步骤 05 完成上一步操作后，单击下方的"添加"按钮，弹出"添加约束"对话框，如图 8-6 所示，然后在该对话框中约束 B6 单元格为 int 整数。

图 8-5　设置参数

图 8-6　添加约束 1

步骤 06　设置完第一个约束条件后，在该对话框中单击"添加"按钮，先后设置 B6 单元格为 <=、7 和 >=、1，如图 8-7 所示。

步骤 07　步骤 05 和步骤 06 是设置 B6 可变单元格的约束条件。使用同样的方法设置 E2 单元格为同样的约束条件，即 E2 为 int、>=1、<=7。设置完最后一个条件后单击"确定"按钮，返回"规划求解参数"对话框中，在"遵守约束"列表中可看到添加的 6 个约束条件，如图 8-8 所示。

图 8-7　添加约束 2

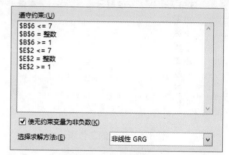

图 8-8　所有约束条件

步骤 08　添加完约束条件后，在"规划求解参数"对话框中单击"求解"按钮，此时会弹出如图 8-9 所示的规划求解结果，单击"确定"按钮关闭该对话框，同时 Excel 表格中也显示了求解的结果，如图 8-10 所示。该结果就是国庆期间员工值班结果，他们的日期安排不冲突，且满足了每一个员工的要求。

图 8-9　规划求解结果

图 8-10　求解结果

步骤 09　为了使结果更好理解，将 B3:B9 单元格区域中的公式清除，即经过复制和粘贴数值操作清除单元格中的公式，然后删除 D、E 列。再选取单元格区域 B3:B9，打开"设置单元格格式"对话框，设置自定义格式为 "#,# 号"，如图 8-11 所示。

步骤 10　返回工作表后，可看到"值班日"下方的数值都带上了单位"号"，此时可以将 B 列中的数值进行升序排列，得到如图 8-12 所示的最终结果。

图 8-11 设置单元格格式

	A	B	C
1	国庆值班安排表		
2	值班人	值班日	
3	小李	1号	
4	小强	2号	
5	小周	3号	
6	小何	4号	
7	小圆	5号	
8	小张	6号	
9	小王	7号	

图 8-12 优化后的结果

知识延伸

在本节实例的操作过程中使用了 PRODUCT 函数返回一维数组相乘后的值，它的语法格式为 PRODUCT(number1,number2,number3,…)，其中的 number1,number2,……为 1 ～ 30 个需要相乘的数值参数。有关参数的使用需注意以下两点。

（1）当参数为数字、逻辑值或数字的文字型表达式时可以被计算；当参数为错误值或是不能转换成数字的文字时，将导致错误。

（2）如果参数为数组或引用，则只有其中的数字将被计算，数组或引用中的空白单元格、逻辑值、文本或错误值将被忽略，如本节实例中 B6 单元格作为空白单元格就被忽略了，而不会将空白单元格作为零处理。

根据介绍的 PRODUCT 函数的功能，计算图 8-13 中空白单元格的结果。

首先利用 PRODUCT 函数计算出各办公用品的采购金额，即在 D2 单元格中输入公式"=PRODUCT(B2:C2)"，计算出结果后拖动填充柄填充 D3:D7 单元格区域，如图 8-14 所示。

当计算出各办公用品的采购金额后，就需要求"合计"金额栏，一般的方法是直接使用"自动求和"功能，这里给大家介绍与 PRODUCT 函数相关的 SUMPRODUCT 函数来计算合计采购金额。在 D8 单元格中输入公式"=SUMPRODUCT(B2:B7,C2:C7)"，如图 8-15 所示，即可求出合计金额。SUMPRODUCT 是将多维数组的所有元素对应相乘后再将乘积相加。

商品名称	采购数量	采购单价	采购额
办公桌	5	￥ 98.00	
办公椅	6	￥ 58.00	
文件夹	10	￥ 5.00	
鼠标垫	8	￥ 6.00	
鼠标	8	￥ 18.00	
键盘	4	￥ 25.00	
合计			

图 8-13 办公用品采购表

D2 =PRODUCT(B2:C2)

	A	B	C	D
1	商品名称	采购数量	采购单价	采购额
2	办公桌	5	￥ 98.00	￥ 490.00
3	办公椅	6	￥ 58.00	￥ 348.00
4	文件夹	10	￥ 5.00	￥ 50.00
5	鼠标垫	8	￥ 6.00	￥ 48.00
6	鼠标	8	￥ 18.00	￥ 144.00
7	键盘	4	￥ 25.00	￥ 100.00

图 8-14 求采购额列

D8 =SUMPRODUCT(B2:B7,C2:C7)

	A	B	C	D	E
1	商品名称	采购数量	采购单价	采购额	
2	办公桌	5	￥ 98.00	￥ 490.00	
3	办公椅	6	￥ 58.00	￥ 348.00	
4	文件夹	10	￥ 5.00	￥ 50.00	
5	鼠标垫	8	￥ 6.00	￥ 48.00	
6	鼠标	8	￥ 18.00	￥ 144.00	
7	键盘	4	￥ 25.00	￥ 100.00	
8	合计			￥ 1,180.00	

图 8-15 求合计金额项

8.2 如何判断每月休假天数

我们公司的休假规定很奇怪，如果当周的周日是单号，则这一周只休一天，如果遇到周日是双号的，那么就可以周六、周日连休两天。问题是我要怎么统计每个月的休假天数呢？

既然你在问怎么统计休假天数，那自然就是排除动手数的方法了。其实在Excel中很多统计工作都是能实现的，就怕你想不到！只要找对了公式，就能轻松解决！

　　我国的国家机关、企事业单位在休假管理上大多实行的是周一至周五上班，周末两天休息，但是很多民营企业为了提高生产效率，在员工休假安排上有一些特殊的调整，最常见的就是轮休制。轮休制可以是由员工值班情况的不同引起的员工个人的轮休，如今天张三休息，明天就赵四休息；还可以是日期的不同引起的员工统一轮休，如一周单休和一周双休的轮流，周日单号单休与周日双号双休轮流。前者的轮休管理很简单，只要确定了某一周为单休，那么接下来的一周就是双休，然后以此类推。对于后者就稍有不同了，虽然很多时候与一单一双的轮流休息很相似，但是最大的不同在于后者有可能存在连续的单休或双休。这种情况下就需要计算员工每个月有多少休息时间，这是人事部在管理员工休假问题时需要解决的问题。

　　根据周日单双号来确定员工的休假天数也许每周看看日历就能解决，但是你只要在 Excel 中掌握一个公式，就能轻松算出不同年份不同月份的休假天数，再也不用每天看着日历数天数了。

📖 举例说明

　　原始文件：实例文件 >08> 原始文件 >8.2 休假天数 .xlsx
　　最终文件：实例文件 >08> 最终文件 >8.2 最终表格 .xlsx

　　实例描述：某公司规定每月周日为单号时该周只休周日一天，若遇到周日为双号的，则这周周末可双休，根据此要求计算 2015 年每个月的休假天数。

应用分析：
　　由于每个月的天数不超过 31 天，所以运用函数 ROW(1:31) 来获取日期中的每一天，然后用连接符 & 构建日期格式，并根据数组原理将日期中的单数显示一次，双数显示两次。再用 MOD 函数来判断周日是单数还是双数，最后用 COUNT 函数统计周日为单数的天数与周日为双数的天数。这样经过层层分析就能将解决上述问题的公式罗列出来，即"=COUNT(0/(MOD(A3&-B3&-ROW(1:31)*{1,2},7)=1))"。

步骤解析

步骤 01 打开"实例文件 >08> 原始文件 >8.2 休假天数 .xlsx"工作簿，如图 8-16 所示，为了使 B 列的月份表示得更加明确，可以设置单元格格式，如在数字后显示"月"，而单元格中的值仍不变。

步骤 02 选取 B3:B14 单元格区域，打开"设置单元格格式"对话框，在"数字"分类中选择"自定义"选项，然后在右侧列表中选择"#,##0"类型，如图 8-17 所示。

图 8-16 原始表格　　　　　　　　图 8-17 选择格式

步骤 03 在"类型"文本框中修改"#,##0"为"#,# 月"，如图 8-18 所示。如果列表中没有"#,##0"类型，也可以在文本框中直接输入"#,# 月"，这一步就是将数字显示成月份的形式。返回工作表中可看到所选区域的数字后都显示了"月"，如图 8-19 所示。

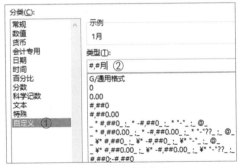

年份	月份	休假天数
2015	1月	
2015	2月	
2015	3月	
2015	4月	
2015	5月	
2015	6月	
2015	7月	
2015	8月	
2015	9月	
2015	10月	
2015	11月	
2015	12月	

图 8-18 自定义格式　　　　　　　图 8-19 设置格式后的效果

步骤 04 使用上一步的方法将 C3:C14 单元格区域设置成带有"天"的数字形式，如图 8-20 所示。由于 C3:C14 单元格区域是空白的，因此设置后的格式并没有显现出来，当输入公式显示数字后，格式就会表现出来。

步骤 05 在 C3 单元格中输入公式"=COUNT(0/(MOD(A3&-B3&-ROW (1:31)*{1,2},7)=1))"，此时要同时按住 Ctrl+Shift+Enter 键才能显示正确结果，而检验结果是否正确的方法就是查看编辑栏中公式的外面是否有大括号 {}，这是数组标志，如图 8-21 所示。该公式中 ROW(1:31)*{1,2} 的结果是 1、2、3、……、31 的整数序列和 2、4、6、……、62 的双号整数序列，所以 A3&-B3&-ROW(1:31)*{1,2} 的结果就是 2015-1-1 到 2015-12-62 之间的日期，由于每个月的天数不超过 31 天，所以像 2015-3-36 这样的日期就以错误值的形式显示，而 COUNT 函数的好处就是可以忽略错误值再统计个数。

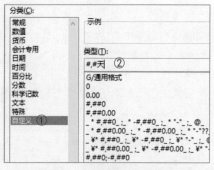

图 8-20　再次设置单元格格式　　　　　　　　图 8-21　输入公式

步骤 06　将 C3 单元格中的公式复制到下方的单元格中，然后依次修改公式中的 ROW 函数的参数为 (1:31)，并按住 Ctrl+Shift+Enter 键显示结果，如图 8-22 所示。这样就将每个月的休假天数计算出来了，为了更好地查看数据，可以利用"条件格式"中的"文本包含"规则将重复值以不同颜色标记，如图 8-23 所示。

2015年公司每月休假天数安排		
年份	月份	休假天数
2015	1月	6天
2015	2月	6天
2015	3月	7天
2015	4月	6天
2015	5月	7天
2015	6月	6天
2015	7月	6天
2015	8月	8天
2015	9月	6天
2015	10月	6天
2015	11月	7天
2015	12月	6天

图 8-22　计算结果

2015年公司每月休假天数安排		
年份	月份	休假天数
2015	1月	6天
2015	2月	6天
2015	3月	7天
2015	4月	6天
2015	5月	7天
2015	6月	6天
2015	7月	6天
2015	8月	8天
2015	9月	6天
2015	10月	6天
2015	11月	7天
2015	12月	6天

图 8-23　突出显示重复天数

知识延伸

在本节实例中通过字符"&-"将年、月、日连起来构建日期序列，其构建的原理很简单，只要明白 & 的作用就很容易理解。在工作表中，& 起连接作用。如图 8-24 所示，在 A1 单元格中输入 20，B1 单元格中输入 15，然后在 C1 单元格中输入"=A1&B1"，就能得到"2015"。

图 8-24　运算结果

要在公式中构建日期序列，还可以结合 DATE 和 ROW(1:31) 函数，这里的 ROW(1:31) 是借工作表的行号表示日，如在单元格中输入公式"=DATE(2015,3,ROW(1:31))"，则显示的结果就是 2015/3/1，向下拖动鼠标，填充的单元格会显示连续的日期，而且在 2015/3/31 后也会自动显示 2015/4/1。这些方法可以方便大家在公式中引入日期的显示。

8.3 员工离职月的工作天数核算

最近公司离职的员工相对较多，在统计他们最后一个月的工作天数时总是出错。由于离职人员基本上是断断续续的，所以每次有人离职时我就直接数他们工作了多少天！

你真的是每次对着日历数天数吗？你太有精力了，真要遇到哪个月离职的人多了，看你怎么忙得过来！还是跟我一起来学习解决这种问题的方法吧！

任何企业都存在员工离职的现象，而有关员工离职后工作天数的统计是人力资源管理者的一项重要工作，统计工作天数是为了核算员工应领的工资，而且在核算员工的五险一金或其他福利时也要根据员工的工作天数来判断。由于大多数人的离职时间并不是在月底，所以不能直接根据员工的离职日期确定工作天数。而且在员工离职前可能还有公休日或其他特殊假日，为了准确核算员工离职月的薪资，需要将这些休息日和特殊日期排除。如果当月离职人数很少，大家看看考勤数数日历也能算出员工的实际工作天数，但是恰逢当月人员流失特别严重，而且不同人员又享有不同的特色日期，简单看看日历怕不能解决问题！这时你需要学会如何用表格来管理这些数据。

Excel 中有一种日期函数可以用来返回两个日期之间的所有工作日数，它就是NETWORKDAYS.INTL，该函数中的第 3 类参数可以有多个选择，而不同的参数可以计算周末、节假日或任何指定为假期的工作日。

举例说明

原始文件：实例文件 >08> 原始文件 >8.3 实际工作天数 .xlsx

最终文件：实例文件 >08> 最终文件 >8.3 最终表格 .xlsx

实例描述：某公司 2014 年最后一个月有不少员工离职，但是他们的离职日期各不相同。还有部分员工在离职前补休了未休完的年假，因此在统计员工工作天数与工作量之间的关系时需要将这些日期排除。

应用分析：

要计算员工最后一个月的工作天数，就需要用离职日期减去当月月初日期，还要排除周末日期和指定的特殊日期，它可以用 NETWORKDAYS.INTL 函数来实现。当月月初日期是一个未知日期，这就需要借用 EOMONTH 函数根据离职日期来获取，该函数的作用就是返回指定月份之前或之后一个月的最后一天的日期。由于它指向的是月末日期，所以需要在这个函数后加上 1，才能指向某月的月初日期。

步骤解析

步骤 01 打开“实例文件 >08> 原始文件 >8.3 实际工作天数 .xlsx”工作簿，如图 8-25 所示。由于在最后一个月中部分离职人员补休了他们没有休完的年假，所以需要将这些特殊日期排除。如图 8-26 所示，在 G、H 列中输入部分离职人员的特定日期。

	A	B	C	D	E
1	员工离职统计表				
2	员工姓名	所属部门	入职日期	离职日期	实际工作天数
3	周华	销售部	2012/3/20	2014/12/29	
4	徐建一	市场部	2011/5/26	2014/12/25	
5	徐燕	人事部	2013/7/18	2014/12/30	
6	董科	销售部	2014/11/9	2014/12/18	
7					
8					
9					
10					

图 8-25 原始表格

E	F	G	H
实际工作天数		工作中排除的特定日期	备注
		2014/12/16	补休最后1天年假
		2014/12/26	补休最后1天年假

图 8-26 新增内容

步骤 02 在 E3 单元格中输入公式“=NETWORKDAYS.INTL(MAX(C3,EOMONTH(D3,-1)+1),D3,1,G3)”，如图 8-27 所示。该公式中的 EOMONTH(D3,-1) 表示员工离职日期的上一个月月末日期，再在后面加 1 表示离职日期的月初日期。整个公式的作用是计算离职日期与离职的月初日期之间工作日的天数。有关函数参数的具体含义会在知识延伸部分详细介绍。

LOG | =NETWORKDAYS.INTL(MAX(C3,EOMONTH(D3,-1)+1),D3,1,G3)

	A	B	C	D	E	F	G	H
1	员工离职统计表							
2	员工姓名	所属部门	入职日期	离职日期	实际工作天数		工作中排除的特定日期	备注
3	周华	销售部	2012/3/20	2014/12/29	=NETWORKD		2014/12/16	补休最后1天年假
4	徐建一	市场部	2011/5/26	2014/12/25				
5	徐燕	人事部	2013/7/18	2014/12/30			2014/12/26	补休最后1天年假
6	董科	销售部	2014/11/9	2014/12/18				
7								

图 8-27 输入公式

步骤 03 按 Enter 键后即可显示计算结果，拖动填充柄将其他离职员工最后一个月的实际工作天数计算出来，如图 8-28 所示。

员工离职统计表							
员工姓名	所属部门	入职日期	离职日期	实际工作天数		工作中排除的特定日期	备注
周华	销售部	2012/3/20	2014/12/29	20		2014/12/16	补休最后1天年假
徐建一	市场部	2011/5/26	2014/12/25	19			
徐燕	人事部	2013/7/18	2014/12/30	21		2014/12/26	补休最后1天年假
董科	销售部	2014/11/9	2014/12/18	14			

图 8-28 计算结果

步骤 04 为了检验 G 列的日期对计算结果的影响，修改 G5 单元格的日期为 2014/12/28，此时 E5 单元格显示了 22 天，其原因就是 2014/12/26 是工作日，而 2014/12/28 是公休日。同理，在 G6 单元格中输入日期 2014-12-13，由于该天是公休日，所以员工的实际工作天数没有发生变化，如图 8-29 和图 8-30 所示。

离职日期	实际工作天数	工作中排除的特定日期	
2014/12/29	20	2014/12/16	补休
2014/12/25	19		
2014/12/30	22	2014/12/28	补休
2014/12/18	14		

图 8-29 修改公式及结果 1

离职日期	实际工作天数	工作中排除的特定日期	
2014/12/29	20	2014/12/16	补休
2014/12/25	19		
2014/12/30	22	2014/12/28	补休
2014/12/18	14	2014/12/13	

图 8-30 修改公式及结果 2

知识延伸

本节实例中只是笼统地介绍了 NETWORKDAYS.INTL 函数和 EOMONTH 函数的作用，由于它们使用不同的参数会返回不同的结果，所以下面详细说说这两个函数的用法。

1. NETWORKDAYS.INTL 函数

该函数的语法格式为：NETWORKDAYS.INTL(start_date,end_date,weekend, holidays)，前两个参数大家都能理解，其中的 weekend 参数是指定周末时间的参数值，它包括以下几种取值范围和作用，如表 8-1 所示。

表 8-1 weekend 参数的取值范围

参数	周末日	参数	周末日
1 或省略	周六、周日	11	仅周日
2	周日、周一	12	仅周一
3	周一、周二	13	仅周二
4	周二、周三	14	仅周三
5	周三、周四	15	仅周四
6	周四、周五	16	仅周五
7	周五、周六	17	仅周六

该函数中的最后一个参数 holidays 是指在工作日中排除的特定日期，注意这里的工作日与 weekend 参数中的参数取值有关，如 weekend 参数取 6，则 holidays 的工作日就是周六、周日、周一、周二和周三；如果 holidays 的日期是周末，则该日期不影响计算结果。

如图 8-31 所示，其中 C2 单元格是计算春节结束日为 2015-2-21 的结果，而 C3 单元格是计算春节结束日为 2015-2-22 的结果。

C3		✕ ✓ fx	=NETWORKDAYS.INTL(A3,B3,11,E2:E9)		
	A	B	C	D	E	F
1	开始日期	结束日期	工程所需天数		排除日期
2	2014/5/20	2015/6/30	342		2014/10/1
3	2014/5/20	2015/6/30	342		2014/10/2
4					2014/10/3
5					2015/2/18
6					2015/2/19
7					2015/2/20
8					2015/2/21
9					2015/2/22

图 8-31 不同参数计算后的结果

尽管 C2 和 C3 单元格中的结果是一样的，但是其公式中所引用的参数范围稍有不同，C2 单元格中的公式是 "=NETWORKDAYS.INTL(A2,B2,11,E2:E8)"，而 C3 单元格中的公式是 "=NETWORKDAYS.INTL(A3,B3,11,E2:E9)"。由于 C3 单元格的公式所引用的日期比 C2 单元格的公式所引用的日期多了 2015-2-22，而这一天又刚好是周日，所以结果是一样的。

2. EOMONTH 函数

该函数的语法格式为：EOMONTH(start_date,months)，用来返回 start_date 之前或之后指定月份中最后一天的日期。其中，start_date 参数是代表开始日期的一个日期；而 months 为 start_date 之前或之后的月数，正数表示开始日期之后的日期，负数表示开始日期之前的日期。为了更好地介绍 months 参数的意义，下面通过表 8-2 来说明。

表 8-2 months 参数的取值和运算结果

开始日期	months 参数的取值	运算结果
2014-6-12	−3	2014-3-31
2014-6-12	−1	2014-5-31
2014-6-12	0	2014-6-30
2014-6-12	1	2014-7-31
2014-6-12	3	2014-9-30

从表 8-2 中可以看出 months 参数的取值是整数，其中参数为零时返回指定月的月末日期。参数为几就在当月的月份上增加或减少几月。如果参数取值的绝对值大于 12，则就按年份值进行加减。如图 8-32 所示，当 months 取值为 -13 时，J2 单元格的结果倒退了 1 年 1 个月；当 months 取值为 13 时，J3 单元格的结果延伸了 1 年 1 个月。

H	I	J
开始日期	公式	结果
2014/6/12	EOMONTH(H2, −13)	2013/5/31
2014/6/12	EOMONTH(H3, 13)	2015/7/31

图 8-32 参数对比

8.4 三秒计算年假天数

从事人力资源工作这么久，我还不知道怎么通过 Excel 计算员工的年假呢，每次有同事问我时，我就问他什么时候入职的，然后在脑海里计算入职多少年有多少天的年假！

你也知道，员工的年假天数都是根据员工的入职时间来确定的，只要你计算出员工的工作年限，即工龄数据，就能运用 IF 函数判断员工工龄所对应的年假天数。

年假是企业为员工提供的一种福利，而且越来越多的企业都增加了这一福利。实际中不是所有入职的员工都能享受这一待遇，一般来说，年假都是根据员工入职时间的长短来确定的，而且只有工作年限在 1 年以上的员工才有资格享受年假。有些企业还会根据员工的职称来判断，职称越高，享受的年假就越长。

由于每个公司的休假管理制度不一样，所以对年假的安排也大不相同，如有些公司要求年假必须一次性休完，还有些公司则要求年假不能在某些时间段休等，无论休假方案如何不同，计算他们的年假天数却是一样的，即根据员工的工龄计算员工应享受的年假天数。因此在核算年假天数前，要明确指出什么阶段的工龄享有多少天的年假，然后通过 Excel 中的 IF 函数来判断不同工龄的人所享有的年假天数。

举例说明

原始文件：实例文件 >08> 原始文件 >8.4 工龄和年假 .xlsx
最终文件：实例文件 >08> 最终文件 >8.4 最终表格 .xlsx

实例描述： 某公司的年假制度为：入职 1 年内没有年假；入职满 1 年但不足 3 年的，年假为 5 天；入职满 3 年但不足 5 年的，年假为 7 天；入职满 5 年但不足 7 年的，年假为 10 天；入职满 7 年及超过 7 年的，年假统一为 15 天。根据公司的年假制度，计算员工每年所享有的年假天数。

应用分析：

计算员工年假天数时通常会先计算员工的工龄，而工龄的计算就是当前日期与入职日期的年份差值，明白了这一逻辑关系后，就能想到用 DATEDIF 函数来实现这一过程。员工年假的计算主要是根据不同范围的工龄所对应的年假天数，而 IF 函数能实现满足什么条件后显示什么结果，否则继续下一个条件，这样，IF 函数嵌套使用就能将不同范围的工龄所对应的年假天数分别显示出来。大家还可以根据这一思路显示职位不同的员工所对应的年假。

步骤解析

步骤 01 打开"实例文件 >08> 原始文件 >8.4 工龄和年假 .xlsx"工作簿，如图 8-33 所示。选取工作表的数据区域 A1:F12，然后在"插入"选项卡下单击"表格"组中的"表格"按钮，如图 8-34 所示。

	A	B	C	D	E	F
1	员工编码	姓名	所在部门	入职时间	工龄	年假天数
2	11001	李昊	销售部	2012/5/13		
3	11002	郭克龙	销售部	2013/5/20		
4	11003	朱莉	人事部	2010/5/10		
5	11004	何娟	人事部	2014/4/30		
6	11005	王艳	行政部	2013/5/25		
7	11006	张权	销售部	2012/5/8		
8	11007	董岱	企划部	2013/5/8		
9	11008	吴海军	销售部	2013/4/28		
10	11009	陈燕飞	企划部	2011/6/1		
11	11010	赵坤耀	财务部	2009/3/20		
12						

图 8-33　原始表格

图 8-34　插入表格

步骤 02 完成上一步操作后，弹出如图 8-35 所示的"创建表"对话框，由于已经提前选择好表数据的来源，所以这里直接单击"确定"按钮。此时工作表的数据区域变为如图 8-36 所示的样式。

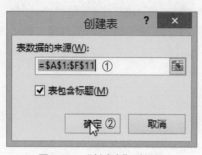

图 8-35 "创建表"对话框

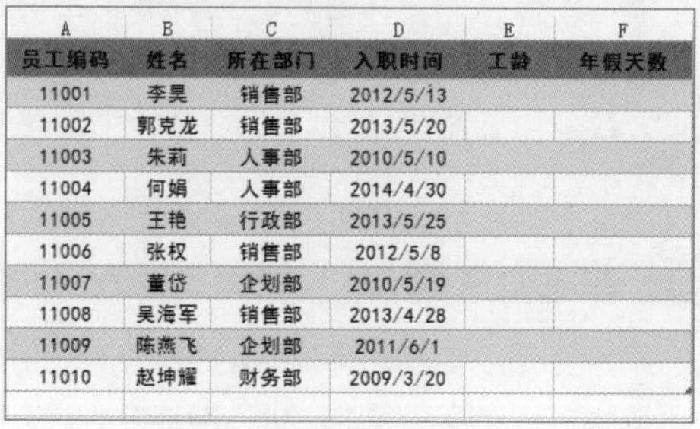

图 8-36 创建后的表样式

步骤 03 在表头插入一行，用来显示当前日期，如图 8-37 所示。在 E1 单元格中输入"=TODAY()"，显示当前系统日期。

步骤 04 在 E3 单元格中输入公式"=DATEDIF(D3,$E$1,"Y")"，如图 8-38 所示，然后单击编辑栏中的"输入"按钮。

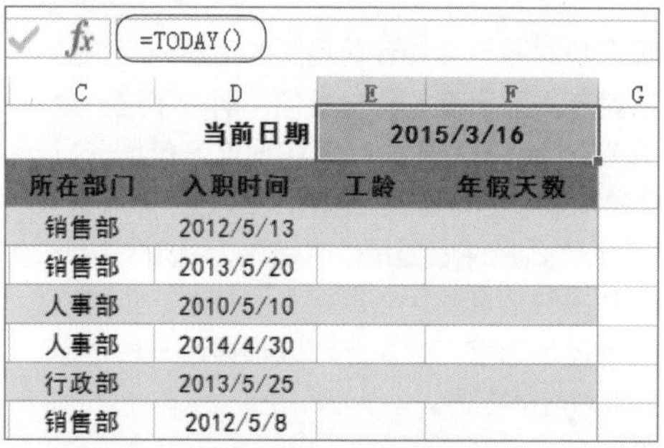

图 8-37 显示当前日期

图 8-38 输入计算工龄的公式

步骤 05 此时表格中自动计算所有员工的工龄，如图 8-39 所示。这就是在步骤 01 中插入表格的原因，它可以根据输入的公式自动填充单元格内容。

步骤 06 计算出员工工龄后，就需要根据工龄数据计算员工的年假天数了。在 F3 单元格中输入公式"=IF(E3<1,0,IF(E3<3,5,IF(E3<5,7,IF(E3<7,10,15))))"，如图 8-40 所示。

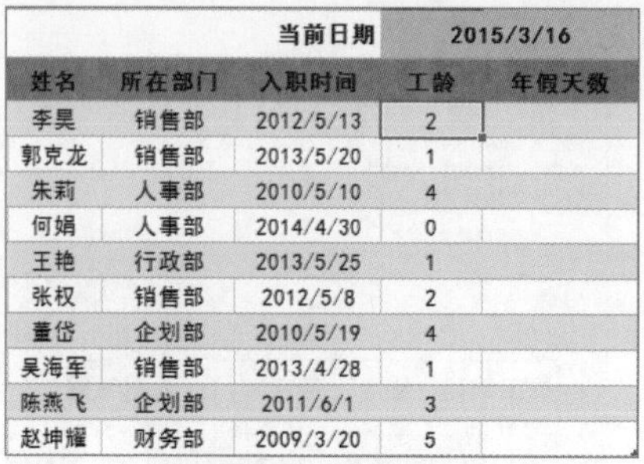

图 8-39 计算工龄结果

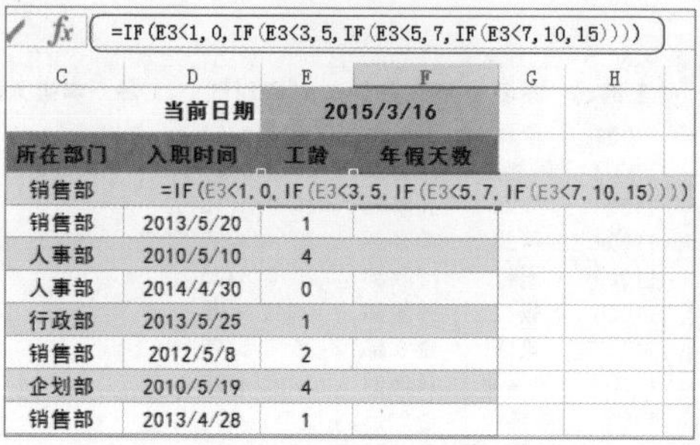

图 8-40 输入计算年假天数的公式

步骤 07 输入公式后按 Enter 键，表格区域也会自动计算 F 列单元格的值，如图 8-41 所示，这样就免去了用填充柄手动填充单元格公式的操作。

			当前日期		2015/3/16	
员工编码	姓名	所在部门	入职时间	工龄	年假天数	
11001	李昊	销售部	2012/5/13	2	5	
11002	郭克龙	销售部	2013/5/20	1	5	
11003	朱莉	人事部	2010/5/10	4	7	
11004	何娟	人事部	2014/4/30	0	0	
11005	王艳	行政部	2013/5/25	1	5	
11006	张权	销售部	2012/5/8	2	5	
11007	董岱	企划部	2010/5/19	4	7	
11008	吴海军	销售部	2013/4/28	1	5	
11009	陈燕飞	企划部	2011/6/1	3	7	
11010	赵坤耀	财务部	2009/3/20	5	10	

图 8-41 最终表格

知识延伸

选取数据区域并插入表格可以快速填充单元格公式，其实除了这个功能外，通过"表格工具"中的选项还可以汇总列数据，如图 8-42 所示是应用了表格的数据区域，单击表格区域任一单元格，然后在"表格工具 > 设计"选项卡下的"表格样式选项"组中勾选"汇总行"复选框，如图 8-43所示，此时表格区域会增加汇总行，并统计出汇总结果，如图 8-44 所示。

姓名	3月销售额
李昊	25000
郭克龙	36000
朱莉	12580
何娟	41880

图 8-42 表数据

开发工具	加载项	POWERPIVOT
☑ 标题行	☐ 第一列	☐ 筛选按钮
☑ 汇总行	☐ 最后一列	
☑ 镶边行	☐ 镶边列	
	表格样式选项	

图 8-43 汇总行

姓名	3月销售额
李昊	25000
郭克龙	36000
朱莉	12580
何娟	41880
汇总	115460

图 8-44 汇总结果

8.5 根据性别判断退休日期

我们企业至今已有 50 多年历史，在这样的大企业中，每天都要做很多人事方面的工作，最近在统计老员工的退休日期，还不知道怎么计算呢！

要在 Excel 中计算员工的退休日期，必须知道两个必备条件，即员工的出生日期和明确的退休年龄，然后使用 EDATE 函数返回指定的月份数后的日期。

对于人力资源管理者来说，其工作的核心就是对企业的人力资源进行规划和配置，而人力资源的规划所涉及的工作也是多方面的。在前面的几章内容中重点介绍了以企业为中心所制定的人员规划，其实当企业经历的年限较长时，就应该考虑员工的工作年限问题，这里主要是指员工的退休年龄。当员工达到退休年龄后，任何企业都不能以任何借口让退休员工继续工作。如果某一时间段退休的员工数量很大，而人力资源管理者又没有提前对公司员工做长远的退休统计，这样必然会增大企业的人员缺口。

因此，无论你在什么企业，只要你从事了人力资源工作，就应该随时管理好企业的人事动态，而统计员工的退休日期也是不可忽视的工作，因为它会影响后期人员的数量和职位的变动。推算员工的退休日期主要是根据员工的性别、出生日期以及国家对退休年龄的规定。1978 年国务院颁布的 104 号文件就指出男同志的退休年龄为 60 周岁，女同志的退休年龄为 50 周岁。

📖 举例说明

原始文件：实例文件 >08> 原始文件 >8.5 退休日期 .xlsx
最终文件：实例文件 >08> 最终文件 >8.5 最终表格 .xlsx

实例描述： 某企业有一批老员工一直在公司任职，由于工作年限较长，大多都有 15 年以上的工作期限，为了更好地管理人事动态，需要统计出这批员工的退休日期，这里以男 60 岁、女55 岁为退休年龄。

应用分析：

如果员工的退休日期没有男女之分，则直接在出生日期的基础上加上退休年龄，不但其操作过程简单，其计算的原理也很容易理解。实际中，由于男女在同一年龄的身体状况不一样，所以男女同志的退休年龄是有区别的。因此在计算不同性别的退休日期时就需要分 3 步走：第一步是判断员工的性别，用 IF 函数就能解决；然后根据判断的结果返回不同的月份数，其实也就只有两个结果，即性别为男的月份数和性别为女的月份数；最后使用 EDATE 函数返回出生日期之后的月份数。

📚 步骤解析

步骤 01 打开 "实例文件 >08> 原始文件 >8.5 退休日期 .xlsx" 工作簿，如图 8-45 所示。为了方便计算，这里需要为表格套用系统提供的表样式。

步骤 02 先选取数据区域 A1:E11，然后在 "开始" 选项卡下的 "样式" 组中单击 "套用表格格式" 下三角按钮，再在展开的样式列表中选择 "表样式浅色 10"，如图 8-46 所示。

A	B	C	D	E
员工编号	姓名	性别	所在部门	出生年月
55111	向玉碗	女	财务部	1975/4/22
55112	程倩	女	人事部	1962/9/18
55113	魏佳琳	女	财务部	1973/10/10
55114	张珂峰	男	销售部	1965/8/30
55115	赵玉龙	男	销售部	1956/12/23
55116	李可	男	广告部	1958/3/20
55117	吴娟	女	人事部	1960/8/25
55118	李海成	男	销售部	1967/5/11
55119	王飞龙	男	广告部	1975/7/30
55120	朱大	男	销售部	1959/6/6

图 8-45　原始表格

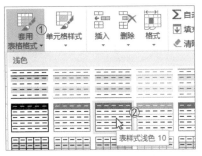

图 8-46　选择表格样式

步骤 03　弹出如图 8-47 所示的"套用表格式"对话框,直接单击"确定"按钮确认数据来源。此时所选数据区域变成如图 8-48 所示的样式,且首行自动启用了筛选器。

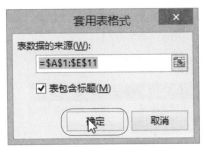

图 8-47　确认数据来源

图 8-48　套用后的效果

步骤 04　在 F1、G1、H1 单元格中分别输入"入职日期""工龄""退休日期",且每输入完一个单元格并按其他键后,单元格所在列会自动套用表格样式,其最终结果如图 8-49 所示。

	A	B	C	D	E	F	G	H
1	员工编号	姓名	性别	所在部门	出生年月	入职日期	工龄	退休日期
2	55111	向玉碗	女	财务部	1975/4/22			
3	55112	程倩	女	人事部	1962/9/18			
4	55113	魏佳琳	女	财务部	1973/10/10			
5	55114	张珂峰	男	销售部	1965/8/30			
6	55115	赵玉龙	男	销售部	1956/12/23			
7	55116	李可	男	广告部	1958/3/20			
8	55117	吴娟	女	人事部	1960/8/25			
9	55118	李海成	男	销售部	1967/5/11			
10	55119	王飞龙	男	广告部	1975/7/30			
11	55120	朱大	男	销售部	1959/6/6			

图 8-49　添加列标志

步骤 05　输入员工的入职日期,然后根据入职日期计算员工的工龄,如图 8-50 所示。在 G2 单元格中输入公式"=DATEDIF([@ 入职日期],TODAY(),"Y")",该公式中的 [@ 入职日期] 其实就是 F 列数据,由于应用了表格样式,所以选择某个单元格时就会以 @ 的形式表示。输完公式按 Enter 键后,G 列中的单元格就计算出了工龄值,如图 8-51 所示。

`=DATEDIF([@入职日期],TODAY(),"Y")`

所在部门	出生年月	入职日期	工龄
财务部	1975/4/22	1999/6/12	=DATEDIF([@
人事部	1962/9/18	1990/6/10	
财务部	1973/10/10	1992/6/18	
销售部	1965/8/30	1986/6/30	
销售部	1956/12/23	1980/6/9	
广告部	1958/3/20	1988/5/29	
人事部	1960/8/25	1990/5/23	

图 8-50　输入函数计算工龄

出生年月	入职日期	工龄	退休日期
1975/4/22	1999/6/12	15	
1962/9/18	1990/6/10	24	
1973/10/10	1992/6/18	22	
1965/8/30	1986/6/30	28	
1956/12/23	1980/6/9	34	
1958/3/20	1988/5/29	26	
1960/8/25	1990/5/23	24	
1967/5/11	1989/5/28	25	
1975/7/30	2000/6/11	14	
1959/6/6	1983/6/22	31	

图 8-51　计算出工龄值

步骤 06　计算员工工龄主要是了解员工的入职时间，作为后期的一个参考数据。接下来需要推算员工的退休日期了。如图 8-52 所示，在 H2 单元格中输入公式 "=EDATE([@ 出生年月],12*(IF([@ 性别]=" 男 ",60,55)))"，该公式是先判断员工的性别，若为 "男" 就用 60*12，为 "女"，就用 55*12。有关 EDATE 函数的用法会在知识延伸部分细讲。

LOG						fx	`=EDATE([@出生年月],12*(IF([@性别]="男",60,55)))`

	员工编号	姓名	性别	所在部门	出生年月	入职日期	工龄	退休日期
1	A	B	C	D	E	F	G	H
2	55111	向玉碗	女	财务部	1975/4/22	1999/6/12	15	=EDATE([@出
3	55112	程倩	女	人事部	1962/9/18	1990/6/10	24	
4	55113	魏佳琳	女	财务部	1973/10/10	1992/6/18	22	
5	55114	张珂峰	男	销售部	1965/8/30	1986/6/30	28	
6	55115	赵玉龙	男	销售部	1956/12/23	1980/6/9	34	
7	55116	李可	男	广告部	1958/3/20	1988/5/29	26	
8	55117	吴娟	女	人事部	1960/8/25	1990/5/23	24	
9	55118	李海成	男	销售部	1967/5/11	1989/5/28	25	
10	55119	王飞龙	男	广告部	1975/7/30	2000/6/11	14	
11	55120	朱大	男	销售部	1959/6/6	1983/6/22	31	

图 8-52　输入函数推算退休日期

步骤 07　待推算出员工的退休日期后，再将退休日期按升序排列，以便查看哪些员工会在最近几年退休，结果如图 8-53 所示。

员工编号	姓名	性别	所在部门	出生年月	入职日期	工龄	退休日期
55117	吴娟	女	人事部	1960/8/25	1990/5/23	24	2015/8/25
55115	赵玉龙	男	销售部	1956/12/23	1980/6/9	34	2016/12/23
55112	程倩	女	人事部	1962/9/18	1990/6/10	24	2017/9/18
55116	李可	男	广告部	1958/3/20	1988/5/29	26	2018/3/20
55120	朱大	男	销售部	1959/6/6	1983/6/22	31	2019/6/6
55114	张珂峰	男	销售部	1965/8/30	1986/6/30	28	2025/8/30
55118	李海成	男	销售部	1967/5/11	1989/5/28	25	2027/5/11
55113	魏佳琳	女	财务部	1973/10/10	1992/6/18	22	2028/10/10
55111	向玉碗	女	财务部	1975/4/22	1999/6/12	15	2030/4/22
55119	王飞龙	男	广告部	1975/7/30	2000/6/11	14	2035/7/30

图 8-53　退休日期按升序排列后的结果

🔆 知识延伸

1. EDATE 函数

EDATE 函数的语法格式为：EDATE(start_date,months)，返回某个日期的序列号，该日期与指定日期（start_date）相隔（之前或之后）指示的月份数，使用 EDATE 函数可以计算与发行日处于一月中同一天的到期日的日期。

如本节实例中的公式 "=EDATE([@ 出生年月],12*(IF([@ 性别]=" 男 ",60,55)))"， 第二个参数表示退休年龄乘以 12 得到从出生到退休所经历的所有月份数，然后在出生日期的基础上延长这个月份数就是员工的退休日期。例如公式 "=EDATE("1960/8/25",12*60)"，就是计算 1960 年 8 月 25 日之后的 720 个月的日期，得到的结果就是 2020 年 8 月 25 日。

在使用 EDATE 函数时要特别注意以下两点。

（1）由于 EDATE 函数返回的结果是日期格式，所以若单元格的格式为常规类型，需要设置为日期格式。

（2）在 EDATE 函数中输入日期序列时需要加上引号，否则结果有误，若是引用的单元格或定义的名称就不需加引号。如图 8-54 所示列出了上述几种情况，其中加橙色底纹的单元格才是正确结果。

	J	K	L	M	N	O
1	开始日期	月份数	引用单元格结果	常规格式结果	输入日期不加引号的结果	输入日期加引号的结果
2	1988/5/20	24	1990/5/20	33013	1902/1/19	1990/5/20
3	对应的公式		EDATE (J2, K2)	EDATE (J2, K2)	EDATE (1988/5/20, 24)	EDATE ("1988/5/20", 24)
4						
5						

图 8-54　不同情况的对比

2. EOMONTH 函数

在 8.3 节的知识延伸部分介绍过 EOMONTH 函数，这个函数的语法格式与 EDATE 函数的语法格式是一样的，但是它们返回的结果有本质区别。下面举例对比这两个函数的区别，如表 8-3 所示。

表 8-3　EDATE 函数与 EOMONTH 函数的区别

函数名	语　法	作　用	举　例	结　果
EDATE	EDATE(start_date,months)	返回 start_date 之前或之后指定月份数后的日期	EDATE（"1990/9/10"，10）	1991/7/10
EOMONTH	EOMONTH(start_date,months)	返回 start_date 之前或之后指定月份中最后一天的日期	EOMONTH（"1990/9/10"，10）	1991/7/31

第 9 章

员工业绩分析

9.1 在图表中突显周数据

我们的销售数据都是每周分析一次，特别是每周日的数据。经过前段时间的统计发现，一到周日销售情况就特别好！为了能用图表向领导说明这一情况，特意在图上做了批注！

你是想通过图表重点分析周日的数据，也就是通过图表突出显示周日的值。这在数据源中还是比较容易实现的，若要在图表中也特别表示出来，就真需要费点脑筋了。

利用图表分析数据一直是公认的最简单易懂的方法，也是领导最愿意看到的直观效果。尽管表格与图表展示的数据信息是一样的，但大多数人会更倾向于阅读图表，因为以图形的长短或面积大小进行对比会比阅读枯燥的文字更轻松、更好理解。然而在这些基础图表中，如果只是以默认的图表样式来表示数据，并不能达到最优的表现效果，所以还应该根据需要对图表做一些改变，使其表现出特殊的效果，如第 7 章中介绍的甘特图、直方图等。本节就以柱形图为例来分析在一段时间内的销售数据，目的是通过图表将这段时间内周日的数据突出显示出来。

在显示特殊日期内的数据时，需要为图表添加辅助数据，这些辅助数据还需要通过函数来实现，因为这些辅助数据就是用来达到图表中某种特殊效果的，因此不能随便输入，它必须是与需求相关的。

📖 举例说明

原始文件：实例文件 >09> 原始文件 >9.1 周数据 .xlsx
最终文件：实例文件 >09> 最终文件 >9.1 最终表格 .xlsx

实例描述：有一组 2015/3/1 至 2015/3/10 的销售数据，也就是 3 月上旬的数据，以该数据源创建图表，并将这段时间中周日的数据用突出的颜色显示出来，以达到重点分析周数据的目的。

应用分析：

要想在图表中突出显示某个日期的数据，常规方法是在图表中选中该日期所代表的图形，一般为柱形图中的某个柱形，然后通过改变柱形的填充颜色来突出显示。本节要介绍的方法就是通过添加辅助数据并使用 WEEKDAY 函数，将周日的销售数据在辅助列中显示出来，非周日的数据以错误值代码显示，而错误值代码在图表中默认为 0。因此添加辅助数据后的图表就显示了重复的周日数据，然后设置某一组数据的柱形为无色，这样就能实现周日数据的特殊显示。

▦▦ 步骤解析

步骤 01　打开"实例文件 >09> 原始文件 >9.1 周数据 .xlsx"工作簿，如图 9-1 所示。为了分析 3 月上旬的销售情况，将原始表格中的数据做成图表进行直观的展现。

步骤 02　由于周日的数据是每周关注的重点，因此在制作图表时要重点突出周日的数据。这里需要添加一列辅助数据，如图 9-2 所示，在 C1 单元格中输入"周日"，然后在 C2 单元格中输入公式"=B2/(WEEKDAY(A2,2)=7)"，将结果填充在下方单元格区域。

	A	B	C
1	日期	销售额	
2	2015/3/1	5250	
3	2015/3/2	4690	
4	2015/3/3	2890	
5	2015/3/4	3530	
6	2015/3/5	4410	
7	2015/3/6	3100	
8	2015/3/7	2800	
9	2015/3/8	4990	
10	2015/3/9	5120	
11	2015/3/10	2840	

图 9-1　原始表格

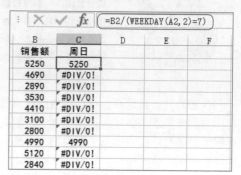

B	C
销售额	周日
5250	5250
4690	#DIV/0!
2890	#DIV/0!
3530	#DIV/0!
4410	#DIV/0!
3100	#DIV/0!
2800	#DIV/0!
4990	4990
5120	#DIV/0!
2840	#DIV/0!

fx　=B2/(WEEKDAY(A2, 2)=7)

图 9-2　添加辅助列

步骤 03　选取单元格区域 A1:C11，然后在"插入"选项卡下的"图表"组中选择柱形图中的"簇状柱形图"，如图 9-3 所示。插入图表后可看到默认的图表样式，如图 9-4 所示。

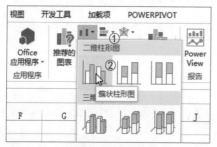

图 9-3　插入图表

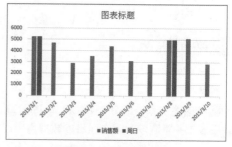

图 9-4　默认的图表样式

步骤 04　在图表中选择蓝色系列（也可以是朱红色系列）并右击，然后在展开的列表中选择"设置数据系列格式"选项，如图 9-5 所示。此时会弹出"设置数据系列格式"窗格，在"系列选项"下设置"系列重叠"值为 100%，如图 9-6 所示。

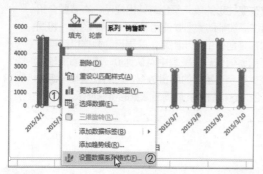

图 9-5　设置数据系列格式

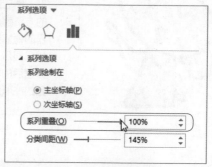

图 9-6　设置系列重叠值

步骤 05 经过对数据系列格式进行调整后，可看到默认的图表变为如图 9-7 所示的效果。这里可以明显看出在所有的日期中，3 月 1 日和 3 月 8 日的柱形以突出的颜色显示，这两个日期恰好是 3 月上旬的周日。

步骤 06 选中图表，在"图表工具 > 设计"选项卡下的"图表布局"组中单击"添加图表元素"下三角按钮，然后在下拉列表中指向"图例"选项，在展开的列表中选择"顶部"命令，如图 9-8 所示。

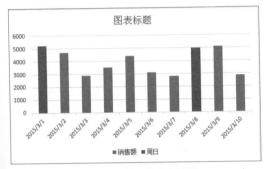

图 9-7　调整后的图表效果

图 9-8　设置图表图例

步骤 07 在图表中双击横坐标标签，然后在"设置坐标轴格式"窗格中单击"数字"右三角按钮，在展开的列表中单击"类型"下方文本框的下三角按钮，设置日期的类型为 3/14，如图 9-9 所示。

步骤 08 经过上述图表格式的设置后，在图表标题文本框中输入标题"3 月上旬销售情况"，得到如图 9-10 所示的图表效果。步骤 06 和步骤 07 是对图表的优化处理。

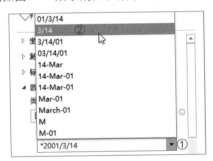

图 9-9　设置日期类型

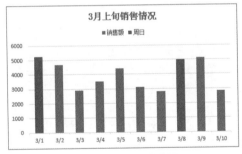

图 9-10　最终图表效果

知识延伸

1. WEEKDAY 函数

在本节实例中使用了 WEEKDAY 函数，该函数的作用是返回指定日期是星期几。语法格式为：WEEKDAY(serial_number,return_type)，参数 serial_number 表示一个顺序的序列号，代表要查找的那一天的日期；参数 return_type 可以是 1、2，也可以省略，当 return_type 参数为 1 或省略时，星期日显示为 1；当该参数为 2 时，星期日显示为 7，很显然我们习惯用 7 表示星期日。

如要计算"2015/5/20"是星期几，则在单元格中输入公式"=WEEKDAY(DATE (2015,5,20),2)"，则结果会显示 3，即这个日期是星期三。

在实例中我们可以看到 C 列的公式中只有周日的数据正常显示出来，借用这个原理，我们可以将日期是周六和周日的数据也正常显示，这样就可以在图表中突出显示周末的数据。

如图 9-11 所示的表内容，在 C2 单元格中输入公式"=B2/(7-WEEKDAY(A2,2)<2)"，这样周六和周日的数据就能正常显示出来。使用本节实例中介绍的制作图表的方法，以图 9-11 中的数据为源数据创建图表，结果如图 9-12 所示。

	A	B	C	D
1	日期	销售额	周末	
2	2015/4/1	=B2/ (7-WEEKDAY (A2, 2) <2)		
3	2015/4/2	4690	#DIV/0!	
4	2015/4/3	2890	#DIV/0!	
5	2015/4/4	3530	3530	
6	2015/4/5	4410	4410	
7	2015/4/6	3100	#DIV/0!	
8	2015/4/7	2800	#DIV/0!	
9	2015/4/8	4990	#DIV/0!	
10	2015/4/9	5120	#DIV/0!	
11	2015/4/10	2840	#DIV/0!	
12	2015/4/11	3980	3980	
13	2015/4/12	4050	4050	
14	2015/4/13	2950	#DIV/0!	
15	2015/4/14	3120	#DIV/0!	
16	2015/4/15	1990	#DIV/0!	

图 9-11　显示周末的数据

图 9-12　制作的图表

2. 图表标题的快速输入

图表中的标题一般都是手动在文本框中输入的，其实除了这种最常见的输入方式外，还可以通过单元格引用的方式输入图表标题。

由于图表的数据源中一般都含有标题名称，所以在创建后的图表中可以直接引用。如图 9-13 所示，在图

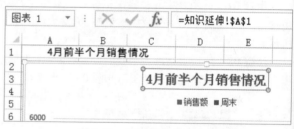

图 9-13　在编辑栏中输入公式

表中选择标题文本框，然后在编辑栏中输入需要被引用的标题单元格公式"= 知识延伸！$A$1"，此时图表中的标题就会随之而变动。

⇨ 9.2　在图表中分析多个变量

昨天经理让我做一个图表，要在图中显示销量和销售额数据！当时我以为是分开展示也就没多问，可当我把结果交给领导看的时候就被批评了，说我不会做图！难道可以同时在图表中展示多个变量？

当然可以在同一个图表中展示多个变量了，你在做图表的时候难道没有注意还有一类"组合"图吗？它就是将多个图表融合在一起分析多个变量的，不过一般都只用两种图形进行组合。

在分析员工的业绩情况时，常以销量和销售额指标进行分析，因为这是与员工绩效关系最大的一部分。由于在表格中分析这些数据不太容易形成对比或查看趋势，所以会将这些数据转化成图表形式。但是在用图表分析这些数据时，很多人是将这两个指标分开描述的，问其原因就是，如果放在一起分析，会因为坐标轴的衡量单位不统一而造成错觉，达不到真正有效分析数据的目的。遇到这样的情况时就需要对图表做一些更改，这不再是 9.1 节中介绍的添加辅助列数据能实现的，而是要改变图表默认的种类和样式。

默认的图表类型有常用的柱形图、折线图、饼图、条形图、面积图、散点图，还有使用频率相对较小的股价图、雷达图以及本节要介绍的组合图。组合图是以至少两个数据系列为数据源所创建的图形，其组合的样式大多是以柱形图与折线图或面积图与折线图进行组合。

举例说明

原始文件：实例文件 >09> 原始文件 >9.2 月数据 .xlsx

最终文件：实例文件 >09> 最终文件 >9.2 最终表格 .xlsx

实例描述：在原始文件中有一张 2014 年上半年公司销量与销售额数据，现要根据这些数据创建图表，并通过图表实现直观的数据分析。

应用分析：

一般来说，创建图表的数据源都是同一个系列中的多个值，如一段时间内的销量或一段时间内的销售额。此处需要分析的是同一时间坐标下销量值和销售额值的变化趋势。由于这两个指标的单位不统一，所以在分析这两个指标时要各用一个刻度值，这其实就是组合图中常用的方法，一般是柱形图和折线图的组合使用，并用主要 Y 轴坐标表示柱形图的刻度，而折线图启用次坐标。这样搭配使用就能解决同时分析两个变量的问题。

步骤解析

步骤 01 打开"实例文件 >09> 原始文件 >9.2 月数据 .xlsx"工作簿，如图 9-14 所示，表中记录了 2014 年上半年 6 个月销售人员的总业绩情况，包括每月产品的销售数量和每月的销售额。

步骤 02 为了能直观对比各月的业绩情况，现以图 9-14 中的数据源制作图表。选取数据区域 A2:C8，然后插入柱形图，如图 9-15 所示。虽然销量和销售额不能用相同的单位度量，但是默认的柱形图是将这两个指标识别为同性质的。

	A	B	C
1	2014上半年销售情况表		
2	月份	销量/件	销售额/元
3	1月	1250	137500
4	2月	1360	134640
5	3月	1690	167310
6	4月	2210	218790
7	5月	1990	197010
8	6月	2370	234630
9			

图 9-14　原始表格

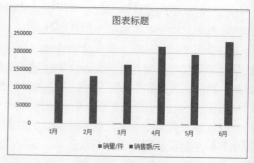

图 9-15　插入柱形图

步骤 03　由于不能用同一纵坐标去衡量销量和销售额数据，因此需要对图表做一些改善，使其达到销量数据对应左侧的纵坐标值，销售额数据对应右侧的纵坐标值。其方法就是选择图表，在"图表工具＞设计"选项卡下的"类型"组中单击"更改图表类型"按钮，如图 9-16 所示。

步骤 04　完成上一步操作后会弹出"更改图表类型"对话框，选择对话框左侧列表中的最后一个"组合"选项，如图 9-17 所示，即用组合图解决了上一步中的问题。

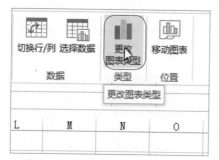

图 9-16　单击"更改图表类型"按钮

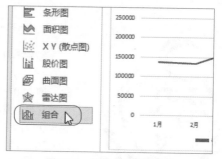

图 9-17　选择"组合"选项

步骤 05　选择组合图后，在右下方区域显示系列的名称和图表类型，当选择组合图后，原图中的两个柱形图中，销售额系列会默认为折线图。这时，勾选"折线图"后的"次坐标轴"复选框，即图中的销售额数据用折线图表示，且它的度量单位显示在右侧的次坐标轴中，如图 9-18 所示。

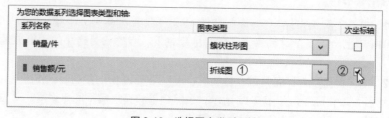

图 9-18　选择图表类型和轴

步骤 06　返回工作表中，可看到原来的图表变为如图 9-19 所示的样式，即表示销售额的系列用折线表示，这样才能同时对比不同月份间的销量和销售额数据。

步骤 07　选中图表，然后单击图表边缘的"图表元素"按钮，并在展开的列表中单击"图例"右三角按钮，然后选择"顶部"选项，如图 9-20 所示。这一步骤是将原来位于图表下方的图例显示在图表顶部。

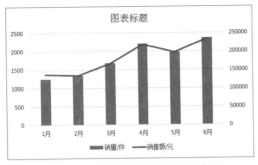

图 9-19 表示销售额的系列用折线表示

图 9-20 设置图例

步骤 08 同样，在"图表元素"列表中，先勾选"数据标签"复选框，然后单击"数据标签"右三角按钮，再选择"上方"选项，如图 9-21 所示。此操作会同时将销量和销售额的数据标签显示出来，由于销量的数值相对较小，通过坐标轴也方便查看，所以此处只需显示销售额的数据标签。

步骤 09 对图例和数据标签的格式进行设置后，在图表中输入图表标题，然后根据实际情况修改图表颜色，最后得到如图 9-22 所示的图表。通过组合图的使用，能很好地分析不同指标的数据，从多个角度分析业绩数据才能做出合理的判断。

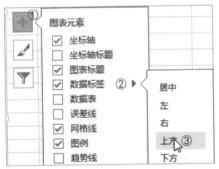

图 9-21 设置数据标签

图 9-22 最终图表

知识延伸

1. 图表布局

在本节的实例中通过"图表元素"按钮可以设置图例位置和数据标签的显示，此外还可以通过"图表布局"功能来显示不同样式的图表。这种样式之间的差异主要体现在图例、数据标签、坐标轴等之间的不同。如图 9-23 所示是在"图表工具 > 设计"选项卡下单击"图表布局"组中的"快速布局"下三角按钮后的列表，这里将实例中的图表设置成"布局 5"样式，结果如图 9-24 所示。这种方式可以直接对默认的图表设置布局，免去了单独对图例、坐标轴等的设置。

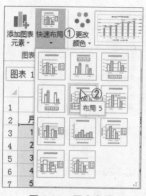

图 9-23　图表布局

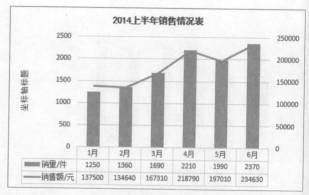

图 9-24　重设布局后的效果

2. 功能区的"添加图表元素"按钮

在设置图表元素时,大多数情况下是先选中图表,然后直接在旁边的"图表元素"浮动按钮中进行设置,其实在图 9-23 中的"快速布局"按钮旁边有一个"添加图表元素"按钮,单击此按钮也能设置图表的不同元素。如图 9-25 所示,选择列表中的"轴标题 > 主要纵坐标轴"选项,就能取消图 9-24 中的纵坐标标题,结果如图 9-26 所示。

图 9-25　添加图表元素

图 9-26　更改后的效果

9.3　员工的综合能力分析

以前在每周的例会上,领导只关心销售部人员的销售业绩,但是最近我发现他们问的都是员工的综合能力如何?这对我来说太抽象了,我没法用数据去汇报这项工作,我该怎么办?

作为公司最高层领导,所关注的焦点确实是一个综合数值,不像部门经理只关心与他有关的数据。毕竟公司的整体水平上去了才能更好地发展。至于要如何去量化就是接下来要讲的。

分析员工的综合能力是人力资源工作者在后期的人员管理工作中最核心的任务。而"综合能力"指标本身是一个很抽象的概念,要想分析出有价值的东西,就需要找到能量化"综合能力"指标的数据。在工作中,我们常用业绩和工作态度反映员工的综合能力,业绩的考核可以从客户数据中进行统计,也可以从每月的出货量中进行考核;而工作态度可以通过考勤数据进行分析。这些指标是每个公司都会有的记录。由于每个公司的性质不一样,所考核的重心也就有所不同,如以销售为主的行业,会增大业绩的考核比重,而服务行业会增大工作态度的考核比重等。无论是哪种性质的企业,对于人力资源工作者来说,找出考核指标是基础,量化指标是关键,分析数据找到解决方案是目标。所以在人力资源管理工作中,能学习一种方法去量化员工的成绩是必不可少的准备工作。

举例说明

原始文件:实例文件 >09> 原始文件 >9.3 绩效考核 .xlsx
最终文件:实例文件 >09> 最终文件 >9.3 最终表格 .xlsx
实例描述: 实例文件中有员工在 2015 年前 3 个月的销售业绩数据和相应的出勤记录,根据员工的出勤记录和销售业绩,分析员工第 1 季度的综合能力,将综合能力这个指标量化出来。

应用分析:

综合能力是一个抽象的概念,若要分析公司员工综合能力的高低,就需要量化这个指标,而综合能力这项指标主要体现在员工的业绩和工作态度上。业绩可以通过销售数据来直接体现,工作态度就需要通过考勤记录进行换算。在分析员工综合能力时,一定要分配好相关指标的比例,如工作态度占综合能力的 45%,而业绩成绩占综合能力的 55%。通过这种方式还可以添加其他的考核项进行分析。而实例描述中的季度成绩是根据 3 个月综合成绩的平均值求得的。

步骤解析

步骤 01 打开"实例文件 >09> 原始文件 >9.3 绩效考核 .xlsx"工作簿,如图 9-27 所示,该工作簿中记录了员工在 1、2、3 月份的出勤记录和销售业绩。这里需要根据销售业绩和缺勤记录推算员工的工作态度和工作能力。

步骤 02 由于该工作簿中的 3 个工作表样式一样,所以可以同时对这 3 个工作表进行操作。先选中"1 月"工作表标签,然后按住 Ctrl 键并依次选中"2 月"和"3 月"工作表标签,此步骤就是同时选中 3 个工作表。然后在 E3 单元格中输入公式"=30-D3",如图 9-28 所示,计算出员工的出勤量后填充其他单元格中的值。

员工绩效考核表

员工编码	姓名	销售业绩	缺勤记录	出勤量	工作态度	工作能力
10002	吴昊	6200	1.5			
10003	甄天华	7600	0.5			
10004	向雨露	5900	1			
10005	朱洁发	8800	0			
10006	李毅	7900	0			
10009	谭毅	600	1.5			
10007	魏漾	7200	1			
10008	王松平	7500	1			
10010	何飞龙	6800	2			
10001	张燕	9300	0			

图 9-27 绩效考核表

E3 =30-D3

员工绩效考核表

员工编码	姓名	销售业绩	缺勤记录	出勤量	工作态度	工作能力
10002	吴昊	6200	1.5	28.5		
10003	甄天华	7600	0.5	29.5		
10004	向雨露	5900	1	29		
10005	朱洁发	8800	0	30		
10006	李毅	7900	0	30		
10009	谭毅	600	1.5	28.5		
10007	魏漾	7200	1	29		
10008	王松平	7500	1	29		
10010	何飞龙	6800	2	28		
10001	张燕	9300	0	30		

图 9-28 计算出勤量

步骤 03 计算出所有员工的出勤量后，就可以用出勤量来量化“工作态度”这个指标了。由于每月按 30 天计算，所以此处在出勤量的基础上乘以 1.5 便可得到工作态度的值，如图 9-29 所示是用“出勤量”的值乘以 1.5 后的结果。

步骤 04 每月员工的目标业绩是 10000，因此要量化工作能力指标，就需要在销售业绩基础上乘以 0.55%，如图 9-30 所示就是根据销售业绩计算出的工作能力值。

=E3*1.5

员工绩效考核表

姓名	销售业绩	缺勤记录	出勤量	工作态度	工作能力
吴昊	6200	1.5	28.5	42.8	
甄天华	7600	0.5	29.5	44.3	
向雨露	5900	1	29	43.5	
朱洁发	8800	0	30	45.0	
李毅	7900	0	30	45.0	
谭毅	600	1.5	28.5	42.8	
魏漾	7200	1	29	43.5	
王松平	7500	1	29	43.5	
何飞龙	6800	2	28	42.0	
张燕	9300	0	30	45.0	

图 9-29 计算工作态度值

G3 =C3*0.0055

员工绩效考核表

员工编码	姓名	销售业绩	缺勤记录	出勤量	工作态度	工作能力
10002	吴昊	6200	1.5	28.5	42.8	34.1
10003	甄天华	7600	0.5	29.5	44.3	41.8
10004	向雨露	5900	1	29	43.5	32.5
10005	朱洁发	8800	0	30	45.0	48.4
10006	李毅	7900	0	30	45.0	43.5
10009	谭毅	600	1.5	28.5	42.8	3.3
10007	魏漾	7200	1	29	43.5	39.6
10008	王松平	7500	1	29	43.5	41.3
10010	何飞龙	6800	2	28	42.0	37.4
10001	张燕	9300	0	30	45.0	51.2

图 9-30 计算工作能力值

步骤 05 经过上面的计算后，工作簿中的 3 个工作表都同时计算出不同月份员工的成绩，重新选择工作表 3 就可以查看该工作表中的结果。如图 9-31 所示是计算出的 3 月份的结果。

步骤 06 确认“2 月”和“3 月”工作表中的结果后，还需要再次选中这 3 个工作表，然后在 H 列新增一列“考核成绩”，并将“工作态度”值和“工作能力”值作为考核的最终成绩，如图 9-32 所示是合计后的结果。

G3 =C3*0.0055

员工绩效考核表

员工编码	姓名	销售业绩	缺勤记录	出勤量	工作态度	工作能力
10002	吴昊	6200	1	29	43.5	34.1
10003	甄天华	7600	0	30	45	41.8
10004	向雨露	5900	0	30	45	32.45
10005	朱洁发	8800	1	29	43.5	48.4
10006	李毅	7900	0.5	29.5	44.25	43.45
10009	谭毅	600	1	29	43.5	3.3
10007	魏漾	7200	2	28	42	39.6
10008	王松平	7500	0.5	29.5	44.25	41.25
10010	何飞龙	6800	1.5	28.5	42.75	37.4
10001	张燕	9300	0.5	29.5	44.25	51.15

图 9-31 3 月份的结果

=F3+G3

员工绩效考核表

姓名	销售业绩	缺勤记录	出勤量	工作态度	工作能力	考核成绩
吴昊	6200	1.5	28.5	42.8	34.1	76.9
甄天华	7600	0.5	29.5	44.3	41.8	86.1
向雨露	5900	1	29	43.5	32.5	76.0
朱洁发	8800	0	30	45.0	48.4	93.4
李毅	7900	0	30	45.0	43.5	88.5
谭毅	600	1.5	28.5	42.8	3.3	46.1
魏漾	7200	1	29	43.5	39.6	83.1
王松平	7500	1	29	43.5	41.3	84.8
何飞龙	6800	2	28	42.0	37.4	79.4
张燕	9300	0	30	45.0	51.2	96.2

图 9-32 计算考核成绩

步骤 07 计算出 3 个月的考核成绩后，需要新建一个工作表“第 1 季度”，如图 9-33 所示，并将需要的基本信息输入该工作表中。其中的考核成绩是指 1、2、3 月的平均考核成绩。

步骤 08 为了使计算更快速，可以为“第 1 季度”工作表应用表格样式，如图 9-34 所示。

	A	B	C	D	E
1	员工绩效考核表				
2	员工编码	姓名	考核成绩		
3	10002	吴昊			
4	10003	甄天华			
5	10004	向雨露			
6	10005	朱洁发			
7	10006	李毅			
8	10009	谭毅			
9	10007	魏漾			
10	10008	王松平			
11	10010	何飞龙			
12	10001	张燕			

1月 | 2月 | 3月 | 第1季度

图 9-33 新建工作表

1	员工绩效考核表		
2	员工编码	姓名	考核成绩
3	10002	吴昊	
4	10003	甄天华	
5	10004	向雨露	
6	10005	朱洁发	
7	10006	李毅	
8	10009	谭毅	
9	10007	魏漾	
10	10008	王松平	
11	10010	何飞龙	
12	10001	张燕	

图 9-34 应用表格样式

步骤 09 在该工作表的 C3 单元格中输入公式“=AVERAGE('1 月 '!H3,'2 月 '!H3,'3 月 '!H3)”，如图 9-35 所示，该公式就是根据前 3 个月的考核成绩求的平均成绩作为第 1 季度的考核成绩。输入公式后按 Enter 键，即可计算出所有员工第 1 季度的平均成绩，如图 9-36 所示。

	A	B	C	D	E
1	员工绩效考核表				
2	员工编码	姓名	考核成绩		
3	=AVERAGE('1月'!H3,'2月'!H3,'3月'!H3)				
4	10003	甄天华			
5	10004	向雨露			
6	10005	朱洁发			
7	10006	李毅			
8	10009	谭毅			
9	10007	魏漾			
10	10008	王松平			
11	10010	何飞龙			
12	10001	张燕			

图 9-35 输入公式

	A	B	C	D
1	员工绩效考核表			
2	员工编码	姓名	考核成绩	
3	10002	吴昊	77.6	
4	10003	甄天华	86.1	
5	10004	向雨露	76.2	
6	10005	朱洁发	92.9	
7	10006	李毅	88.2	
8	10009	谭毅	46.1	
9	10007	魏漾	82.9	
10	10008	王松平	85.0	
11	10010	何飞龙	80.2	
12	10001	张燕	95.7	

图 9-36 计算平均成绩

知识延伸

本节的实例只是计算出需要分析的数据——考核成绩，人力资源工作者还需要进一步分析和整理数据。将图 9-36 中的数据按“考核成绩”列进行降序排列，得到如图 9-37 所示的结果，这样就能看出公司销售部员工的成绩趋势，根据这个成绩可以划分出不同的等级，然后进行不同程度的奖励。

用户还可以制作一种雷达图来分析整个部门的平均成绩以及那些特殊的值，如图 9-38 所示就是根据 B、C 列数据制作的雷达图。熟悉雷达图的人一看就知道每一个环上就是一个值，而圆环越圆，代表各值之间的差异越小，圆

员工绩效考核表		
员工编码	姓名	考核成绩
10001	张燕	95.7
10005	朱洁发	92.9
10006	李毅	88.2
10003	甄天华	86.1
10008	王松平	85.0
10007	魏漾	82.9
10010	何飞龙	80.2
10002	吴昊	77.6
10004	向雨露	76.2
10009	谭毅	46.1

图 9-37 排序后的结果

环越大，说明部门的整体实力越强。将图表做一些优化后，可得到如图 9-39 所示的效果。从图中可以看出这个部门的第 1 季度的平均成绩在 80 分左右，其中有一个异常值，即谭毅的季度成绩只有 40 多分，分析数据背后的原因可发现，其在 1 月份的销售业绩只有 600。对于这一异常值，人事部的人应找其面谈，了解影响业绩的因素，并帮助员工加以改善。

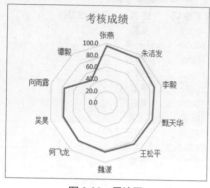

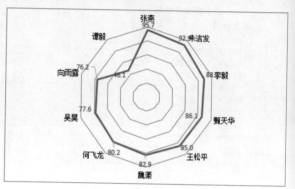

图 9-38　雷达图　　　　　　　　　　　　图 9-39　优化后的雷达图

9.4　根据排名计算奖金

我觉得关于排名问题可以用排序来解决，如对某组数据先进行降序排列，然后增加辅助列，其数据就以 1 开始的自然序列！排名的结果不就是"1、2、3、4、……"这样排列吗？

你这种理解是有偏差的，你提出的问题只适合某些特例，如所有的数据没有重复值就可以。但是，实际情况并不是这么特殊的！在排名的时候，还是要用专业的排名函数。

　　对数据进行排序是数据整理过程中常用的方法，排序的目的是将数据有规律地展示出来。但是在分析有关名次的数据时，排序是不能很好解决实际问题的。要对员工的业绩进行排名，如果使用排序的方法先对业绩数据进行降序排列，然后添加一列以 1 开头的自然序列，那么在遇到业绩相同的数据时就会出现问题，如相同的 3 个数据会排不同的名次，这其实是不符合逻辑的。排序的结果并没有与数据发生关系，它只是一组自定义序列，这么浅显易懂的道理想必大家应该都明白。所以在用名次来分析数据时，一定要用专业的排名函数 RANK（或 RANK.EQ、RANK.AVG），它能解决相同数据的排名问题。

　　分析员工的排名情况是为了查看员工的整体趋势，了解员工的工作情况，并在此基础上制定一些奖励机制，而有关奖励机制的制定可以以整个公司为主，也可以以部门为主进行设置。无论哪种形式，其制定的依据都是员工的成绩表现。

举例说明

原始文件：实例文件 >09> 原始文件 >9.4 年度排名 .xlsx

最终文件：实例文件 >09> 最终文件 >9.4 最终表格 .xlsx

实例描述：根据各季度成绩的考核汇总一份年度成绩表，也就是原始文件中的"9.4 年度排名 .xlsx"工作簿。根据年度成绩的排名，将成绩划分 5 个等级，每个等级对应一种奖励。现在要在这些员工的成绩后显示对应的奖项。

应用分析：

根据员工的不同成绩显示对应的奖励，其实也就是前面常用的 IF 函数的功能，但是在运用 IF 函数前还需要先对员工成绩进行排名，这就需要用到排名函数 RANK。这样做的目的是方便查看成绩趋势，以便对每个等级的奖项做一些调整。如成绩分布较为集中的，就需要找好等级之间的分界线，以满足员工应得到的奖励。由于这个过程主要是对两个函数的运用，所以为数据区域插入表格或应用表格样式可以快速实现填充功能。

步骤解析

步骤 01 打开"实例文件 >09> 原始文件 >9.4 年度排名 .xlsx"工作簿，如图 9-40 所示，该年度成绩是根据每季度的平均成绩计算得出的。根据年度成绩，可以事先对 D 列数据进行排序。

步骤 02 在 D 列后新增一列"排名"，然后对该工作表的数据区域应用表格样式，同样是为方便后面的计算，如图 9-41 所示。

	A	C	D	E
1	员工编码	部门	年度成绩	
2	AS001	销售部	98	
13	AS012	市场部	80	
14	AS013	人事部	92	
15	AS014	销售部	89	
16	AS015	销售部	87	
17	AS016	销售部	79	
18	AS017	销售部	85	
19	AS018	人事部	76	
20	AS019	市场部	84	
21	AS020	销售部	93	

年度成绩表

图 9-40 原始表格

	A	B	C	D	E
1	员工编码	姓名	部门	年度成绩	排名
2	AS001	王泽	销售部	98	
9	AS009	车恩宇	销售部	88	
10	AS010	宁雨涵	财务部	87	
11	AS015	谭艺林	销售部	87	
12	AS003	陈华明	销售部	86	
13	AS008	张华	销售部	86	
14	AS017	朱海	销售部	85	
15	AS002	李高	市场部	84	
16	AS019	魏俊	市场部	84	
17	AS004	褚琼	财务部	80	
18	AS012	何琳	市场部	80	
19	AS005	李飞燕	行政部	79	
20	AS016	张珏	销售部	79	
21	AS018	陈飞	人事部	76	

图 9-41 应用表格样式

步骤 03 选取 D 列的数据区域 D2:D21，然后在"公式"选项卡下的"定义的名称"组中单击"定义名称"按钮，打开"新建名称"对话框，如图 9-42 所示，在"名称"文本框中输入"年度成绩"，并单击"确定"按钮返回工作表中。

步骤 04 在 E 列的 E2 单元格中输入公式"=RANK(D2, 年度成绩)"，如图 9-43 所示，此公式中的"年度成绩"就是引用步骤 03 所定义的名称区域，这样就简化了公式的输入。

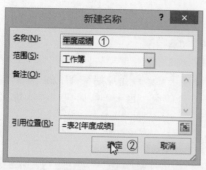

图 9-42　定义名称

图 9-43　计算排名

步骤 05　按 Enter 键即可显示排名结果，如图 9-44 所示。由于 D 列的年度成绩有相同的，所以在排名时也出现了相同的名次，相同排名的结果导致名次不是连续的。

步骤 06　如图 9-45 所示是公司对员工的奖励机制，其中明确指出奖励是按等级划分的，不是以人数的多少决定的，这种奖励机制对排名相同的员工无影响。

员工编码	姓名	部门	年度成绩	排名
AS001	王泽	销售部	98	1
AS009	牟恩宇	销售部	88	8
AS010	宁雨涵	财务部	87	9
AS015	谭艺林	销售部	87	9
AS003	陈华明	销售部	86	11
AS008	张华	销售部	86	11
AS017	朱海	销售部	85	13
AS002	李高	市场部	84	14
AS019	魏俊	市场部	84	14
AS004	褚琼	财务部	80	16
AS012	何琳	市场部	80	16
AS005	李飞燕	行政部	79	18
AS016	张珏	销售部	79	18
AS018	陈飞	人事部	76	20

图 9-44　排名结果

等级与奖项		
等级	排名	奖项
一等奖	第1名	现金10000
二等奖	前5名（不含第1名）	现金5000
三等奖	前8名（不含前5名）	现金1000
特殊奖	前15名（不含前8名）	500元旅游券
慰问奖	15名之后	保温杯

图 9-45　奖励机制

步骤 07　根据年度奖励制度，新增"奖项"F 列，然后在 F2 单元格中输入公式"=IF(E2=1,"现金10000",IF(E2<=3,"现金 5000",IF(E2<=5,"现金 1000",IF(E2<=8,"现金 500",IF(E2<=15,"500 元旅游券"," 保温杯 ")))))"，如图 9-46 所示。按 Enter 键后显示如图 9-47 所示的结果。

```
=IF(E2=1,"现金10000",IF(E2<=3,"现金5000",IF(
E2<=5,"现金1000",IF(E2<=8,"现金500",IF(E2<=
15,"500元旅游券","保温杯")))))
```

年度成绩	排名	奖项
98	1	=IF(E2=1,"现金!
93	2	
92	3	
92	3	
91	5	
90	6	
89	7	

图 9-46　计算奖项

员工编码	姓名	部门	年度成绩	排名	奖项
AS001	王泽	销售部	98	1	现金10000
AS009	牟恩宇	销售部	88	8	现金500
AS010	宁雨涵	财务部	87	9	500元旅游券
AS015	谭艺林	销售部	87	9	500元旅游券
AS003	陈华明	销售部	86	11	500元旅游券
AS008	张华	销售部	86	11	500元旅游券
AS017	朱海	销售部	85	13	500元旅游券
AS002	李高	市场部	84	14	500元旅游券
AS019	魏俊	市场部	84	14	500元旅游券
AS004	褚琼	财务部	80	16	保温杯
AS012	何琳	市场部	80	16	保温杯
AS005	李飞燕	行政部	79	18	保温杯
AS016	张珏	销售部	79	18	保温杯
AS018	陈飞	人事部	76	20	保温杯

图 9-47　显示奖项结果

知识延伸

在本节的实例中运用了 RANK 函数对员工的成绩进行排名，由于 RANK 函数在遇到多个数值排名相同时返回该数组数值的最佳排名，所以在本节实例的排名中有几个相同的排名，它与 RANK.EQ 函数的作用一样。排名函数中还有一种 RANK.AVG 函数，它虽然也是返回某一数值在一列数值中相对于其他数值的大小排名，但是当遇到数值排名相同时，则返回其平均值排名。

为了能更好地区别 RANK.EQ 函数和 RANK.AVG 函数，下面通过示例查看。如图 9-48 所示，A 列是需要排名的数据，B 列是根据 RANK.EQ 函数计算出的排名结果，C 列是通过 RANK.AVG 函数计算出的排名结果。它们之间的差异就在于遇到数值排名相同时，前者返回整数排名，后者返回平均排名。

	A	B	C
1	数据	RANK. EQ函数	RANK. AVG函数
2	10	8	8
3	12	6	6.5
4	12	6	6.5
5	15	5	5
6	18	4	4
7	19	2	2.5
8	19	2	2.5
9	20	1	1

图 9-48　排名对比

9.5　对多个业绩表进行汇总分析

以前做行政工作的时候知道怎么将多个工作表数据汇总在一张工作表中。因为行政工作的数据量不大，所以汇总在一个工作表中进行分析也就很方便。但是做了人力资源工作后，数据量增大后就不太好做了！

遇到数据量很大时也可以将多个工作表数据汇总在一起啊，而且可以通过数据透视表的形式进行汇总。这样比单纯地汇总多个工作表强多了，还能进行数据的分类汇总统计。

做人事工作的员工每到年底就是最忙的时候，不但要分析预测来年公司人力资源需求数，还要对公司现有的人事管理制度、薪资制度、安全管理制度等进行调整优化。这些工作主要依据公司往年的结构所需做的改善，它们属于管理类工作。在本书的人力资源管理部分一开始就提到作为人力资源工作者除了要具备基本的管理能力外，还要具备数据分析能力，因为员工的绩效分析就是数据分析能力的集中体现。不但要每月、每季度地分析这些数据，而且在年末还需要同时对最近几年的数据进行分析。在分析这些跨年度的数据时，通常需要将这些数据融汇在一个工作表中，这样才能一眼看出年份间的差距或趋势。由于年份间的数据量很大，当汇总到一个工作表后，若不进行分类汇总，这仍旧是一项很繁重的工作。为了同时满足上述要求，可以通过数据透视表创建向导功能将多个工作表汇总在一起，并以数据透视表的形式呈现。

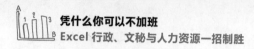
举例说明

原始文件：实例文件 >09> 原始文件 >9.5 年报数据 .xlsx

最终文件：实例文件 >09> 最终文件 >9.5 最终表格 .xlsx

实例描述：在原始文件的"9.5 年报数据 .xlsx"工作簿中，分别记录了 2012 年、2013 年和 2014 年业务员在不同地区的销售情况，它们是按年分开统计的，即每一年为一张工作表。现要根据这 3 张工作表数据汇总一个数据透视表进行分类汇总。

应用分析：

数据透视表向导功能在默认的工作表中是被隐藏的，需要通过"Excel 选项"对话框中的自定义功能区来添加。通过数据透视表向导功能可以在建立数据源时选择多个工作表的数据区域，这一操作其实就是将多个工作表汇总在一起，然后按每个工作表创建字段名称，方便在数据透视表中进行多个工作表之间的筛选。对于创建后的数据透视表，还可以修改其汇总依据来显示不同要求的结果。

步骤解析

步骤 01 打开"实例文件 >09> 原始文件 >9.5 年报数据 .xlsx"工作簿，如图 9-49 所示，该工作簿中记录了 2012 年至 2014 年各业务员的销售情况。

步骤 02 由于这里是对多个工作表的数据创建透视表，所以需要使用数据透视表创建向导。打开"Excel 选项"对话框，然后将"数据透视表和数据透视图向导"选项添加到"页面布局"下的"新建组"中，如图 9-50 所示。其具体的添加方法在前面的章节中已有介绍。

	A	B	C	D	E	F
1	业务员	城市	销售数量	单价	金额	年份
2	吴燕	成都	550	1258	691900	2012年
3	李岩益	南充	600	1258	754800	2012年
4	朱翔钧	绵阳	480	1258	603840	2012年
5	董飞	乐山	560	1258	704480	2012年
6	成绩分	达州	700	1258	880600	2012年
7	程艳	德阳	590	1258	742220	2012年
8	黄海军	宜宾	620	1258	779960	2012年
9	魏延	西昌	810	1258	1018980	2012年
10	赵可可	攀枝花	760	1258	956080	2012年
11	李佳乐	巴中	630	1258	792540	2012年
12	黄一霞	广安	590	1258	742220	2012年
	2012年	2013年	2014年	⊕		

图 9-49　年报数据表

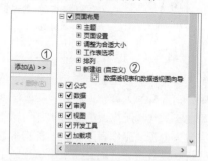

图 9-50　添加数据透视表和数据透视图向导

步骤 03 确认添加后返回工作表中，然后在"页面布局"选项卡下的"新建组"中可看到"数据透视表和数据透视图向导"按钮，如图 9-51 所示。单击该按钮可打开对应的对话框，在对话框中选中"多重合并计算数据区域"单选按钮，并单击"下一步"按钮，如图 9-52 所示。

图 9-51　单击添加的按钮

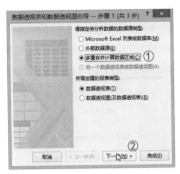

图 9-52　设置向导第 1 步

步骤 04　弹出如图 9-53 所示的对话框，先选中"自定义页字段"单选按钮，然后单击"下一步"按钮，再弹出如图 9-54 所示的"数据透视表和数据透视图向导 - 第 2b 步（共 3 步）"对话框，在该对话框中的"选定区域"文本框中选择"2012 年"工作表中的数据区域 A1:F12，然后单击"添加"按钮。

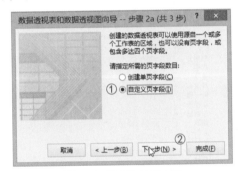

图 9-53　设置向导第 2 步

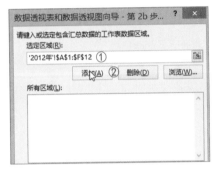

图 9-54　添加数据区域

步骤 05　在下方的"所有区域"列表中可看到所添加的工作表区域，如图 9-55 所示。然后在"所有区域"列表下方中选中数字 1 前的单选按钮，并在"字段 1"文本框中输入"2012 年"。此步骤就是对所添加的工作表数据区域命名。

步骤 06　使用同样的方法将工作表 2013 年和 2014 年相同的数据区域也添加到该对话框中的所有区域中，并在不同的"字段 1"文本框中分别输入"2013 年"和"2014 年"，如图 9-56 所示。

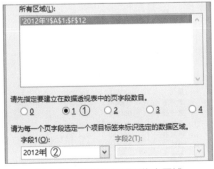

图 9-55　查看添加的工作表区域

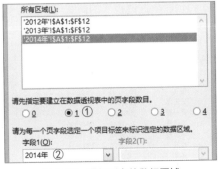

图 9-56　添加所有的数据区域

步骤 07 添加完 3 个工作表的数据区域后，单击对话框中的"完成"按钮进入第 3 步的操作中，如图 9-57 所示，默认"新工作表"的显示位置，再次单击"完成"按钮即可创建数据透视表，如图 9-58 所示就是所创建的数据透视表。

图 9-57 设置向导第 3 步

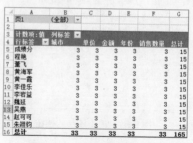

图 9-58 创建的数据透视表

步骤 08 在创建的数据透视表的 A1 单元格中输入页名"年份"，然后通过 B1 单元格右侧的下三角按钮看到所添加的 3 个字段，如图 9-59 所示。

步骤 09 在数据透视表中通过"列标签"筛选"金额"栏，然后右击 A3 单元格，在弹出的快捷列表中指向"值汇总依据"命令，然后选择"求和"选项，如图 9-60 所示。

图 9-59 查看字段

图 9-60 选择值汇总依据

步骤 10 设置完数据透视表的字段和值汇总方式后，再对数据透视表做一些美化工作，得到如图 9-61 所示的效果图。

步骤 11 图 9-61 是汇总 2012 年至 2014 年的所有销售额数据，如果需要分析某一年的数据，可以在"年份"字段中进行筛选，如图 9-62 所示是筛选的 2013 年的不同业务员的销售数据。通过这种创建数据透视表的方式可以轻松制作月报、季度报以及年报。

1	年份	(全部) ▼	
2			
3	求和项:值	列标签 ▼	
4	行标签 ▼	金额	总计
5	成绩分	2954280	2954280
6	程艳	2744100	2744100
7	董飞	2573260	2573260
8	黄海军	2835560	2835560
9	黄一霞	2598320	2598320
10	李佳乐	2649840	2649840
11	李岩益	2579540	2579540
12	魏延	2774920	2774920
13	吴燕	2420980	2420980
14	赵可可	2960660	2,960,660
15	朱翊钧	2223980	2223980
16	总计	29315440	29315440

图 9-61 效果图

1	年份	2013年 ▼	
2			
3	求和项:值	列标签 ▼	
4	行标签 ▼	金额	总计
5	成绩分	1004920	1004920
6	程艳	1113560	1113560
7	董飞	855540	855540
8	黄海军	1195040	1195040
9	黄一霞	801220	801220
10	李佳乐	746900	746900
11	李岩益	964180	964180
12	魏延	937020	937020
13	吴燕	896280	896280
14	赵可可	991340	991,340
15	朱翊钧	801220	801220
16	总计	10307220	10307220

图 9-62 筛选年份字段

知识延伸

本节实例是通过数据透视表的向导功能创建数据透视表。与 6.1 节中介绍的数据透视表的创建方法相比，此处的操作过程就显得复杂，但是这里通过数据透视表向导功能可以对多个工作表的数据区域进行多重合并，创建在一个数据透视表中。有关数据透视表的操作还有很多技巧没有讲到，下面主要介绍数据透视表中的组字段功能。

如图 9-63 所示，表中的业绩表示累积日期的销售额数据，即 1 月 8 日的业绩数据是指 1 月 1 日至 1 月 8 日这段时间的销售额数据。以该表作为数据源创建数据透视表，如图 9-64 所示。

	A	B	C
1	日期	销量	业绩
2	1月8日	345	37950
3	1月15日	360	39600
4	1月23日	396	43560
5	1月31日	423	46530
6	2月8日	290	31900
7	2月15日	268	29480
8	2月28日	322	35420
9	3月8日	319	35090
10	3月15日	330	36300
11	3月23日	365	40150
12	3月31日	328	36080
13	4月8日	390	42900
14	4月15日	423	46530
15	4月23日	416	45760
16	4月30日	388	42680

图 9-63　数据源

行标签	求和项:销量
1月8日	345
1月15日	360
1月23日	396
1月31日	423
2月8日	290
2月15日	268
2月28日	322
3月8日	319
3月15日	330
3月23日	365
3月31日	328
4月8日	390
4月15日	423
4月23日	416
4月30日	388
总计	5363

图 9-64　数据透视表

在数据透视表中选中"行标签"下的任意日期数据，然后在"数据透视表工具 > 分析"选项卡下单击"分组"组中的"组字段"按钮，如图 9-65 所示。此时会弹出"组合"对话框，如图 9-66 所示，系统根据数据透视表中的日期范围自动确定起始日期和终止日期。在"组合"对话框中单击"步长"列表中的"月"选项，然后单击"确定"按钮返回数据透视表中。此时可看到数据透视表中"行标签"下的日期变成如图 9-67 所示的结果，即原来的日期被组合成月份值，而且对每月中的数据进行了汇总。

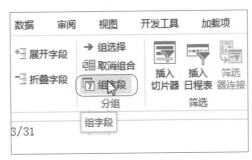

图 9-65　组字段按钮

图 9-66　"组合"对话框

行标签	求和项:销量
1月	1524
2月	880
3月	1342
4月	1617
总计	5363

图 9-67　组合字段后的结果

第 **10** 章

员 工 薪 酬 管 理

10.1 薪资各项目计算

我发现人力资源的工作越来越广泛了，以前我认为做人力资源只是负责招人，不知道在招人前后还有很多辅助性的工作要做。

我记得前不久有做人事工作的人来问我类似的问题，就是对人力资源工作的认识还不够，仍是简单地停留在人员招聘上，而忽略了其他重要工作，如人员规划、薪酬管理等。

　　员工的薪酬管理是人力资源管理工作中的重要环节，掌握企业各部门各职位人员的薪资水平是为了更好地规划人力资源。只有能为公司创造价值的员工才有资格领高薪，这需要人事部的员工进行观察，并以员工薪资的方式进行考核。按照公司的规定，每位员工每月所领的工资都是经过财务部的员工进行精确核算的。核算工资虽然是财务部的工作，但是作为人力资源工作者来说，只有掌握了员工薪资的组成部分和计算方式，才能从制度上研究出针对不同岗位的员工所具有的考核制度，这样才能从本质上解决公司在薪资管理上面临的潜在问题。因此人力资源工作者在薪资管理中的首要任务就是了解公司的薪资项目有哪些以及它们的计算过程。

　　对于中小型企业来说，员工的薪资项目一般包括基本工资、岗位工资、工龄工资、加班工资、各种奖金、五险一金以及福利补贴等。在计算工资项目时，要清楚哪些项目应该相加，哪些项目需要从中扣除，这些项目中的个人所得税是相对来说比较麻烦的，它会涉及很多财务相关的专业知识。本节就为那些还不知道怎么计算员工薪资的人力资源工作者讲解如何在 Excel 中计算员工的薪资项目。

举例说明

　　原始文件：实例文件 >10> 原始文件 >10.1 计算工资 .xlsx
　　最终文件：实例文件 >10> 最终文件 >10.1 最终表格 .xlsx
　　实例描述：根据原始表格中记录的薪资情况计算员工的实发金额，这里主要涉及部分员工的个人所得税的计算。

应用分析：

　　个人所得税是针对员工薪金所得超过 3500 元的部分，所以它的计算应该是应纳税所得额减去应纳税额。其中，应纳税所得额是工资薪金所得（需要扣除五险一金）与 3500 的差值，而应纳税额是不同的差值对应税率的乘积，员工实际领到手的工资就是应纳税所得额与应纳税额做差后的取值。在计算过程中，要重点掌握不同应纳税所得所对应的适用税率。

步骤解析

步骤 01　打开"实例文件 >10> 原始文件 >10.1 计算工资 .xlsx"工作簿，如图 10-1 所示。该原始表格中记录了平时考核的工资项目，其中的"应扣请假费"、"保险"和"住房公积金"项中的负数表示需要扣除的金额。

	A	B	C	D	E	F	G	H	I	J	K	L
1	员工编号	姓名	部门	职称	基本工资	岗位津贴	业绩工资	奖金	应扣请假费	保险	住房公积金	实发工资
2	10001	张燕	行政部	主管	3000	300		600	-136	-150	-200	
3	10002	吴昊	销售部	经理	3500	500	3480	500		-150	-200	
4	10003	甄天华	销售部	业务员	2000	100	1000			-150	-200	
5	10004	向雨露	销售部	业务员	2000	100	1100		-91	-150	-200	
6	10005	朱洁发	销售部	业务员	2000	100	800			-150	-200	
7	10006	李毅	销售部	业务员	2000	100	600			-150	-200	
8	10007	魏漾	财务部	主管	4200	300		300		-150	-200	
9	10008	王松平	财务部	出纳	2500	100			-57	-150	-200	
10	10009	谭毅	市场部	经理	3500	500	2600	200		-150	-200	
11	10010	何飞龙	人事部	主管	3200	300				-150	-200	

图 10-1　原始表格

步骤 02　由于部分员工的工资超过 3500 元，因此不能直接根据表中的数据核算员工的实发工资，还需要计算薪资超过 3500 元的员工所缴纳的个人所得税。因此在 K、L 列之间插入两列，分别输入"应纳税所得额"和"应纳税额"，如图 10-2 所示。插入的列会自动套用表格样式。

步骤 03　在 L2 单元格中输入公式"=SUM(E2:K2)-3500"，如图 10-3 所示，该公式是计算员工工资超过 3500 元后的应纳税额部分。

K	L	M	N
住房公积金	应纳税所得额	应纳税额	实发工资
-200			
-200			
-200			
-200			
-200			
-200			
-200			
-200			
-200			

图 10-2　插入列

K	L	M
住房公积金	应纳税所得额	应纳税额
	=SUM(E2:K2)-3500	
-200		
-200		
-200		
-200		
-200		
-200		

图 10-3　计算应纳税额

步骤 04　在上一步的计算过程中，由于存在薪资总额小于 3500 元的项，所以需要将计算后结果小于零的单元格清除，如图 10-4 所示。

步骤 05　应纳税额是根据不同等级的应纳税所得额所对应的税率和速算扣除数计算的，在计算个人所得税前需要掌握个人所得税税率表，该内容会在知识延伸部分介绍。在 M2 单元格中输入计算个人所得税的公式"=ROUND(IF(L2<1500,L2*0.03,IF(L2<4500,L2*0.1-105)),0)"。为了能将计算结果以负数形式显示，这里需要在 ROUND 函数前添加负号"-"，如图 10-5 所示。同样，将结果是零值的单元格清空。

住房公积金	应纳税所得额	应纳税额
-200		
-200	4130	
-200		
-200		
-200		
-200		
-200	950	
-200		
-200	2950	
-200		

图 10-4　计算结果

=-ROUND(IF(L3<1500,L3*0.03,IF(L3<4500,L3*0.1-105)),0)

应纳税所得额	应纳税额	实发工资
	0	
4130	-308	
	0	
	0	
	0	
	0	

图 10-5　计算个人所得税

步骤 06　计算出个人所得税后就可以计算员工的实发工资了，在 N2 单元格中输入公式"=SUM(E2:K2,M2)"，如图 10-6 所示。由于 L 列的数据不需要计算在实发工资中，在求和各工资项目时要排除 L 列，因此在输入参数时使用"E2:K2,M2"区域。按 Enter 键后即可看到所有员工的实发工资金额，如图 10-7 所示。

应纳税所得额	应纳税额	实发工资
		=SUM(E2:K2,M2)
4130	-308	
	950	-29
	2950	-190

图 10-6　计算实发工资

应纳税所得额	应纳税额	实发工资
		3414
4130	-308	7322
		2750
		2759
		2550
		2350
950	-29	4421
		2193
2950	-190	6260
		3150

图 10-7　计算结果

步骤 07　计算出"实发工资"后将 L 列隐藏，最终表格数据如图 10-8 所示。

员工编号	姓名	部门	职称	基本工资	岗位津贴	业绩工资	奖金	应扣请假费	保险	住房公积金	应纳税额	实发工资
10001	张燕	行政部	主管	3000	300		600	-136	-150	-200		3414
10002	吴昊	销售部	经理	3500	500	3480	500		-150	-200	-308	7322
10003	甄天华	销售部	业务员	2000	100	1000			-150	-200		2750
10004	向雨露	销售部	业务员	2000	100	1100		-91	-150	-200		2759
10005	朱洁发	销售部	业务员	2000	100	800			-150	-200		2550
10006	李毅	销售部	业务员	2000	100	600			-150	-200		2350
10007	魏漾	财务部	主管	4200	300		300		-150	-200	-29	4421
10008	王松平	财务部	出纳	2500	100			-57	-150	-200		2193
10009	谭毅	市场部	经理	3500	500	2600	200		-150	-200	-190	6260
10010	何飞龙	人事部	主管	3200	300				-150	-200		3150

图 10-8　最终表格数据

知识延伸

1. 个人所得税

在本节实例的步骤 05 中说到了税率和速算扣除数，有关税率和速算扣除数的扣除标准是根据应纳税额的多少来划分的。依照税法规定，员工的工资、薪金所得应纳税额的计算公式为：应纳税额＝应纳税所得额 * 适用税率 - 速算扣除数＝（每月收入额 -3500 元或 4800 元）* 适用税率 - 速算扣除数。由于速算扣除数的计算很复杂，会牵涉超额累进法和全额累进税法计算税额，因此这里将不同等级的应纳税所得额、税率等制成如表 10-1 所示的表格供大家参考。

表 10-1　个人所得税计算表

级数	含税级距	税率	速算扣除数
1	不超过 1500 元	3	0
2	超过 1500 元，但不超过 4500 元的部分	10	105
3	超过 4500 元，但不超过 9000 元的部分	20	555
4	超过 9000 元，但不超过 35000 元的部分	25	1005
5	超过 35000 元，但不超过 55000 元的部分	30	2755
6	超过 55000 元，但不超过 80000 元的部分	35	5505
7	超过 80000 元的部分	45	13505

2. 应扣请假费的计算

在本节实例中，员工的应扣请假费是直接给出的数据，也许还有部分人不知道这项费用是怎么计算的，这里就给大家补补常识。应扣请假费是用来统计员工上班期间因为请假而扣除的费用，主要包括事假、病假等。由于各公司的请假管理方案不一样，因此它们的费用扣除标准也不相同，一般来说，事假是扣除全天的基本工资，病假只需扣除全天基本工资的 40%，而年假属于带薪假，不需要扣除基本工资。下面通过实例讲解这 3 项费用的计算，如图 10-9 所示记录了员工请假的天数，为了计算请假所产生的费用，需要增加"基本工资""日均工资"和"应扣请假费"列，如图 10-10 所示。

员工编号	姓名	事假	病假	年假
10001	张燕	1	2	
10002	吴昊		1	3
10003	甄天华			
10004	向雨薇	1		
10005	朱洁发			2
10006	李毅			
10007	魏漾	1.5		
10008	王松平		1	
10009	谭毅		1	2
10010	何飞龙	1		

图 10-9　请假记录表

姓名	基本工资	日均工资	事假	病假	年假	应扣请假费
张燕	3000		1	2		
吴昊	3500			1	3	
甄天华	2000					
向雨薇	2000		1			
朱洁发	2000				2	
李毅	2000					
魏漾	4200		1.5			
王松平	2500			1		
谭毅	3500			1	2	
何飞龙	3200					

图 10-10　新增列标志

此处病假按日均工资的 40% 扣除，因此应扣请假费＝日均工资 * 事假天数 + 日均工资 * 病假天数 *0.4。所以在 H2 单元格中输入公式 "=D2*E2+D2*F2*0.4"，如图 10-11 所示，将结果保留整数。

日均工资	事假	病假	年假	应扣请假费
136	1	2		=D2*E2+D2*F2*0.4
159		1	3	64
91				0
91	1			91
91		2		0
91				0
191	1.5			286
114		1		45
159		2		64
145	1			145

图 10-11　计算结果

10.2　一招解决工资条

每个月在发工资的时候，公司财务都会给我们发一个工资条。我纳闷的是，为什么不直接共享工资表格呢？一来方便大家查看，二来让大家相互了解还能形成竞争，激发员工斗志。

工资一向是大家敏感的话题，即便是公司内部，大家也不愿谈论自己的工资。你说的靠工资来激发大家工作，可以用目标薪资，员工个人的薪资属于个人隐私，他本人也不愿意公开出来。

　　做人力资源管理工作的人不但要具备对人力资源的管理思想，还要能解决工作中所面临的核算和预测等问题，如 10.1 节中介绍的员工薪资的核算就是人力资源对人力成本的核算过程。在核算出每位员工的实发金额数值后，应该回归到对员工自身进行分析，这就需要将每一个计算结果返回到每一位员工手中，即本节要讲到的工资条的制作。让每个员工查看自己的工资条，一方面是让员工认识自己一个月下来所能产生的价值，另一方面还需要人力资源工作者对各位同事进行单独的人力成本分析，对高成本的人力分析他的价值产生在什么环节，如一个销售员一月领到上万元的工资，其中的业绩工资占据了多少？一个技术人员为何每月的工资都很少，是不是经常出现请假现象？这些点就是人事部应该重点分析的地方。

　　制作工资条的方法很简单，只要将每位员工的工资记录按行分开，并在每位员工的工资记录上方添加对应的列项目，就制作成一份工资条。当人事部的人对每位员工的工资进行分析并给出结果后，可以以截图的方式发送给员工本人或打印后裁剪好再发到每个人手中。

举例说明

原始文件：实例文件 >10> 原始文件 >10.2 工资条 .xlsx
最终文件：实例文件 >10> 最终文件 >10.2 最终表格 .xlsx

实例描述：以 10.1 节中的最终表格数据为例，按照此表中的内容制作员工工资条，要求取消原表中的表格样式，即单元格的填充样式。

应用分析：

如果直接在工资记录中隔行插入空白行，然后复制相同的标题行，那是一项很繁重的工作。要想在每位员工上方自动插入一行，使用排序就能解决，但是在排序前需要添加一列辅助数据，即排序所依据的数据列。首先在数据区域输入连续的序号，如 1、2、3、……，然后在接下来的空白行依次输入比连续序号一大一小的连续数值，如 1.11、2.11、3.11、……。其原理是让 1.11 排在 1 和 2 之间，2.11 排在 2 和 3 之间，以此类推就插入了空白行。

步骤解析

步骤 01 打开 10.1 节中的最终表格文件，选定数据区域的任意单元格，然后在"表格工具 > 设计"选项卡下的"工具"组中单击"转换为区域"按钮，如图 10-12 所示。此时会弹出如图 10-13 所示的提示框，单击"是"按钮确认转换。

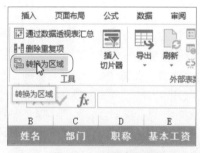

图 10-12　转换为区域

图 10-13　确认转换

步骤 02 将表格区域转换为普通区域后，还需要取消原有单元格中的边框和底纹样式，最后将第 1 行单元格中的字体取消加粗，得到如图 10-14 所示的效果。此操作主要是为了使后面生成的工资条保持相同的单元格样式。

A	B	C	D	E	F	G	H	I	J	K	M	N
员工编号	姓名	部门	职称	基本工资	岗位津贴	业绩工资	奖金	应扣请假费	保险	住房公积金	应纳税额	实发工资
10001	张燕	行政部	主管	3000	300		600	-136	-150	-200		3414
10002	吴昊	销售部	经理	3500	500	3480	500		-150	-200	-308	7322
10003	甄天华	销售部	业务员	2000	100	1000			-150	-200		2750
10004	向雨露	销售部	业务员	2000	100	1100		-91	-150	-200		2759
10005	朱洁发	销售部	业务员	2000	100	800			-150	-200		2550
10006	李毅	销售部	业务员	2000	100	600			-150	-200		2350
10007	魏漾	财务部	主管	4200	300		300		-150	-200	-29	4421
10008	王松平	财务部	出纳	2500	100			-57	-150	-200		2193
10009	谭毅	市场部	经理	3500	500	2600	200		-150	-200	-190	6260
10010	何飞龙	人事部	主管	3200	300				-150	-200		3150

图 10-14　普通表格区域

步骤 03　由于表格中部分员工的某些工资项目没有金额，所以这里需要将空白单元格用 0 值填充。先选取数据区域 G2:M11，然后按 Ctrl+G 快捷键打开"定位"对话框，如图 10-15 所示，单击"定位条件"按钮打开新的对话框，然后在列表中选中"空值"单选按钮，再单击"确定"按钮，如图 10-16 所示。

图 10-15　定位条件

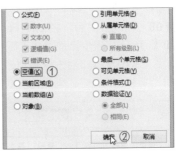

图 10-16　定位空值

步骤 04　确认上一步操作后，输入 0 值，并同时按 Ctrl+Enter 键，此时所定位到的空白单元格同时输入 0，如图 10-17 所示。此方法可以用来在所选的多个单元格中同时输入相同的数据。

步骤 05　填充完数据区域的空白单元格后，从 O 列的 O2 单元格开始依次输入 1、2、3、……、10，与表中员工的行数保持一致，然后从 O12 单元格开始依次输入 1.1、2.1、3.1、……、9.1，输入的行数比员工个数少 1，如图 10-18 所示。这里输入的数字是用来比较大小排序的。

G	H	I	J	K	M
业绩工资	奖金	应扣请假费	保险	住房公积金	应纳税额
0	600	-136	-150	-200	0
3480	500		-150	-200	-308
1000	0		-150	-200	0
1100	0	-91	-150	-200	0
800	0		-150	-200	0
600	0		-150	-200	0
0	300		-150	-200	-29
0	0	-57	-150	-200	0
2600	200		-150	-200	-190
0	0		-150	-200	0

图 10-17　输入 0 值

J	K	M	N	O
保险	住房公积金	应纳税额	实发工资	
-150	-200		3414	1
-150	-200	-308	7322	2
-150	-200		2750	3
-150	-200		2759	4
-150	-200		2550	5
-150	-200		2350	6
-150	-200	-29	4421	7
-150	-200		2193	8
-150	-200	-190	6260	9
-150	-200		3150	10
				1.1
				2.1

图 10-18　输入辅助数据

步骤 06　在 O 列输入完两组数据后，选定 O 列数据区域的任一单元格，然后在"数据"选项卡下单击"升序"按钮，得到如图 10-19 所示的结果。这一步是在每位员工下方插入一行空白单元格。

员工编号	姓名	部门	职称	基本工资	岗位津贴	业绩工资	奖金	应扣请假费	保险	住房公积金	应纳税额	实发工资	
10001	张燕	行政部	主管	3000	300	0	600	-136	-150	-200	0	3414	1
													1.1
10002	吴昊	销售部	经理	3500	500	3480	500	0	-150	-200	-308	7322	2
													2.1
10003	甄天华	销售部	业务员	2000	100	1000	0	0	-150	-200	0	2750	3
													3.1
10004	向雨露	销售部	业务员	2000	100	1100	0	-91	-150	-200	0	2759	4
													4.1
10005	朱洁发	销售部	业务员	2000	100	800	0	0	-150	-200	0	2550	5
													5.1
10006	李毅	销售部	业务员	2000	100	600	0	0	-150	-200	0	2350	6
													6.1
10007	魏漠	财务部	主管	4200	300	0	300	0	-150	-200	-29	4421	7
10008	王松平	财务部	出纳	2500	100	0	0	-57	-150	-200	0	2193	7.1
													8
10009	谭毅	市场部	经理	3500	500	2600	200	0	-150	-200	-190	6260	8.1
													9
10010	何飞龙	人事部	主管	3200	300	0	0	0	-150	-200	0	3150	9.1
													10

图 10-19　对辅助数据排序后的结果

步骤 07　排序后不要进行其他操作，使用步骤 03 中的方法先定位出数据区域的空白单元格，然后在编辑栏中输入"=A&1"，如图 10-20 所示。

步骤 08　输入公式后，按 Ctrl+Enter 组合键将第 1 行中的内容复制到新增的空白行中，结果如图 10-21 所示。此步骤是生成工资条的重要步骤，即为每一位员工的工资条制作表头。为了方便给员工截图或打印后方便裁剪，还需要在每位员工工资记录下插入一行，作为员工与员工之间的分割线。

LOG			f_x	=A$1

	A	B	C	D	E
1	员工编号	姓名	部门	职称	基本工资
2	10001	张燕	行政部	主管	3000
3	=A$1				
4	10002	吴昊	销售部	经理	3500
5					
6	10003	甄天华	销售部	业务员	2000
7					
8	10004	向雨露	销售部	业务员	2000

图 10-20　在编辑栏中输入公式

	A	B	C	D	E	F
1	员工编号	姓名	部门	职称	基本工资	岗位津贴
2	10001	张燕	行政部	主管	3000	300
3	员工编号	姓名	部门	职称	基本工资	岗位津贴
4	10002	吴昊	销售部	经理	3500	500
5	员工编号	姓名	部门	职称	基本工资	岗位津贴
6	10003	甄天华	销售部	业务员	2000	100
7	员工编号	姓名	部门	职称	基本工资	岗位津贴
8	10004	向雨露	销售部	业务员	2000	100
9	员工编号	姓名	部门	职称	基本工资	岗位津贴
10	10005	朱洁发	销售部	业务员	2000	100
11	员工编号	姓名	部门	职称	基本工资	岗位津贴
12	10006	李毅	销售部	业务员	2000	100

图 10-21　单元格引用结果

步骤 09　这时利用步骤 05 和步骤 06 的方法，在数据区域下方依次输入 1.01、2.01、3.01、……、9.01，然后对 O 列单元格排序，便会得到如图 10-22 所示的结果。这就是工资条的制作方法。

员工编号	姓名	部门	职称	基本工资	岗位津贴	业绩工资	奖金	应扣请假费	保险	住房公积金	应纳税额	实发工资
10001	张燕	行政部	主管	3000	300	0	600	-136	-150	-200		3414
员工编号	姓名	部门	职称	基本工资	岗位津贴	业绩工资	奖金	应扣请假费	保险	住房公积金	应纳税额	实发工资
10002	吴昊	销售部	经理	3500	500	3480	500	0	-150	-200	-308	7322
员工编号	姓名	部门	职称	基本工资	岗位津贴	业绩工资	奖金	应扣请假费	保险	住房公积金	应纳税额	实发工资
10003	甄天华	销售部	业务员	2000	100	1000	0	0	-150	-200		2750
员工编号	姓名	部门	职称	基本工资	岗位津贴	业绩工资	奖金	应扣请假费	保险	住房公积金	应纳税额	实发工资
10004	向雨露	销售部	业务员	2000	100	1100		-91	-150	-200		2759
员工编号	姓名	部门	职称	基本工资	岗位津贴	业绩工资	奖金	应扣请假费	保险	住房公积金	应纳税额	实发工资
10005	朱洁发	销售部	业务员	2000	100	800		0	-150	-200		2550
员工编号	姓名	部门	职称	基本工资	岗位津贴	业绩工资	奖金	应扣请假费	保险	住房公积金	应纳税额	实发工资
10006	李毅	销售部	业务员	2000	100	600		0	-150	-200		2350

图 10-22　最终的工资条

知识延伸

1. 定位条件

在本节实例中介绍了利用快捷键 Ctrl+G 打开"定位"对话框，除了使用快捷键外，还可以通过命令来实现。如图 10-23 所示，在"开始"选项卡下的"编辑"组中单击"查找和选择"下三角按钮，然后在展开的列表中选择"定位条件"选项。

通过命令选项还可以查找表格中的批注、公式、条件格式等。对于列表中没有罗列出的选项，可以通过"定位条件"选项进行查看，通过图 10-16 可以了解到在"定位条件"对话框中有很多可以选择的选项。

图 10-23　查找和选择

2. 使用函数制作工资条

本节实例中制作工资条的方法是基于排序原理，此外还可以通过函数来完成工资条的制作。此处仍以本节实例中的原始表格为例，给大家介绍如何通过函数制作工资条。

如图 10-24 所示是需要用到的源数据，由于列数太多，故通过冻结窗口的方式隐藏部分列的显示，其内容与 10.1 节的最终表格数据一致。在"知识延伸"工作表的 A1 单元格中输入公式"=IF(MOD(ROW(),3)=0," ",IF(MOD(ROW(),3)=1, 源数据 !A\$1,INDEX(源数据 !\$A:\$N,INT((ROW()+4)/3),COLUMN())))"，如图 10-25 所示。该公式中第 1 个 MOD 函数是判断行数与 3 的余数等于 0 时显示空行，即 3 的倍数所在行，如 3、6、9 等。第 2 个 MOD 函数是判断行数与 3 的余数等于 1 时，显示"源数据"表的第 1 行单元格的内容，然后按列引用每行记录中的内容。

	A	K	L	M	N
1	员工编号	住房公积金	应纳税所得额	应纳税额	实发工资
2	10001	-200			3414
3	10002	-200	4130	-308	7322
4	10003	-200			2750
5	10004	-200			2759
6	10005	-200			2550
7	10006	-200			2350
8	10007	-200	950	-29	4421
9	10008	-200			2193
10	10009	-200	2950	-190	6260
11	10010	-200			3150

实例　源数据　知识延伸　(+)

图 10-24　源数据

图 10-25　输入公式

输入公式按 Enter 键后，A1 单元格会显示"源数据"表 A1 单元格中的内容"员工编码"，然后拖动"知识延伸"工作表中 A1 单元格至 N1 单元格处，其结果就是"源数据"表第 1 行的内容。再选取 A1:N1 单元格，向下拖动单元格填充，如图 10-26 所示，员工的工资条就制作成功了。

员工编号	姓名	部门	职称	基本工资	岗位津贴	业绩工资	奖金	应扣请假费	保险	住房公积金	应纳税所得额	应纳税额	实发工资
10001	张燕	行政部	主管	3000	300		600	-136	-150	-200			3414
10002	吴昊	销售部	经理	3500	500	3480	500	0	-150	-200	4130	-308	7322
10003	甄天华	销售部	业务员	2000	100	1000		0	-150	-200			2750
10004	向雨露	销售部	业务员	2000	100	1100		-91	-150	-200			2759
10005	朱洁发	销售部	业务员	2000	100	800		0	-150	-200			2550
10006	李毅	销售部	业务员	2000	100	600		0	-150	-200			2350
10007	魏漾	财务部	主管	4200	300		300	0	-150	-200	950	-29	4421
10008	王松平	财务部	出纳	2500	100			-57	-150	-200			2193

图 10-26　用函数制作的工资条

由于每一个单元格的内容都是通过公式运算得到的，所以每个单元格的左上角有一个绿色的小三角形状，为了不影响视觉，选取带绿色小三角的单元格区域，然后按 Ctrl+C 键复制，在"剪贴板"组中单击"粘贴"按钮下的"粘贴值"选项，即可清除单元格中的公式而保留数据。

10.3　员工薪资快速查询

现在人的依赖性特别严重，前不久才给他们打印了工资条，自己没记住又来问我。我要直接给他打开表看吧，可能会泄露其他同事的信息，我也为难啊！

工作不能怕麻烦，虽然你不是做财务工作的，但你们有员工薪资的详细数据。用这些数据来创建一个简单的查询表就能解决你说的问题。

员工薪资管理除了对人力成本进行核算和分析外，还要方便员工查询自己的薪资明细状态。虽然工资条已经解决了员工对工资明细的了解，但是公司内部应该对员工的薪资数据进行留存，一方面是为了年底做人力成本汇总分析时的统计依据，另一方面是供员工随时查看。然而员工薪资数据不能以工资条的样式保存，因为这样在后期分类汇总时不便于统计，所以公司内部保留的薪资数据应该是刚统计出来的数据。为了方便员工查询又不能直接在表格中进行筛选（因为员工之间的工资是保密的），所以有必要制作一个员工薪资查询表，这样不但能保留原来的数据不变，还能在查询员工薪资明细时保证其他员工的薪资数据不被查看，类似于员工薪资查询系统。如果要做成真正意义上的查询系统，需要用 VBA 代码来实现自动化功能，对于非编程人员来说，要靠自己写出一段能实现自动查询的代码几乎是不可能的事，那是不是就没有办法来解决员工薪资查询问题了？

要想在 Excel 表格中实现查询功能，不是非 VBA 不可，有一个函数可以根据输入的内容查

询其他信息，它就是 VLOOKUP 函数，它能在新的工作表中根据输入的唯一关键词查找与此对
应的所有数据。

举例说明

原始文件：实例文件 >10> 原始文件 >10.3 工资查询 .xlsx
最终文件：实例文件 >10> 最终文件 >10.3 最终表格 .xlsx

实例描述： 以 10.1 节中计算出来的员工薪资表为数据源，然后创建一个员工薪资查询表，
然后根据员工编码这个不会重复的数据为查找对象，来实现对应员工的其他项目数据。

应用分析：

在创建查询表前先要了解 VLOOKUP 函数的作用，它表
示在数据表的首列查找指定的数值，并由此返回数据表当前
行中指定列处的数值。因此，在使用该函数前要知道自己要
查找的内容以及这些内容所在的数据区域，然后确定一个查
找对象，一般是首列关键字，并且首列中的数据不能重复。
这便是该函数对应的 4 个参数所代表的意义。

步骤解析

步骤 01 如图 10-27 所示为工资记录表，表数据与 10.1 节中的最终表格数据一致。

步骤 02 添加新工作表并命名为"工资查询表"，然后在该表中输入需要查询的工资项目，
再根据需要对工作表数据区域进行美化，突出显示"实发工资"单元格，如图 10-28 所示。

	A	I	K	M	N
1	员工编号	保险	住房公积金	应纳税额	实发工资
3	10002	-150	-200	-308	7322
4	10003	-150	-200		2750
5	10004	-150	-200		2759
6	10005	-150	-200		2550
7	10006	-150	-200		2350
8	10007	-150	-200	-29	4421
9	10008	-150	-200		2193
10	10009	-150	-200	-190	6260

工资记录表

图 10-27 工资记录表

	A	B	C	D
1	**员工工资明细表**			
2	员工编号		姓名	
3	部门		职称	
4	基本工资		岗位津贴	
5	业绩工资		奖金	
6	应扣请假费		保险	
7	住房公积金		应纳税额	
8	**实发工资**			

工资记录表 工资查询表

图 10-28 新建工资查询表

步骤 03 为了方便查看"工资记录表"中的数据，在"视图"选项卡下单击"窗口"组中
的"新建窗口"按钮，如图 10-29 所示。此时会打开一个同样的工作簿，且工作簿的名称后有
数字 1 和 2 进行区别。

步骤 04 为了不来回切换工作簿，同样在"窗口"组中单击"全部重排"按钮，然后在弹
出的对话框中选中"垂直并排"单选按钮，再单击"确定"按钮，如图 10-30 所示。

图 10-29　新建窗口

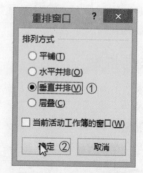

图 10-30　设置重排窗口

步骤 05　此时相同的两个工作簿会并排在桌面上，如图 10-31 所示是两个相同工作簿并排的结果，其中窗口 1 切换在工资记录表中，窗口 2 切换在工资查询表中。这样在输入公式时方便查看不同的列数据。

步骤 06　在窗口 2 "工资查询表"的 D2 单元格中输入公式 "=VLOOKUP($B$2, 工资记录表 !$A$1:$N$11,2)"，如图 10-32 所示。该公式中 VLOOKUP 函数的作用是在 "工资记录表"中的 A1:N11 区域查找与该工作表 B2 单元格相同的员工编码，然后返回从 "工资记录表"的第 1 列开始之后第 2 列中 B2 单元格所对应的数据。为了便于后面的操作，可以直接复制该公式，因此将公式中引用的单元格改为绝对引用。关于 VLOOKUP 函数的用法仍放在 "知识延伸"部分介绍。

图 10-31　并排排列的两个工作簿

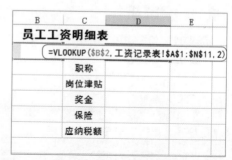

图 10-32　输入公式

步骤 07　将 D2 单元格中的公式复制到其他项目对应的单元格中，如图 10-33 所示。这里之所以复制步骤 06 中的公式，是因为其他项目的查询也需要根据 "员工编号"来查询，因此只修改 VLOOKUP 函数中的 col_index_num 参数就能用来查找其他项目的数据。

步骤 08　为了方便修改各个公式中的 col_index_num 参数，这里可以将工作表中用字母表示的列显示成数字。打开 "Excel 选项"对话框，在 "公式"选项下的 "使用公式"组中勾选 "R1C1 引用样式"复选框，如图 10-34 所示。

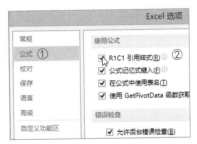

员工工资明细表			
员工编号		姓名	#N/A
部门	#N/A	职称	#N/A
基本工资	#N/A	岗位津贴	#N/A
业绩工资	#N/A	奖金	#N/A
应扣请假费	#N/A	保险	#N/A
住房公积金	#N/A	应纳税额	#N/A
实发工资		#N/A	

图 10-33　复制公式

图 10-34　将字母表示的列显示成数字

步骤 09　确认上一步操作后，可以看到工作表中的列用数字表示，然后根据"部门"所在的列数 3，将原来 B3 单元格中的 VLOOKUP 函数的第 3 个参数 2 修改为 3，如图 10-35 所示。分别修改 D3、B4、D4、B5、D5、B6、D6、B7、D7 单元格中 VLOOKUP 函数的参数 2 为 4、5、6、7、8、9、10、11、13。

步骤 10　修改完所有参数后，返回用字母表示的列的样式，然后选定 B2 单元格，打开"数据验证"对话框，设置单元格为"序列"样式，并引用"工资记录表"的 A2:A11 单元格区域，如图 10-36 所示。

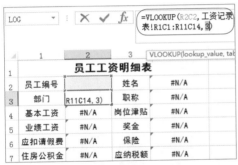

图 10-35　修改函数参数

图 10-36　设置单元格样式

步骤 11　返回工作表中，单击 B2 单元格右侧的下三角按钮可看到员工的编号都引用到下拉列表中，选择任意员工编号即可查询员工工资明细，如图 10-37 所示。选择员工编号 10004，员工"向雨露"的薪资明细便查询出来，如图 10-38 所示。

员工工资明细表			
员工编号		姓名	#N/A
部门	10001	职称	#N/A
	10002		
基本工资	10003	位津贴	#N/A
	10004		
业绩工资	10005	奖金	#N/A
	10006		
应扣请假费	10007	保险	#N/A
住房公积金	10008	纳税额	#N/A
实发工资		#N/A	

图 10-37　通过员工编号查询工资明细

员工工资明细表			
员工编号	10004	姓名	向雨露
部门	销售部	职称	业务员
基本工资	2000	岗位津贴	100
业绩工资	1100	奖金	0
应扣请假费	-91	保险	-150
住房公积金	-200	应纳税额	0
实发工资		2759	

图 10-38　查询"向雨露"的薪资明细

知识延伸

VLOOKUP 函数是 Excel 中的一个纵向查找函数，它与 LOOKUP 函数和 HLOOKUP 函数同属于"查找与引用"函数，在工作中都有广泛应用。VLOOKUP 函数是按列查找，最终返回该列所需查询列所对应的值，与之对应的 HLOOKUP 函数是按行查找的。

VLOOKUP(lookup_value,table_array,col_index_num,range_lookup) 是该函数的语法形式，其中各参数所表示的意义分别介绍如下。

- lookup_value 表示要查找的值，如本节实例公式中的 B2 单元格。
- table_array 表示要查找的区域，如本节实例公式中的"工资记录表 !$A$1:$N$11"。
- col_index_num 表示数据在查找区域的第几列数，数据类型必须为正整数，如本节实例中需要修改的参数 2。
- range_lookup 表示查找类型，分精确查找和近似查找。其输入的数据类型应该是 TRUE（省略）或 FALSE 型，也可以省略。其中，TRUE 表示近似查找，FASLE 表示精确查找。本节实例中就将最后这个参数省略了，因此属于近似查找。

如图 10-39 所示，A、B 列记录了员工的姓名和部门，由于重新输入的员工姓名与 A 列不一致，又要输入员工所在部门信息，这时也可以使用 VLOOKUP 函数来匹配姓名对应的部门信息。在 E2 单元格中输入公式"=VLOOKUP(D2,$A$2:$B$11,2,FALSE)"，就能查找到姓名对应的部门了，结果如图 10-40 所示。

	A	B	C	D	E
1	姓名	部门		姓名	部门
2	张燕	行政部		何飞龙	
3	吴昊	销售部		李毅	
4	甄天华	销售部		谭毅	
5	向雨霏	销售部		王松平	
6	朱洁发	销售部		魏漾	
7	李毅	销售部		吴昊	
8	魏漾	财务部		向雨霏	
9	王松平	财务部		张燕	
10	谭毅	市场部		甄天华	
11	何飞龙	人事部		朱洁发	

图 10-39　原表内容

E2　=VLOOKUP(D2, $A$2:$B$11, 2, FALSE)

	A	B	C	D	E	F	G
1	姓名	部门		姓名	部门		
2	张燕	行政部		何飞龙	人事部		
3	吴昊	销售部		李毅	销售部		
4	甄天华	销售部		谭毅	市场部		
5	向雨霏	销售部		王松平	财务部		
6	朱洁发	销售部		魏漾	财务部		
7	李毅	销售部		吴昊	销售部		
8	魏漾	财务部		向雨霏	销售部		
9	王松平	财务部		张燕	行政部		
10	谭毅	市场部		甄天华	销售部		
11	何飞龙	人事部		朱洁发	销售部		

图 10-40　使用函数后的结果

10.4　计算各种面额钞票数

每次给兼职人员发工资时常因为找不开零钱而多支付几块钱。因此每次给领导汇报兼职人员的成本时总是超额报出，尽管他也能理解这样的情况，但始终是我没做好准备工作。

这当然是你的责任了，由于兼职人员不稳定，所以他们的薪资支付大多由你们人事部直接负责。那你知道怎么避免遇到这样的问题吗？你知道需要准备多少零钱才够吗？

　　员工的薪酬管理重点是通过分析员工现有的薪资情况，对不合理的方案做出调整计划，包括薪资水平、计提标准以及发放方式的调整。其中的薪资水平主要是对已有岗位人员的薪资进行调整，一般是研究一种方法给员工涨薪；还有一种形式是对新设岗位人员的薪资进行评测，主要是评估这个岗位的职责以及该岗位所能带来的价值。员工薪资的计提标准是根据员工职责、业绩、工作态度等多角度进行分析，然后给出一个薪资计算的标准，如业绩工资按业绩的百分之五提成。薪资管理的最后一个环节便是考察工作中薪资发放问题。对大多数企业而言，发工资无非就是将钱打到员工的银行卡上，但实际工作中并不是这么简单。如公司某部门的员工流动性很大，特别是试用期内的员工，如果在发工资的时候要一个个统计他们的银行卡，但最终都离职了，那这些准备工作都白做了。因此，在面临这种情况时，要给出一个合理的解决方案，如直接发放现金，待员工转正稳定后再统计他们的银行卡信息，这样给财务人员也省去了很多麻烦。

　　如果使用现金方式发工资，那么就需要准备好足够多的钱和足够多的零钱。那么这些零钱要怎么去确定呢？每个员工应该有多少张不同面额的钞票？本节就教大家计算不同的工资金额应需要多少张不同面额的钞票。

举例说明

　　原始文件：实例文件 >10> 原始文件 >10.4 应发工资 .xlsx
　　最终文件：实例文件 >10> 最终文件 >10.4 最终表格 .xlsx
　　实例描述：以在 10.1 节中计算出来的应发工资数据为准，计算需要为每位员工准备多少零钱。

　　应用分析：
　　　　要计算不同金额的工资所需面额及数量，其实就是拆分和求整的过程。如 107 元需要 1 张 100 元的钞票，还需要 1 张 5 元的钞票和 2 张 1 元的钞票。那么在 Excel 中如何才能体现出这种计算方法呢？可以使用 INT 函数和 MOD 函数层层嵌套进行计算，但是这种方法嵌套的函数太多不便于输入。本节介绍 INT 函数和 SUMPRODUCT 函数嵌套使用，并通过数组形式进行快速统计。

步骤解析

　　步骤 01　　打开"实例文件 >10> 原始文件 >10.4 应发工资 .xlsx"工作簿，如图 10-41 所示。在第 1 行前插入一行，合并 A1:C1 单元格区域并输入"工资表"，再合并 D1:I1 单元格区域并输入"现金面额及数量"。然后在第 2 行单元格中依次输入 100、50、20、10、5、1 这几种面额值，如图 10-42 所示，并填充一种突出的颜色。

	A	B	C	D
1	员工编号	姓名	应发工资	
2	10001	张燕	3414	
3	10002	吴昊	7322	
4	10003	甄天华	2750	
5	10004	向雨露	2759	
6	10005	朱洁发	2550	
7	10006	李毅	2350	
8	10007	魏漾	4421	
9	10008	王松平	2193	
10	10009	谭毅	6260	
11	10010	何飞龙	3150	
12				

图 10-41　原始表格

C	D	E	F	G	H	I
			现金面额及数量			
应发工资	100	50	20	10	5	1
3414						
7322						
2750						
2759						
2550						
2350						
4421						
2193						
6260						
3150						

图 10-42　新增表项目

步骤02　选取单元格区域 D2:I2，打开"设置单元格格式"对话框，然后设置数字的"自定义"类型，并在"类型"文本框中输入类型"#,# 元"，如图 10-43 所示。此时工作表所选单元格区域的数字后都带有"元"单位，如图 10-44 所示。

图 10-43　设置单元格格式

图 10-44　设置单元格格式后的效果

步骤03　选取 D3:I12 单元格区域并输入公式 "=INT(($C3-SUMPRODUCT ($B$2:C$2, $B3:C3))/D$2)"，如图 10-45 所示。该公式是根据应发工资额与换算部分金额之差除以当前面额值，然后用 INT 函数取整数，即可得到对应面额值的张数。

	A	B	C	D	E	F	G	H	I
1		工资表				现金面额及数量			
2	员工编号	姓名	应发工资	100元	50元	20元	10元	5元	1元
3	10001	=INT(($C3-SUMPRODUCT ($B$2:C$2, $B3:C3))/D$2)							
4	10002	吴昊	7322						
5	10003	甄天华	2750						
6	10004	向雨露	2759						
7	10005	朱洁发	2550						
8	10006	李毅	2350						
9	10007	魏漾	4421						
10	10008	王松平	2193						
11	10009	谭毅	6260						
12	10010	何飞龙	3150						

图 10-45　输入公式

步骤04　输入公式后按 Ctrl+Enter 快捷键同时计算其他单元格的值，结果如图 10-46 所示。

工资表			现金面额及数量					
员工编号	姓名	应发工资	100元	50元	20元	10元	5元	1元
10001	张燕	3414	34	0	0	1	0	4
10002	吴昊	7322	73	0	1	0	0	2
10003	甄天华	2750	27	1	0	0	0	0
10004	向雨露	2759	27	1	0	0	1	4
10005	朱洁发	2550	25	1	0	0	0	0
10006	李毅	2350	23	1	0	0	0	0
10007	魏漾	4421	44	0	1	0	0	1
10008	王松平	2193	21	1	2	0	0	3
10009	谭毅	6260	62	1	0	1	0	0
10010	何飞龙	3150	31	1	0	0	0	0

图 10-46　计算结果

步骤 05　计算出不同金额钞票的张数后，在末尾增加"合计"栏，然后使用"自动求和"功能求出不同面额钞票所对应的张数合计，如图 10-47 所示。

工资表			现金面额及数量					
员工编号	姓名	应发工资	100元	50元	20元	10元	5元	1元
10001	张燕	3414	34	0	0	1	0	4
10002	吴昊	7322	73	0	1	0	0	2
10003	甄天华	2750	27	1	0	0	0	0
10004	向雨露	2759	27	1	0	0	1	4
10005	朱洁发	2550	25	1	0	0	0	0
10006	李毅	2350	23	1	0	0	0	1
10007	魏漾	4421	44	0	1	0	0	1
10008	王松平	2193	21	1	2	0	0	3
10009	谭毅	6260	62	1	0	1	0	0
10010	何飞龙	3150	31	1	0	0	0	0
合计			**467**	**57**	**24**	**12**	**6**	**15**

图 10-47　汇总结果

知识延伸

如果本节实例中计算不同面额钞票数量的公式不容易理解，这里还可以用数学算法自定义公式进行计算，如应发工资为 3414 元时，面额为 100 的张数就等于"3414/100"后取的整数。因此在 D3 单元格中输入公式"=INT(C3/$D$2)"，就能求出不同应发工资额含有 100 元面值的数量。而面额为 50 元的钞票张数就应该等于"3414/100"后的余数再除以 50 后取整，即在 E3 单元格中输入公式"=INT(MOD(C3,$D$2)/$E$2)"，即可求得不同面额的钞票除了 100 元的面值后还需要 50 元面额的张数，如图 10-48 所示。同理，其他面额的数量也就好求了。

E3	▼	:	× ✓	fx	=INT(MOD(C3,$D$2)/$E$2)		
	A	B	C	D	E	F	G
1		工资表				现金面额及数量	
2	员工编号	姓名	应发工资	100元	50元	20元	10元
3	10001	张燕	3414	34	0		
4	10002	吴昊	7322	73	0		
5	10003	甄天华	2750	27	1		
6	10004	向雨露	2759	27	1		
7	10005	朱洁发	2550	25	1		
8	10006	李毅	2350	23	1		
9	10007	魏漾	4421	44	0		
10	10008	王松平	2193	21	1		
11	10009	谭毅	6260	62	1		
12	10010	何飞龙	3150	31	1		

图 10-48　自定义公式

10.5 薪资体系分析

在人力资源的数据化分析工作中，业绩分析和薪资水平分析是最为核心的两个模块。因为业绩的多少关系到企业收入的多少，而薪资水平的高低决定了企业开支的多少。众所周知，对于任何企业来讲，所有的成本中只有人力成本是最高的。因此要分析企业是否盈利，就需要重点分析这两个数据。这两个数据虽然是分开的，但是其本质有不可分割的联系。一般情况下，当员工的薪资提高后，说明他所带来的价值更大，也正是这种关系才有企业盈利的可能。因此，分析人力成本是人力资源工作的重心，而人力成本的分析其实也就是员工薪资的分析。在 Excel 中，该怎么去分析这些杂乱无章的数据呢？本节主要从两个方面进行介绍，首先是对数据进行排序，可以是某些关键字的排序，也可以是某些数字的排序；然后使用"条件格式"功能将不同范围内的数据用不同的颜色加以突出显示。

举例说明

原始文件：实例文件 >10> 原始文件 >10.5 薪资分析 .xlsx

最终文件：实例文件 >10> 最终文件 >10.5 最终表格 .xlsx

实例描述： 在原始文件的"10.5 薪资分析 .xlsx"工作簿中记录了不同部门不同职位的员工前 3 个月的应发工资数据。在分析薪资状况前，先对数据中的部门按销售部、市场部、财务部、人事部和行政部进行排序，然后分析公司整体的薪资状况。

应用分析：

将部门按指定的顺序进行排序其实就是前面介绍的自定义序列功能，可通过"Excel 选项"对话框打开进行添加，还可通过"排序"按钮下的排序条件进行设置。对部门关键字进行排序后，就需要分析员工整体的薪资水平了，这里主要是使用条件格式中的色阶功能来分析员工薪资水平。也就是说，选择某一种样式的颜色，然后不同金额的大小用不同深度的颜色表示，这样可从行上看出不同职位的薪资趋势，还可以从列上对比同一职位的员工在不同时间段的薪资状况。

步骤解析

步骤 01 打开"实例文件 >10> 原始文件 >10.5 薪资分析 .xlsx"工作簿，如图 10-49 所示，表中记录了部分员工第 1 季度的薪资数据。

步骤 02 为了分析各部门人员的工资，这里需要对部门进行排序。先选取数据区域 A3:G12，然后在"数据"选项卡下单击"排序和筛选"组中的"排序"按钮，在弹出的对话框中单击"次序"下拉列表中的"自定义序列"选项，如图 10-50 所示。

	A	B	C	D	实发工资		
1	员工编号	姓名	部门	职称	1月	2月	3月
2							
3	10001	张燕	行政部	主管	3500	3500	3500
4	10002	吴昊	销售部	经理	6850	7110	6560
5	10003	甄天华	销售部	业务员	3060	3150	3300
6	10004	向雨霏	销售部	业务员	2890	3250	2940
7	10005	朱洁发	销售部	业务员	3110	3520	3690
8	10006	李毅	销售部	业务员	2980	3170	3190
9	10007	魏漾	财务部	主管	3500	3500	3500
10	10008	王松平	财务部	出纳	2600	2600	2600
11	10009	谭毅	市场部	经理	5600	5700	6000
12	10010	何飞龙	人事部	主管	3500	3500	3500

图 10-49 原始表格

图 10-50 "排序"对话框

步骤 03 完成上一步操作后，弹出"自定义序列"对话框，在"输入序列"列表中输入"销售部""市场部""财务部""人事部"和"行政部"，它们之间用 Enter 键换行。接着单击右侧的"添加"按钮，此时在左侧列表中可看到所添加的自定义序列，如图 10-51 所示。

步骤 04 自定义序列后返回"排序"对话框中，此时"次序"下拉列表中显示的是上一步所定义的序列，然后在"主要关键字"下拉列表中选择"列 C"，如图 10-52 所示。

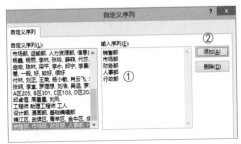

图 10-51 自定义序列

图 10-52 设置排序条件

步骤 05 设置好排序条件后，单击对话框中的"确定"按钮，此时工作表中所选的数据区域就按销售部、市场部、财务部、人事部和行政部依次排序，结果如图 10-53 所示。

步骤 06 选取数据区域 E3:G12，然后在"条件格式 > 色阶"选项下选择"红 - 白色阶"选项，如图 10-54 所示。此操作是利用色阶中的红 - 白色的不同亮度对不同大小的数值进行分层标记。

员工编号	姓名	部门	职称	实发工资		
				1月	2月	3月
10002	吴昊	销售部	经理	6850	7110	6560
10003	甄天华	销售部	业务员	3060	3150	3300
10004	向雨露	销售部	业务员	2890	3250	2940
10005	朱洁发	销售部	业务员	3110	3520	3690
10006	李毅	销售部	业务员	2980	3170	3190
10009	谭毅	市场部	经理	5600	5700	6000
10007	魏漾	财务部	主管	3500	3500	3500
10008	王松平	财务部	出纳	2600	2600	2600
10010	何飞龙	人事部	主管	3500	3500	3500
10001	张燕	行政部	主管	3500	3500	3500

图 10-53　排序结果

图 10-54　使用色阶

步骤 07　所选区域的样式变为如图 10-55 所示的结果，从图中可以看出公司的高薪主要集中在管理层上，特别是销售部和市场部的经理。其中，业务员和其他的基层员工每月月薪在 3000 元左右，与同行业的平均薪资持平。

步骤 08　由于该公司销售部是其主力军队，因此在分析人力成本时应重点分析销售部人员的薪资情况。同样，利用条件格式中的色阶（绿－白色阶）将 E4:G7 区域的数据标记出来，如图 10-56 所示，绿色越突出，表示数据越大。从所标注的数据来看，编号 10005 员工的工资每月都在增长，并且 3 月的工资是这些业务员中最高的。

员工编号	姓名	部门	职称	实发工资		
				1月	2月	3月
10002	吴昊	销售部	经理	6850	7110	6560
10003	甄天华	销售部	业务员	3060	3150	3300
10004	向雨露	销售部	业务员	2890	3250	2940
10005	朱洁发	销售部	业务员	3110	3520	3690
10006	李毅	销售部	业务员	2980	3170	3190
10009	谭毅	市场部	经理	5600	5700	6000
10007	魏漾	财务部	主管	3500	3500	3500
10008	王松平	财务部	出纳	2600	2600	2600
10010	何飞龙	人事部	主管	3500	3500	3500
10001	张燕	行政部	主管	3500	3500	3500

图 10-55　使用色阶后的结果 1

员工编号	姓名	部门	职称	实发工资		
				1月	2月	3月
10002	吴昊	销售部	经理	6850	7110	6560
10003	甄天华	销售部	业务员	3060	3150	3300
10004	向雨露	销售部	业务员	2890	3250	2940
10005	朱洁发	销售部	业务员	3110	3520	3690
10006	李毅	销售部	业务员	2980	3170	3190
10009	谭毅	市场部	经理	5600	5700	6000
10007	魏漾	财务部	主管	3500	3500	3500
10008	王松平	财务部	出纳	2600	2600	2600
10010	何飞龙	人事部	主管	3500	3500	3500
10001	张燕	行政部	主管	3500	3500	3500

图 10-56　使用色阶后的结果 2

知识延伸

　　条件格式中的"色阶"功能在使用时有一个小小的"潜规则"，即大多只针对同行或同列数据，这样才能从数据中看出趋势。如果要同时对多列或多行数据使用"色阶"功能，则最好保证这些数据量不大，如本节实例中的数据，尽管是对整个区域使用的色阶，但由于本身数据并不多，而且"主管"级别的员工又是定薪，存在很多相同的数据，所以违背这个"潜规则"，对分析数据并无影响。

　　如图 10-57 所示，两个数据区域的数值完全一样，但是所使用的色阶方式不同，因此其结果也有明显区别，左边的数据区域使用的是"蓝－白－红"色阶，并且是按行逐渐使用的，而右边的数据区域是按列使用的"蓝－白－红"色阶的结果。尽管它们的数据一样，由于使用的方式不同，其结果也会不同。

实发工资			实发工资		
1月	2月	3月	1月	2月	3月
6850	7110	6560	6850	7110	6560
3060	3150	3300	3060	3150	3300
2890	3250	2940	2890	3250	2940
3110	3520	3690	3110	3520	3690
2980	3170	3190	2980	3170	3190
5600	5700	6000	5600	5700	6000
3500	3500	3500	3500	3500	3500
2600	2600	2600	2600	2600	2600
3500	3500	3500	3500	3500	3500
3500	3500	3500	3500	3500	3500

图 10-57　对比

11章纯干货案例

57个经典实战练习

71个技巧剖析

超值海量教学视频

超全素材文件大奉送

☑ Photoshop CC 新功能完美体验

☑ 精致人像的修饰与美化

☑ 人像照片处理高手进阶之路

知识架构　　　　　案例赏析

系列好书推介

9章纯干货案例

65个经典实战练习

64个技巧剖析

超值海量教学视频

超全素材文件大奉送

☑ 集色彩理论、摄影知识、PS调色于一体

☑ 六类精彩调色模块全解析

☑ 数码摄影后期照片调色进阶之路

知识架构

案例赏析

系列好书推介

10章纯干货案例

57个经典实战练习

65个技巧剖析

超值海量教学视频

超全素材文件大奉送

- ☑ 集商品摄影、专业技法、专题演练于一体
- ☑ 商品经典案例处理超全解析
- ☑ 特殊专题提供个性精修体验

知识架构

案例赏析

系列好书推介

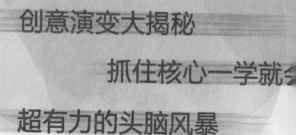

5章纯干货步步深入

创意演变大揭秘

抓住核心一学就会

超有力的头脑风暴

☑ 设计指南概述——帮助读者快速掌握移动设备界面设计的细节。

☑ 通过"提取关键字"模块让读者学会抓住设计要求的核心字眼，也就是抓住设计的重点。

☑ 详解案例让读者认识 APP 界面设计的全新方法。

知识架构

01 开始　获取移动 UI 视觉设计的敲门砖 《

02 风格　五大要素构建界面基础印象 《

03 惊喜　揭秘十大界面元素设计的演变过程 《

04 创意　开启灵感源泉构思个性移动 UI 《

05 爆发　升级创意创作完美移动 UI 界面 《

案例赏析

系列好书推介

7章纯干货深入剖析
超全面网店美工处理方案
冲击视觉的美工设计
极大提升网店装修品味

☑ 网店设计须知：装修的概念、类型、色调、风格、图片、文件类型和注意事项等。

☑ Photoshop 五大技能：裁图、修图、调色、抠图和文字处理。

☑ 专业加分软件：Dreamweaver、CloroSchemer Studio、Adobe Kuler、网店装修百宝箱的用法。

☑ 网站大揭秘：网店首页、宝贝展示、店面整体装修风格、商品详情页面等丰富实例。

知识架构

案例赏析

全面呈现短线如何通过跟庄盈利
集结众多优秀案例由浅入深地讲解了短线操盘的全过程

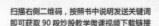

扫描右侧二维码，按照书中说明发送关键词
即可获取 90 段炒股教学微课视频下载链接

短线炒股
从入门到精通

恒盛杰财经资讯 编著

股市不稳定，只能炒短线，短线重技巧，技巧需综合

SHORT-TERM TRADING
FROM ENTRY TO THE MASTER

无论是牛市还是熊市，只要是股市就能赚钱！
每次股市震荡都是短线获利的机会！只要把握住最佳的买卖点，就能立于真正的不败之地！
本书助您洞悉股市涨跌，准确把握买卖时机！

机械工业出版社
China Machine Press

图书信息▶

书名：《商品摄影与后期处理全流程详解：
　　　　拍摄·精修·视觉营销》

版次：2015年8月第1版第1次印刷

书号：ISBN 978-7-111-50460-3

本书特点▶

- 14章内容步步深入、详尽全面
- 编写语言浅显易懂，帮助读者提高分析能力
- 针对目前电商运营热点视觉设计而创作
- 帮助读者掌握商品照片处理技巧与网店视觉营销设计

✔ 全流程、多角度解读商品摄影与后期处理方法

✔ 从视觉营销的角度出发，以商品摄影与后期处理全流程为主线，详细介绍不同
类型商品的照片拍摄、照片精修和图片制作技术

✔ 详述不可或缺的电商平台商品视觉营销专业技术知识

✔ 大量目前电商平台中具有代表性的商品类型案例，帮助读者学习

扫二维码加订阅号后
获赠如下精选超值大礼包：

- 本书相关素材文件、实例源文件
- 本书案例操作的视频教程
- 在线答疑与其他延伸服务
- 价49元的《Photoshop CC商品
照片精修实战技法》视频教程一套
- 价值49元的《Photoshop CC专业
调色实战技法》视频教程一套
- 价值49元的《Photoshop CC网店
美工实战手册》视频教程一套
- 送100个网店美工精美模板

内文展示▶

图书信息

书名：《手机游戏视觉设计法则》
版次：2015 年 8 月第 1 版第 1 次印刷
书号：ISBN 978-7-111-50470-2
定价：59.00 元

本书特点

- 9 章内容 3 大部分深入剖析
- "点"状分布与叙述形式、图文并茂编排方式，简洁直观冲击视觉效果
- 黄金法则精炼总结手机游戏视觉设计的方法和技巧
- 大量的交叉引用帮助读者深入理解

☑ 全方位、多角度解读手机游戏视觉设计

☑ 从概貌、手势交互设计、视觉元素与手机游戏特效等诸多方面详述不可或缺的手机游戏视觉设计专业技术知识

☑ 从视觉设计角度出发，引领读者理解和掌握设计出优秀手机游戏的方法与思路

☑ 每条法则均配有实际案例及剖析加以说明，巩固学习效果

扫二维码加订阅号后
获赠如下精选超值大礼包：
- 价值 69 元《APP 视觉设计实例教程》视频教程一套
- 价值 128 元《Photoshop 软件基础功能、实用案例及操作技法》视频教程一套
- 价值 59 元《配色宝典》电子书一本

内文展示

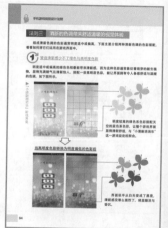

图书信息 ▶

书名：《图解力——写给大家看的信息视图设计书》
版次：2015 年 8 月第 1 版第 1 次印刷
书号：ISBN 978-7-111-50472-6
定价：39.80 元

本书特点 ▶

6 章与两大附加部分层层深入

信息视图化编写设计营造轻松氛围

理论与案例紧密结合提高学习效率

培养读者掌握设计技巧与思维

☑ 全方位剖析信息视图设计的入门与提升之道
☑ 教读者厘清信息关系，深入认知信息视图的整体布局
☑ 拓宽读者设计思路，带领读者有效整合数据
☑ 通过"色彩搭配"让读者学会信息视图设计的灵魂所在
☑ 详细剖析案例设计流程，让读者在实战中学以致用

**扫二维码加订阅号后
获赠如下精选超值大礼包：**

- 价值 69 元《PPT 软件基础功能、实用案例及操作技法》视频教程一套
- 价值 128 元《Photoshop 软件基础功能、实用案例及操作技法》视频教程一套
- 500 个 PPT 精美模板

内文展示 ▶

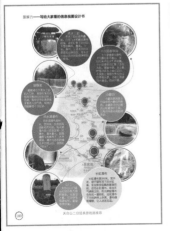

图书信息

书名：《一图胜千言——信息可视化艺术技术指南》
版次：2015 年 8 月第 1 版第 1 次印刷
书号：ISBN 978-7-111-50448-1
定价：59.00 元

本书特点

- 9 章 7 大方面内容步步深入
- 信息可视化编写方式独特生动
- 高度重视理论与实践相结合
- 帮读者了解精髓的视图创作
- 助读者设计趣味性极强作品

扫二维码加订阅号后
获赠如下精选超值大礼包：

- 价值 69 元《PPT 软件基础功能、实用案例及操作技法》视频教程一套
- 价值 128 元《Photoshop 软件基础功能、实用案例及操作技法》视频教程一套
- 价值 29 元《配色手册》电子书一本
- 500 个 PPT 精美模板

- ☑ 多角度全方面讲解信息可视化理论运用
- ☑ 灵感与创意旋风开启读者设计思维，走进图的世界
- ☑ 从色彩搭配、版式与字体设计进阶高手之路
- ☑ 详细综合案例分析，帮助读者巩固所学

内文展示